贵州省"246"找矿战略行动计划公益性、基础性研究项目(编号：2016 – 07)资助

贵州独山锑矿田
成矿规律与找矿预测

陈兴龙　郑明泓　金中国　杨正坤　刘　松
邹　林　薛洪富　李小东　朱昱桦　曾道国　　著

中南大学出版社
www.csupress.com.cn
·长沙·

图书在版编目(CIP)数据

贵州独山锑矿田成矿规律与找矿预测 / 陈兴龙等著.
—长沙：中南大学出版社，2020.12
　ISBN 978-7-5487-4246-3

　Ⅰ.①贵… Ⅱ.①陈… Ⅲ.①锑矿床—成矿规律—研究—贵州②锑矿床—找矿—预测—研究—贵州 Ⅳ.①P618.66

　中国版本图书馆 CIP 数据核字(2020)第 214974 号

贵州独山锑矿田成矿规律与找矿预测
GUIZHOU DUSHAN TIKUANGTIAN CHENGKUANGGUILÜ YU ZHAOKUANGYUCE

陈兴龙　郑明泓　金中国　杨正坤　刘　松　　著
邹　林　薛洪富　李小东　朱昱桦　曾道国

□责任编辑	伍华进
□责任印制	易红卫
□出版发行	中南大学出版社
	社址：长沙市麓山南路　　　　邮编：410083
	发行科电话：0731-88876770　传真：0731-88710482
□印　　装	湖南省汇昌印务有限公司

□开　　本	710 mm×1000 mm　1/16　□印张 12.75　□字数 257 千字
□互联网+图书	二维码内容　字数 2 千字　图片 37 张
□版　　次	2020 年 12 月第 1 版　□2020 年 12 月第 1 次印刷
□书　　号	ISBN 978-7-5487-4246-3
□定　　价	68.00 元

内容简介 /
Introduction

　　锑是一种不可再生的战略性关键矿产资源，广泛用于阻燃剂、电池合金材料、滑动轴承和焊接剂。近代锑大量用于军事领域，加之汽车行业蓬勃发展对用锑蓄电池的带动，导致锑的需求急剧增长。随着科技的发展，锑在阻燃剂领域大展其能，目前阻燃剂已经成为锑的最大应用领域。中国是全球锑资源储量大国和生产大国，储量和产量均居世界首位。然而，随着锑的应用愈来愈广，导致锑矿的高强度开采，锑矿保有资源储量逐年下降，不利于国家锑矿资源安全与社会和谐稳定，因此创新成矿理论和找矿方法，实现找矿突破，迫在眉睫。

　　独山锑矿田大地构造位置处于扬子陆块的西南缘与江南复合造山带之雪峰山隆起的嵌接部，是黔东南铅锌锑汞金多金属成矿区的重要组成部分。本书系统研究了独山锑矿田的区域成矿背景、矿田地质特征、典型矿床地质地球化学及成矿流体特征，揭示了锑矿成矿物质来源、矿床成因及成矿时代，总结了成矿作用及成矿规律，结合以往科研及勘查方法试验，进一步优化勘查技术组合，归纳找矿标志，建立勘查技术模型与找矿预测模式，依据找矿标志和综合勘查模型，圈定了 4 个成矿远景区，提出了 4 个找矿靶区，评价了资源潜力。

　　本书可供矿床学、成矿构造、地球化学和成矿预测等领域有关的科研、教学以及地质工作者、高校研究生学习参考。

前言 /
Foreword

贵州独山锑矿位于华南锑成矿带内，其资源储量居全国第四位。据 2016 年 4 月贵州省国土资源厅发布的《贵州省国土资源公报》(2015 年)，贵州省锑保有资源储量 32.3 万吨，其中独山锑矿田共提交备案锑金属量 25.707 万吨，占贵州全省已探明锑资源量的 79.59%，锑矿田中的半坡锑矿是我国碎屑岩型锑矿的代表性矿床，因此，独山锑矿田在贵州乃至全国占有重要地位。

独山锑矿田地处太行山—武陵重力梯度带、区域性铅同位素急变带，位于华南低温成矿域和梯地球化学异常块体内，具有形成大型锑矿集区的地质、地球物理和地球化学条件。通过多年地质勘查，区内已发现和探明了半坡锑矿床、巴年锑矿床、维寨锑矿床 3 个大中型矿床以及甲拜、贝达等众多锑矿点，贵州有色金属和核工业地质勘查局、昆明理工大学和贵阳地球化学研究所等地勘单位、科研院校针对该区锑矿开展了科研工作，获得了大量的成果，但同时区内基础地质尚存在独山构造主体是箱状背斜还是鼻状凸起的成矿动力学背景之争，构造活动期与成矿活跃期的关系有待厘定，矿田内各类型矿床之间的成因联系尚待梳理，成矿物质来源、成矿年代、成矿过程和成矿环境等成矿作用的认识亟待深化，已成功应用的地、物、化、遥勘查技术方法尚需系统总结，矿床深边部有效的勘查方法还待集成，这些与锑矿找矿勘查密切相关的科学技术问题，还有待展开深入研究。

近年来，在全国危机矿山接替资源找矿项目"贵州独山半坡锑矿床接替资源找矿"和贵州省地勘基金"贵州省独山箱状背斜整装勘查"支持下，半坡锑矿深部及其外围找矿取得新的进展，显示出该区良好的成矿潜力和找矿前景。但是，独山地区锑矿经过了长期的开采，探明锑资源急剧减少，著名的半坡锑矿已属于中高度危机矿山，资源形势十分严峻。在这一背景下，贵州省有色金属和核工业地质勘查局在贵州省"246"找矿战略行动计划公益性、基础性研究项目"贵州独山锑矿田成矿规律与找矿靶区优选研究"（编号：2016-07）的支持下，围绕创新成矿理论和找矿增储的目标，在前人工作和研究的基础上，对该区锑矿成矿规律和成矿预测进行了系统的研究，进一步归纳总结了成矿规律，首次集成了有效的找矿方法技术体系，完善了成矿模式和勘查模型，开展了成矿预测和资源潜力评价，力求实现找矿重大突破。本书呈现了该项目研究的主要研究成果。

全书共分8章。第1章介绍了全球和我国锑矿分布，概述了独山锑矿勘查历史和研究现状，介绍了本书主要研究内容和取得的主要成果；第2章从大地构造位置、区域地质概况、区域地球化学、区域地球物理和区域矿产等方面介绍本区区域地质背景；第3章从成矿区带、矿田地质、矿田地球物理、地球化学、遥感以及矿田矿产特征等方面介绍了矿田地质特征；第4章从矿区地质特征、矿体特征、矿石特征、围岩蚀变以及地球化学特征等方面介绍了半坡矿床、巴年矿床和维寨矿床3个典型矿床的地质特征；第5章论述了研究区的成矿物质来源、成矿流体特征、锑的迁移、成矿时代以及矿床成因，总结了本区成矿模式；第6章论述了本区的控矿因素及成矿规律；第7章研究了勘查技术方法的适用性与优选原则，集成了半坡断裂式、巴年整合式、维寨混合式三个典型矿床的有效勘查技术组合，建立了独山锑矿综合三维勘查技术模型和勘查技术评价体系。第8章综合了找矿信息，归纳了找矿标志，完善了成矿模式，结合勘查技术组合模型建立了综合找矿预测模式，进行了成矿预测和资源潜力评价。

各章编写分工如下，前言：陈兴龙、郑明泓，金中国，曾道国；

第 1 章：陈兴龙、郑明泓、朱昱桦；第 2 章：陈兴龙、薛洪富、刘松；第 3 章：陈兴龙、杨正坤、李小东、邹林；第 4 章：郑明泓、薛洪富、杨正坤、朱昱桦；第 5 章：郑明泓、陈兴龙；第 6 章：郑明泓、陈兴龙；第 7 章：陈兴龙、刘松、朱昱桦、郑明泓；第 8 章：郑明泓、陈兴龙、刘松、邹林、朱昱桦。全书由陈兴龙、郑明泓、金中国统一修改定稿。

研究过程中得到贵州省自然资源厅、贵州省土地矿产资源储备局的有力领导和悉心指导，得到贵州省有色金属和核工业地质勘查局(以下简称贵州省有色地勘局)领导、各参与单位的大力支持和帮助，中国科学院地球化学研究所、中南大学地球科学与信息物理学院、桂林矿产地质研究院与贵州省有色金属和核工业地质勘查局五总队完成了本次工作的分析测试。在此，我们对以上单位和个人表示衷心的感谢。

基于各种原因，书中的观点和认识难免存在有待商榷或不妥之处，敬请批评指正。

著 者

目录 / Contents

第 1 章　绪论

1.1　锑矿资源概况

锑是一种银白色、性脆、无延展性的金属，含锑合金及锑化合物的用途较广，已被用于阻燃剂、合金、陶瓷、玻璃、颜料、半导体元件、医药及化工等领域。其中用于阻燃剂生产的锑约占锑消耗总量的 60%，制造电池中的合金材料、滑动轴承和焊接剂所消耗的锑约占 20%，其他方面的消耗约为 20%。

已知的锑矿床多集中分布在环太平洋构造成矿带、地中海构造成矿带、中亚天山构造成矿带。特别是环太平洋构造成矿带，集中了世界 77% 的锑储量，经济意义最大。世界锑矿床最重要的工业类型是热液层状锑矿床和热液脉状锑矿床，分别占世界储量的 50% 和 40%，分别提供世界锑矿产量的 60% 和 30%。另外，美国中东部密西西比河谷型铅锌矿床中也伴生有锑资源。

中国是世界上最大的锑资源国，锑储量占世界总量的 52.8%。2015 年已探明储量的矿区有 195 处，分布于全国 19 个省(区)，以湖南锑储量为最多，其次为广西、西藏、贵州、云南和甘肃等省(区)。国内锑矿床的分布主要受区域性大断裂和褶皱控制，多数矿床定位于区域性大断裂旁侧次级断裂与背斜交汇处，主要分布于四个锑矿带(即华南锑矿带、秦岭—昆仑山锑矿带、滇西—西藏锑矿带和长白山—阴山—天山锑矿带)，其中华南锑矿带、滇西—西藏锑矿带为主要锑矿带，并以华南锑矿带的规模最大。矿床类型有碳酸盐岩型、碎屑岩型、浅变质岩型、海相火山岩型、陆相火山岩型、岩浆期后热液型和外生堆积型 7 类，以碳酸盐岩型锑矿最为重要。世界著名的湖南锡矿山锑矿床和广西大厂锡锑多金属矿床皆属此类型。从成矿时代来看，目前除侏罗纪和白垩纪地层中尚未发现有工业矿床外，从震旦纪到第四纪都有锑矿分布，但其改造成矿的时代主要集中在中生代的燕山期。

贵州锑矿分布于华南锑成矿带与滇西锑成矿带之间，其产出受地层、岩性及构造控制明显。全省锑矿含矿层位广泛，容矿岩石多样，从最老的前震旦系梵净山群到三叠系都有产出，容矿岩石包括了沉积岩、变质岩、火成岩三大类，最具工业价值、规模大、质量好的锑矿主要产于二叠系"大厂层"凝灰质黏土岩及泥盆系丹林组石英砂岩中。全省主要锑矿多处于大断裂旁侧，次级断裂、褶皱控矿十分明显。

1.2 锑矿研究现状

1.2.1 矿床类型

中国锑矿床类型多、规模大,一直是矿床地质工作者研究的热点。近年来我国的锑矿床大致有三种分类。

一是根据矿体形态、成矿作用方式、控矿条件和矿石建造等分类。钟汉、姚凤良主编的《金属矿床》(1987),将锑矿床分为 3 个类型,即①层状、似层状锑矿床;②热液脉状锑矿床;③红土层中的残积锑矿床。

二是以成矿作用为主,结合成矿物质来源及主要成矿地质条件等因素分类。张九龄(1996)将中国锑矿床划分为 6 个类型,即①沉积改造型;②喷流沉积改造型;③火山沉积改造型;④沉积变质再造型;⑤岩浆热液充填型;⑥表生堆积型。

三是以含矿岩系为主导,兼顾矿床产出地质背景、成矿环境、物质组成、成矿物理化学条件等因素分类。乌家达等将我国锑矿床划分为 7 个类型,即①碳酸盐岩型;②碎屑岩型;③浅变质岩型;④海相火山岩型;⑤陆相火山岩型;⑥岩浆期后型;⑦外生堆积型。这种分类的优点是简明实用,有利于找矿、勘探、开采。

1.2.2 矿床时空分布及成矿规律

中国锑矿成矿规律基本表现为赋矿层位与岩性控矿、成矿时代比较集中及区域性成带分布的特点。

(1)赋矿层位与岩性控矿。目前,工业矿床除侏罗系和白垩系尚未发现外,从前震旦系至第四系均有分布,但从发现的矿床和探明储量来看,主要集中分布在泥盆系,即泥盆系是我国锑矿分布的重要时代(国外主要为志留系)。泥盆系地层是我国锑矿最重要的赋矿层位,发现并勘查的矿床多、规模大,探明的锑储量占全国锑总储量的 64%,如分布在华南锑矿带的湖南锡矿山(超大型)、广西大厂(超大型锡铅锌锑多金属矿)、云南木利、广东乐家湾及秦岭汞锑矿带的陕西公馆等地。

锑矿赋存的围岩具有多样性的特点,但以碳酸盐岩为主,矿床数占全国锑矿床总数的 29%,锑矿储量占探明储量的 64%;其次是浅变质岩类,主要为板岩,矿床数占全国锑矿床总数的 25%,锑矿储量占探明储量的 20%;还有硅质岩类,主要是砂岩,矿床数占锑矿床总数的 13%。

(2)成矿时代。据《中国内生金属成矿图说明书》(1987)统计,我国主要锑矿床的成矿时代,燕山期成矿占 60%,多期成矿占 38%,其他成矿期则很少。

（3）区域成矿带分布。主要有 4 个成矿带，并分别与世界 4 个锑矿带相连：

①华南锑矿带：这是我国最重要的锑矿带，也是环太平洋锑矿带的重要组成部分。已知锑矿床（点）占全国锑矿床（点）总数的 84.5%，其储量占全国锑总储量的 83.1%。

②滇西—西藏锑矿带：西延与地中海锑矿带相连，占全国锑矿床（点）总数的 2.4%，占全国锑总储量的 0.3%。

③秦岭—昆仑山锑矿带：西延与中亚锑矿带相连，已知锑矿（点）占全国锑矿床（点）总数的 9.7%，其储量占全国锑总储量的 16.3%，是近 10 年来查明的重要锑矿带。

④长白山—阴山—天山锑矿带：西延与外贝加尔锑矿带相连，是新发现的区带，占全国锑矿床（点）总数的 3.4%，其储量占全国锑总储量的 0.3%。

1.3　独山锑矿研究现状

1.3.1　基础地质与物化探工作

1965—1966 年，贵州省地质局 108 队完成了 1:20 万独山幅（G–48–XXIV）区域地质调查及矿产地质调查，先后开展了 1:20 万区域重力调查、航空磁测、区域地球化学调查、自然重砂测量等工作，调查认为半坡为小型锑矿床，巴年、蕊然沟为锑矿点，拉外矿点无开采价值，将工作区及其外围 310 km² 范围划为"独山三级汞、铅、锌远景区"。2011 年，贵州省地质调查院完成《1:25 万独山幅区域地质调查（修测）》。前述工作成果提供了开展各类地质工作基本的地质背景资料，为本次综合研究奠定了基础。

1.3.2　锑矿调查与勘查

（1）1928 年 3 月乐森璕对独山沿寨（即半坡）锑矿首次进行了实地踏勘，地质调查所王曰伦、熊永先、吴希曾 3 人 1935 年对独山苗林（即半坡一带）锑矿进行了调查，1939—1940 年，该所张兆瑾与王树勋进一步对独山锑矿做了调查。1943年张祖在调查黔桂铁路沿线矿产时又调查了独山苗林锑矿。

（2）贵州省有色地勘局在 20 世纪 70 年代初至 90 年代初的 20 年间，于"独山三级汞、铅、锌远景区"及其向北延伸的独山箱状背斜近 800 km² 范围内，进行了地质及化探找矿工作，系统进行了 1:5 万地质及分散流（水系沉积物）调查，不同比例尺的土壤地球化学（次生晕）测量、岩石地球化学（原生晕）测量以及断裂带的构造地球化学研究工作，取得了较多的成果。以往工作表明本区采用分散流扫面–次生晕测量–原生晕测量配合构造地球化学研究，可以迅速缩小和确定找矿靶区、有效发现矿(化)体。

20世纪50年代至90年代,贵州地质局区调队于1960年完成了独山半坡初步普查,1973年贵州冶金地质四队(省有色物化探总队前身)进入独山半坡锑矿开展以地质化探手段为主的普查工作,1974年贵州冶金地质三队(省有色三总队前身)进入半坡锑矿开展普查、详查、勘探工作,在前人工作基础上于1986年完成了独山半坡锑矿详细勘探工作,探明其储量为大型。

1973—2000年贵州有色地质三总队、贵州有色物化探总队对独山矿田锑矿进行了系统找矿工作,先后发现、评价了巴年1个中型锑矿床、蕊然沟和王屯2个小型锑矿、甲拜、贝达、高寨、银坡、牛硐、唐表等锑矿(化)点。进入21世纪以来,独山锑矿田呈现多家勘查情况,先后有贵州省地矿局104大队、贵州省有色五总队在水岩乡维寨锑矿进行普查与详查工作,中国建筑材料工业地质勘查中心贵州总队在该区外围开展了普查找矿,取得了较好的找矿效果。贵州省地质矿产资源开发总公司对巴年锑矿进行了详查工作,贵州奇星资源勘查开发有限公司普查了王屯锑矿。目前半坡—高寨锑矿深部找矿正在开展,陆续发现了巴年锑矿(63926 t)、维寨锑矿(7316 t)、王屯锑矿(5576 t)。

2011—2013年,中国建筑材料工业地质勘查中心贵州总队在半坡开展了接替资源勘查,证实矿体继续往西倾方向延伸,探明了半坡锑矿深部300～700 m标高的矿体,探获(333)+(334)?锑金属量54009.19 t。贵州省有色五总队实施的独山锑矿田整装勘查,在半坡锑矿床西侧标高165 m深部发现了隐伏锑矿。

根据2016年4月贵州省国土资源厅发布的《贵州省国土资源公报》(2015年)贵州省锑矿保有资源储量32.3万t,居全国第四位,独山区内共提交锑金属量26.8402万t、其中备案锑金属量25.707万t,为贵州省锑矿产业以及带动地方经济发展做出了巨大贡献。近年来,在全国危机矿山接替资源找矿项目"贵州独山半坡锑矿床接替资源找矿"(编号:200652095)和"贵州省独山箱状背斜整装勘查"支持下,半坡锑矿深部及其外围找矿取得较大突破,显示出该区良好的成矿潜力和巨大找矿前景。同时,独山地区锑矿床经过了长期的开采,大部分探明锑储量日趋枯竭,多数矿山已受到地质保有储量严重不足的困扰,部分小矿山甚至到了难以为继的地步。研究区内最大的半坡锑矿已属于中高度危机矿山,资源形势十分严峻。

1.3.3 锑矿开发

独山锑矿开采历史悠久,历经"小矿小开、大矿大开、有水快流"后,多数已停采关闭,目前只有半坡锑矿、维寨锑矿两个矿床拥有采矿权。

贵州东峰矿业集团独山半坡锑矿于1984年正规生产,设计生产规模年采选锑矿石10万t,设计矿山服务年限22年。截至2010年1月6日独山半坡锑矿范

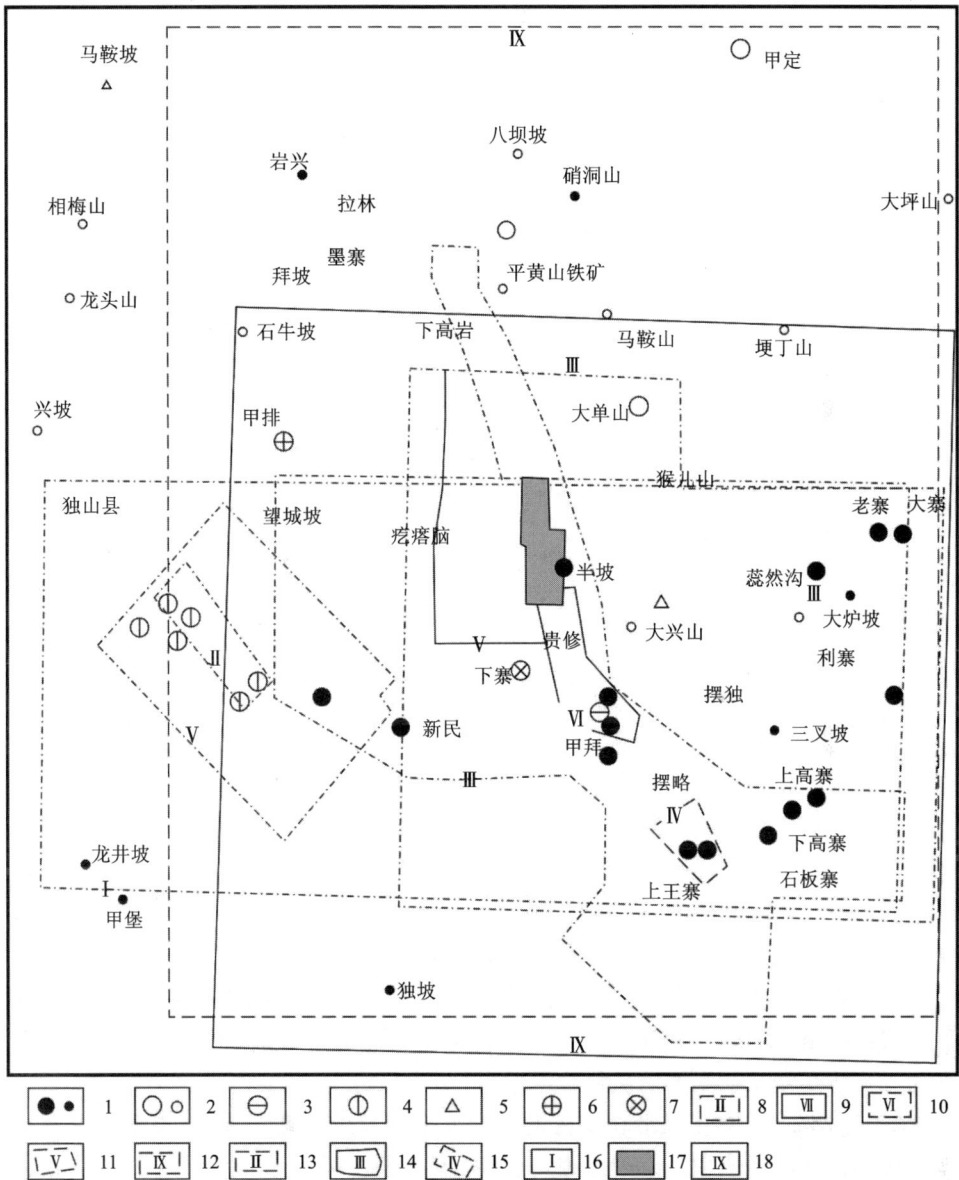

图1-1 贵州独山锑矿田地质研究程度图

1—锑矿床与矿点；2—赤铁矿床与矿点；3—汞矿点；4—铅锌矿点；5—重晶石矿点；6—褐铁矿点；7—黄铁矿点；8—1/2000Hg、Pb、Zn普查区；9—1/2000锑汞矿普查评价区；10—1/5000航片成图区范围；11—1/5000锑矿普查区；12—1/10000成矿预测范围；13—1/10000土壤测量区；14—1/10000锑矿普查区；15—1:10000锑矿深部评价区；16—水系沉积物测量工作区范围；17—详查及勘探区；18—整装勘查区范围围内累计查明锑金属资源储量 126243.17 t，累计开采消耗锑金属量 96565.58 t，锑金属保有资源储量（111b + 122b + 333）不足 3 万 t，半坡矿区原探明的工业储量已基本消耗殆尽，靠边探边采维持生产。贵州省独山县水岩乡维寨锑矿于 2007 年 5 月通过行政审批建立矿山，设计生产规模 1 万 t（矿石量）/a，开采 900 ~ 700 m 标高的矿体，开拓方式为平硐开拓，截至 2012 年 10 月 31 日，开采标高 900 ~ 290 m 内共探获（111b）+（122b）+（333）总金属量 7308.26 t，矿山目前停产整改。

1.3.4 科研工作

独山半坡锑矿田是华南锑成矿带内的重要锑矿产地之一，在贵州省锑资源中占有举足轻重的地位，其为科研工作者开展锑矿床成矿理论研究提供了得天独厚的条件。前人认为矿田的主体控矿构造受独山箱状背斜控制，昆明工学院金世昌（1991）则认为由独山箱状背斜上发育有独山、烂土两条倾向相反相背下滑区域性断裂形成的地垒构造所控制，桂林工学院别瑞敏（1994）认为独山、烂土两条区域性断裂形成的地垒构造限定了成矿作用范围并提供了矿液运移通道，中国石油天然气股份有限公司勘探开发研究院徐政语（2010）等认为独山箱状背斜实为鼻状凸起，矿田成矿作用受其控制。

在锑矿勘查过程中，贵州省有色金属和核工业地质勘查局、昆明理工大学、北京有色金属矿产地质研究院、桂林矿产地质研究院、中南大学、桂林理工大学等有色系统院校（所）的科研工作者针对成矿理论和找矿预测进行了大量研究，在成矿理论和成矿预测方面都取得了许多研究成果，形成了《贵州独山锑矿地质》专著和《独山锑矿成矿预测》《独山县半坡锑矿床地球化学异常模式》《独山锑矿矿体模式研究》《贵州独山半坡锑矿深部及外围找矿研究》《贵州独山锑汞矿成矿规律及同位素特征找矿评价》《贵州独山半坡锑矿深部及外围找矿研究》等研究报告，系统总结了区域成矿背景和成矿地质条件，探索了控矿因素和成矿规律，建立了成矿区带（矿田）、矿床模式，进行了成矿预测和研究了适合本区的勘查技术方法，为勘查部署工作提供了科学依据。

2000 年以后，众多学者在本区进行了大量研究，在成矿条件、控矿因素、成矿流体和成矿物质来源、矿床成因类型、成矿模型和找矿预测等多方面取得了许多研究成果，对矿床成因大部分学者认为其属于物源来自围岩和下伏地层的沉积 – 改造型矿床（金中国等，2004；2007）或沉积 – 改造型层控矿床，而部分学者（钱建平等，2000；沈能平等，2013；罗艳碧等，2014；肖宪国，2014）认为其为锑主要来源于下伏地层的构造动力热液矿床，同时还有一些学者认为本区成矿流体主要为以淋滤矿区地层的壳源流体为主（邓红等，2014；肖宪国，2014）。关于成矿作用，肖宪国等学者认为独山锑矿田内锑矿床为同期成矿作用的产物，成矿时代集中在 125 ~ 130 Ma，成矿动力学背景可能为环太平洋俯冲背景下的拉张环境，成矿环境为典型低温、低盐度的弱酸性还原性环境，很多学者(金中国等，2004；2007；仲麒维等，2012；邓红等，2014；肖宪国，2014)建立了矿床成矿模式。此间，金中国等(2004；2007)、罗先熔等(2002)、李赟等(2007)先后用热释汞方法和地电化学测量等化探找矿方法对其进行了研究，同期贵州有色金属和核工业地质勘查局物化探总队、桂林工学院、中南大学等研究者针对半坡、贝达和蕊然沟等锑矿床开展了激电中梯、频谱测深、可控源音频大地电磁法和精密磁测等物探方法试验，因受当时设备限制、理论认识的影响，试验效果不理想，且一直未系统开展物探工作。

在取得大量科研成果的同时，我们还认识到区内基础地质尚存在独山构造主体是箱状背斜还是鼻状凸起的成矿动力学背景之争，构造活动期与成矿活跃期的关系待厘定，矿田内各类型矿床之间的成因联系尚待梳理，成矿物质来源(前人关于成矿物质来源提出了就地改造的观点，其用于支撑该观点的地层样品均采自矿区中，其值不具有提供正常地层地球化学背景的代表性)、成矿年代、成矿过程和成矿环境等成矿作用的认识亟待深化，已有地、物、化、遥找矿方法应用的经验尚需系统总结，矿床深边部有效的勘查方法集成研究亟待开展，这些与锑矿找矿勘查密切相关的科学技术问题均有待开展研究。

综上，贵州省有色金属和核工业地质勘查局在贵州省"246"找矿战略行动计划公益性、基础性研究项目"贵州独山锑矿田成矿规律与找矿靶区优选研究"(编号：2016 – 07)的支持下，围绕创新成矿理论和找矿增储的目标，在前人工作和研究的基础上，对该区锑矿成矿规律和成矿预测进行了系统的研究，进一步归纳总结了成矿规律，首次集成了有效的找矿方法技术体系，完善了成矿模式和勘查模型，开展了成矿预测和资源潜力评价，力求实现了找矿重大突破。

1.4 研究内容和主要成果

1.4.1 研究内容

二次综合分析利用独山锑矿田以往形成的大量地质资料，结合"贵州省独山箱状背斜锑矿整装勘查"成果和中央财政投入的危机矿山接替资源勘查成果，深入分析前人对该区锑矿床成矿地质条件和控矿因素等方面的研究成果，综合运用构造热液成矿机理、成矿系列，并基于 GIS 综合信息预测，同时辅以中大比例尺遥感地质工作，为典型矿床深边部及外围找矿潜力评价提供地质依据，建立并完善各类矿床成矿模式，开展成矿预测，圈定找矿靶区与找矿远景区，实现找矿突破。主要研究内容如下：

成矿地质构造背景、成矿条件研究：收集本区以往区域基础地质资料，以新的构造观，研究区域地质大事件、构造形成演化及变形特征，探索区域构造－岩浆－热事件的耦合关系及其对锑矿床形成与空间分布的制约关系，讨论独山锑矿田矿床与断裂－褶皱构造带形成的动力学背景，揭示不同构造作用和构造环境下形成各种变形、组合、叠加样式与锑矿床形成的关系，以及锑矿体产出、就位机制，建立区域成矿模型。

地球物理勘查技术方法研究：收集本区以往物探资料，查清研究区和典型矿区地球物理特征，实施物探勘查与方法试验，开展物探方法有效性、适宜性研究，进行物探成果解释与正反演，建立物探勘查模型。

地球化学勘查技术方法研究：收集本区以往化探资料，查清研究区和典型矿区地球化学特征，实施化探勘查与方法试验，开展化探方法有效性、适宜性研究，进行化探成果解释，建立地球化学勘查模型。

遥感地质技术方法研究：收集选择新的满足 1/1 万、1/2.5 万遥感工作的影像数据资料，完成 1/1 万、1/2.5 万遥感解译与信息提取，进行野外调绘，建立遥感勘查模型，开展遥感找矿方法有效性、适宜性研究。

成矿作用与成矿规律研究：系统收集前人的研究成果，开展矿物学、年代学及矿床地球化学研究，分析成矿时代、成矿物质来源、成矿流体性质等成矿作用要素，建立成矿模式，总结成矿规律。

找矿勘查技术方法优选：通过在典型矿床开展物化探多方法试验结合锑矿田以往地、物、化、遥勘查成果，优选有效勘查技术组合，建立独山锑矿田综合勘查技术模型和勘查技术评价体系。

成矿预测研究：通过对典型矿床地质特征研究与成因模型建立勘查技术集成研究，总结找矿标志，建立找矿模式，开展找矿预测，圈定找矿远景区和找矿靶区。

1.4.2　取得的主要成果

本书在整装勘查成果的基础上，以"产、学、研、用"相互结合，二次开发独山地区锑矿地质资料，总结成矿规律，集成勘查技术，进行找矿预测并优选找矿靶区，指导目前及今后锑矿勘查工作，取得的成果如下：

（1）查明了独山锑矿田成矿地质条件、主要控矿因素，总结了成矿规律，建立了成矿模式。

①在综合分析前人工作成果及本次野外调研的基础上，结合丹－池多金属成矿带、典型矿床成矿地质特征的对比研究，基本查明了独山锑矿田成矿地质条件、成矿地质背景，深化了对锑矿产出、就位机制的认识，揭示了独山锑矿田地质、地球物理、地球化学、遥感异常特征及其与成矿的关系；

②通过研究区断裂特征、断裂构造次序、节理统计分析与典型矿床(点)控矿特征的系统解剖,构建了不同构造样式的表现特征,阐述了构造控矿机理,建立了构造控矿模式;

③通过主微量元素、同位素、流体包裹体以及电子探针等分析手段,系统研究了典型矿床地球化学特征,探讨了成矿物质来源可能与深部壳 - 幔混合的岩浆作用有关,同时下伏地层下寒武统、上震旦统可为独山锑矿成矿提供部分物源;成矿流体具低温、中低盐度、中低密度、弱酸性、还原 - 弱氧化特征,成矿溶液属于 $H_2O - Ca^{2+} - Mg^{2+} - SO_4^{2-}(F^-、Cl^-) - CO_2$ 体系,成矿动力学背景为板内走滑 - 伸展构造环境,成矿时代为燕山期,总结了矿床的关键控矿因素,探讨了成矿规律,建立了成矿模式。

(2)集成了地质 - 物探 - 化探 - 遥感综合找矿方法,首次集成了有效的找矿方法技术体系,优选了本区三维有效勘查技术组合,建立了独山锑矿综合勘查技术模型和勘查技术评价体系。

①半坡、维寨典型矿床物化探多方法(CSAMT、MT、SIP、土壤地球化学、岩石地球化学、有机烃地球化学、电吸附、热释 Hg 试验剖面、野外快速锑分析)试验结果表明,土壤地球化学、岩石地球化学(Sb、Hg、Mo、As)组合异常是寻找浅表锑矿体的有效找矿方法,甲烷、丙烷、乙烯等吸附烃和电吸附 Sb、热释 Hg 异常可指示深部隐伏锑矿的存在;物探 CSAMT 可对距地表 1500 m 以内锑矿化蚀变带有效响应,MT 可反映地表 1500 m 以下构造延伸情况,而 SIP 解译参数是识别、判断矿致异常的重要指标,三者结合可形成锑矿攻深找盲有效的物探勘查组合;

②对 CSAMT 测量结果,利用层析技术建立了立体三维异常,为矿床深边部开展三维找矿预测,探寻隐伏盲矿体提供了技术方法;野外快速(XRF)Sb 分析结果与化探分析 Sb 结果高度吻合,在预查阶段可代替其进行廉价、快速、及时的分析;

③总结了锑矿田以往地、物、化、遥勘查成果和勘查方法试验,优选了半坡断裂式、巴年整合式、维寨混合式三个典型矿床的三维有效勘查技术组合,建立了独山锑矿综合勘查技术模型和勘查技术评价体系。

(3)集成了找矿信息,总结了找矿标志,建立了找矿预测模型,开展找矿预测,圈定了找矿远景区和找矿靶区;开展了成矿作用、控矿因素及成矿规律的研究,归纳了找矿标志,集成了找矿信息,完善了成矿模式,结合勘查技术组合模型,建立了综合找矿预测模式进行成矿预测,圈定银洞 - 大其山(A 级)、贝达 - 巴年 - 高寨地区(B 级)、蕊然沟 - 大寨(B 级)、唐表 - 独勒地区(C 级)4 个成矿远景区并进行分级,提供可供进一步勘查的半坡锑矿床深部及南西侧、巴年 - 王屯、甲拜 - 贝达和维寨锑矿床深边部 4 个找矿靶区。

第 2 章 区域地质背景

2.1 大地构造位置

研究区大地构造位置处于扬子陆块的西南缘与江南复合造山带雪峰山隆起的嵌接部(图 2 - 1),位于特提斯洋与滨太平洋构造域结合地带,为古生代海相充填为主的黔南坳陷,三叠纪以后盆地逐渐消亡,并在后期构造运动中发生强烈变形,使原来已沉积地层发生不同程度的剥蚀与改造。本区由于所处构造位置特殊,经历多期构造作用改造、叠加,构造 - 热液活动强烈,为成矿热液活化、迁移、富集的有利地段,是贵州重要的产锑、汞、铅锌、硫铁矿和微细浸染型金为主的低温成矿域。

2.2 区域地质概况

2.2.1 区域地层

据《中国区域地质志·贵州志》(2017),黔南坳陷地层属"羌塘—扬子—华南地层大区"—"扬子地层区"—"黔南分区"—"都匀—望谟小区",其基底属"江南式",主要由古生界充填为主的残留型盆地,盆地由上元古界下江群浅变质上层基底与古生代沉积盖层组成,缺古近系及新近系。新元古代下江时期至早古生代为过渡型(江南型)和活动型(华南型)沉积,晚古生代的断块活动,导致出现盆、台沉积分异,早三叠世之后,从南东向北西逐渐转为陆相沉积。由于基底深埋地下,仅在坳陷东北缘靠近雪峰山隆起处有少许上元古界下江群变质基底出露,区域出露最老地层为南华系,分布最广的是上古生界及三叠系,其中震旦系至中三叠统为海相沉积,层位比较齐全,上三叠统至古近系为陆相沉积,层位不全,分布零星。从地层出露的情况来看,坳陷从西到东出露的地层逐渐变老,坳陷的西部主要出露三叠系、二叠系地层,在坳陷中部主要出露石炭—泥盆系地层,靠近坳陷东北缘雪峰山隆起附近有少许震旦系和寒武系等出露,总体地层以泥盆系为主,尤其在研究区中部宽缓部位大面积出露。区内重大构造界面有加里东(广西)运动造成的泥盆系与下伏地层之间的(平行和角度)不整合、印支运动造成上三叠

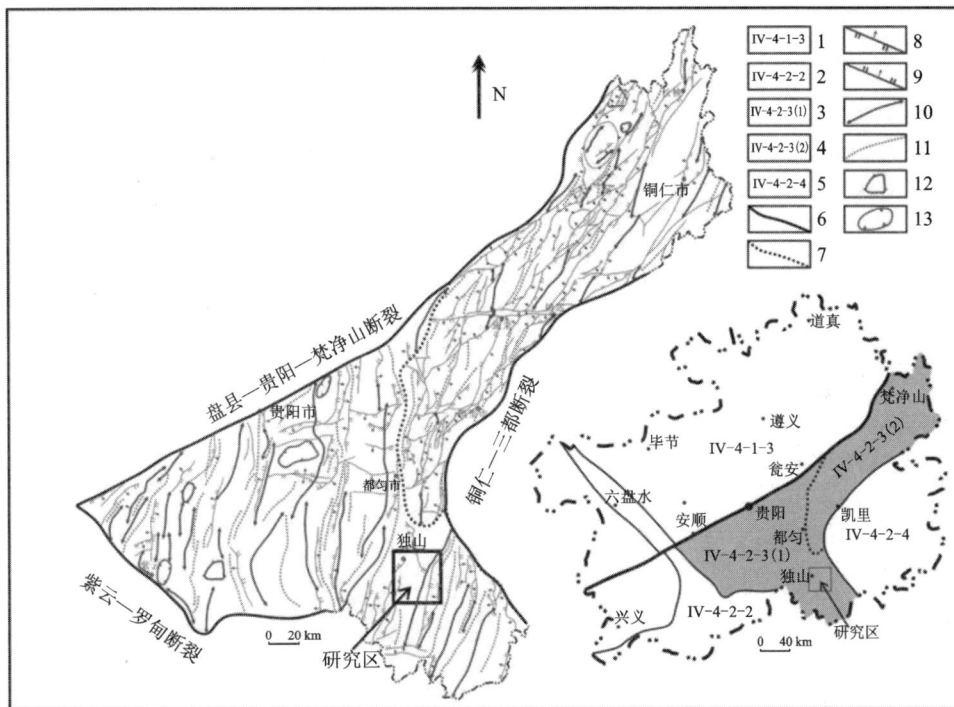

图 2-1 黔南坳陷构造纲要图（据徐政语，2010 修改）

1—黔北隆起区；2—右江裂谷－前陆盆地区；3—都匀南北向隔槽式褶皱变形区；4—铜仁复式褶皱变形区；5—榕江加里东褶皱区；6—深大断裂；7—次一级深大断裂；8—逆断层；9—正断层；10—背斜轴迹；11—向斜轴迹；12—穹窿；13—构造盆地

统内部的平行不整合、燕山运动造成的上白垩统与下伏地层之间的角度不整合、喜马拉雅运动造成第四系与下伏不同层位地层之间的角度不整合等，其中加里东（广西）运动持续时间长，影响巨大，燕山运动使上白垩统与下伏地层之间角度不整合界面上下岩层构造线方向与变形强度迥异，以侏罗系为核部的近南北向褶皱变形强烈，燕山运动是本区最重要、最显著的一次大规模构造运动，也为锑矿成矿提供了主要矿源。

结合区域不整合研究把黔南坳陷划分为下古生界构造层（包括震旦、寒武、奥陶、志留系地层，主要分布于坳陷东北部）、上古生界构造层（包括泥盆、石炭和二叠系地层，主要表现为北西向裂陷）、中新生界构造层（主要包括三叠、侏罗、白垩系地层，零星出露于坳陷的核部）三个构造层。坳陷区锑矿分布于下古生界构造层寒武系（排正、排庭金锑矿）、奥陶系（苗龙金锑矿）、志留系（维寨锑矿）地层和上古生界构造层泥盆系（半坡锑矿等）地层中。从东到西，锑矿赋矿地层时代逐渐变新(寒武系—奥陶系—志留系—泥盆系)。

2.2.2 区域构造

黔南坳陷边缘依次为(铜仁)施洞—三都—荔波、镇宁—紫云—罗甸以及普定—贵阳—施秉三条深大断裂所围限。坳陷内构造表现为以近 SN 向断裂与隔槽式褶皱为主体,构造样式以隔槽式褶皱组合为特征,中部和南部被近 EW 向构造线切割和限定,西部和东部被 NW 向和 NNE—NE 向构造线限定的构造格局。综合坳陷区构造格局与地层变形特点,自东向西大体可以划分为黄平浅凹、独山鼻状凸起、贵定断阶以及长顺与安顺凹陷"三凹一阶一凸起"5 个次级构造单元(图 2 - 2),独山锑矿田即分布于独山鼻状凸起上。

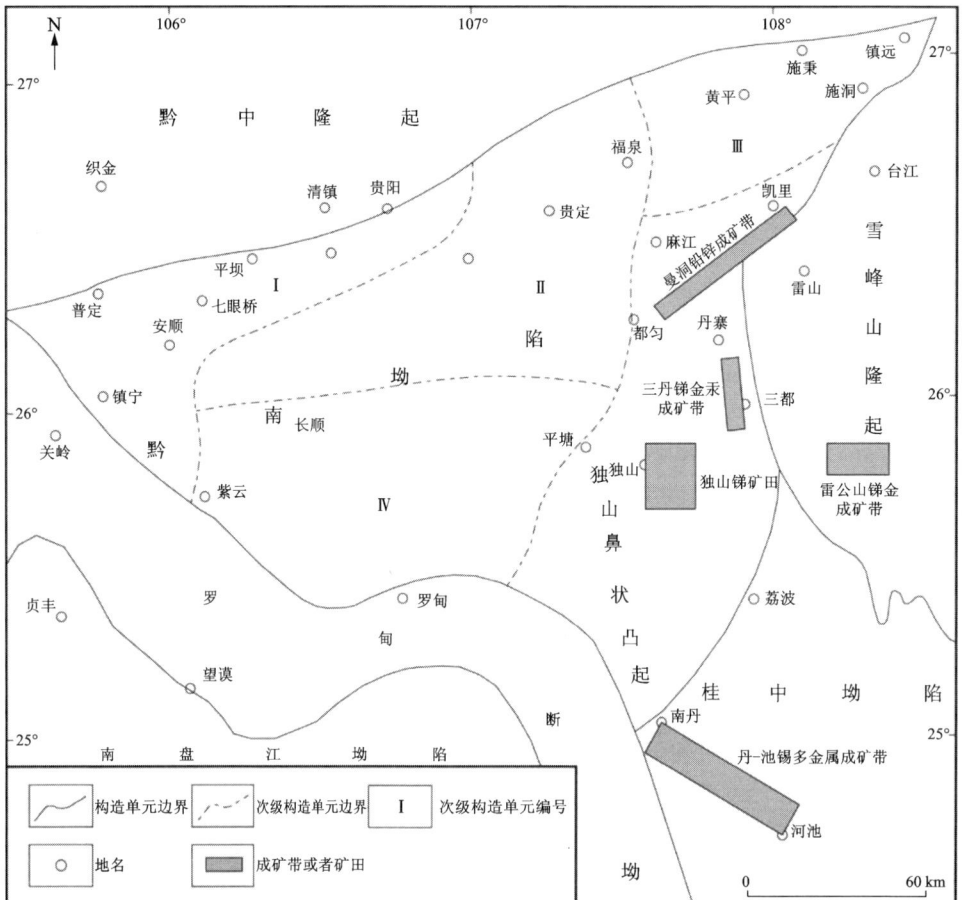

图 2 - 2 独山矿田区域构造位置图(据张江江,2010 修)

独山鼻状凸起位于黔南坳陷最东端,东部以(铜仁)施洞—三都—荔波弧形断裂为界接雪峰山隆起,北部以陕班断裂为界与黄平凹陷相邻,西部以都匀断裂、坝纳断层为界与贵定断阶、长顺凹陷过渡,西南部以紫云—罗甸断裂为界与罗甸断坳相邻,东南部为桂中坳陷,呈长条形。独山鼻状凸起以紫林山断裂以北为界,北部主要由 NNE 向王司背斜及同向压扭性逆断层组成,中南部习惯称独山箱状背斜,由独山地垒及"菱形"兼有走滑性质的张性正断裂构成的棋盘格式构造。褶皱构造主要为 NNE—近 SN 向,发育的主要褶皱有王司背斜、都匀向斜、马坡背斜、荔波向斜,背斜核部地表主要出露寒武系、泥盆系、石炭系地层。三叠系、二叠系地层出露在向斜的核部;断裂多发育于褶皱构造的核部位置,走向主要为NNE—近 SN 向,联合有 NE 与 NW—NWW 向断裂和构造线,南、北两端残留有近EW 向构造线,主要发育有铜仁—三都断裂、凯里断裂、都匀断裂与纳贡断裂等,铜仁—三都断裂带是本区控盆控矿断裂。区域锑矿床均分布于独山鼻状凸起与雪峰山隆起雷公山褶断带上,包括分布于独山地垒上的独山锑矿田和位于丹寨—三都褶断带上的三丹汞金锑铅锌金属硫化物成矿带,另在北部都匀分布有受曼洞断裂带控制的坝固—牛角塘富锌镉成矿带,其南侧桂中坳陷则有著名的(南)丹 -(河)池钨锡锑铅锌多金属成矿带,该区汞矿普遍有金、锑、砷等组分伴生,汞矿、锑矿及金矿的来源以幔源为主。

(铜仁)施洞—三都—荔波断裂带:其位于雪峰山隆起前缘,主要呈北东向弧形展布于荔波西北—三都—丹寨—凯里—玉屏一带,倾向既有东倾也有西倾,断裂带由三都断裂、施洞口断裂所组成,沿断裂带为区域性的重力梯度带和(铅同位素)地球化学急变带重叠,该断裂为一条具有较大规模的基底断裂。该断裂带在三都附近及以南表现为正断层兼走滑性质,在丹寨附近及以北则体现逆冲兼走滑特征。其中铜仁一三都断裂走向为北北东—北东向,区内长约 98 km,沿荔波西北—周覃—水龙—牛场—三都一线,断裂倾角上陡下缓,断距大于 1000 m;施洞口断裂经玉屏、冽洞、施洞口、台盘一直到丹寨、独山附近为北东向断裂带中最主要的一条断裂,具有长期的活动历史,在加里东时期发生了较强烈的逆冲推覆活动,具有一定逆冲兼走滑性质。沿该断裂带产有三丹汞金锑铅锌金属硫化物成矿带和凯里铅锌成矿带,其分支断裂如陕班断裂、曼洞断裂与烂土断裂,则控制了麻江铅锌矿、牛角塘富锌镉成矿带和独山锑矿的产出。

2.2.3　区域岩浆岩

坳陷内部岩浆活动较弱,断续有基性 - 超基性岩浆的喷溢、侵入和煌斑岩类小岩体的侵入。贵阳—镇远深大断裂与罗甸—紫云大断裂是本区主要控制岩浆岩产出的构造,贵阳—镇远中西段与罗甸—紫云断裂控制了海西期峨眉山玄武岩分布,其活动向东南方向逐渐减弱,在都匀草坡附近有玄武岩体产于 P_2m 和 P_2w 地层之间；贵阳—镇远深大断裂东段镇远和麻江一带则有早古生代末期广西运动沿断裂侵入的偏碱性超基性岩。紧邻的雷山至开屯间的前震旦系下江群清水江组内见有燕山期云煌岩脉侵入；而南侧的桂中坳陷，则发育有燕山中—晚期(100~80 Ma)中酸性浅成岩。目前，研究区独山鼻状凸起范围内地表无火成岩出露，经贵州省地质调查院对本区重力与航磁资料推测，在独山锑矿田南东侧深部有隐伏岩体分布，从布格重力异常图结合电阻率断面推测半坡锑矿附近深部有低密度、高电阻率的隐伏岩体。

图 2 – 3　重力及航磁推断地质构造图(据贵州省地质调查院，2010 改编)
1—锑矿床(点)；2—重力推断断裂；3—航磁推断断裂；4—推断岩体；5—独山锑矿集区

2.2.4　区域变质岩

　　贵州区域变质岩仅发育在新元古代的青白口纪及南华纪早、中期，坳陷内区域变质岩仅零星分布在北东缘，为板岩等浅变质绿片岩相。动力变质岩主要为碎裂岩，沿断裂等线性构造分布。

2.2.5　区域地质构造演化简史

　　黔南坳陷所处构造位置特殊，经历了新元古代基底形成，武陵运动—喜马拉雅多次构造运动，三期成盆四期盆山转换的多期次构造活动改造、叠加。通过从被动大陆边缘、前陆、陆内改造，进而形成现今坳陷格局。

　　①青白口纪中期末(870~820 Ma)，武陵运动是重要的造山作用事件，使扬子地块与华夏地块汇聚碰撞，古华南洋因此而封闭，在陆内造山环境形成华南陆块和隆起的褶皱基底；

　　②青白口纪晚期(820~780 Ma)，雪峰运动与全球 Rodinia 超大陆裂解近于同

期，使华南陆块发生裂解内部裂谷盆地逐渐形成，黔南坳陷早期形成的基底地层褶皱并形成浅变质基底，区域性贵阳—镇远深大断层初步形成；

③南华纪—奥陶纪(780～438 Ma)，裂陷盆地相、台地相，沉积了巨厚的碳酸盐岩和碎屑岩，震旦—寒武纪的海底火山喷发(喷流)形成区域性的"黑层"——重金属富集层；志留纪(438～410 Ma)，碰撞造山背景下前陆盆地的潮坪－泻湖相沉积环境沉积了碎屑岩；加里东运动升降作用强烈，中志留世末期的广西运动形成一系列褶皱、断层[(铜仁)施洞—三都—荔波断层初步形成]和黔中古陆，导致扬子古陆与华夏古陆再次汇聚碰撞隆升形成华南陆块；

④泥盆纪—二叠纪(410～250 Ma)，海西期由于古特提斯洋扩张增生，扬子古陆南部再次裂解为破碎大陆边缘，黔南再次断陷沉降，形成下泥盆泥页岩、中泥盆砂屑岩与碳酸盐岩古特提斯洋海相沉积，在独山地区中泥盆世末期发生的独山抬升垂直运动，使之前形成的断裂再次活动并使沉积的岩层发生垂直节理裂隙，为后来发生的锑成矿作用准备了成矿热液移运通道和提供了成矿环境；在晚二叠世发生大规模玄武岩浆喷发；

⑤三叠纪(250～205 Ma)，印支期古特提斯洋向西海退，在中三叠世末期古特提斯洋闭合转为陆相盆地沉积，印支期黔南地区变形较弱，形成微弱的 NE 向宽缓褶皱；

⑥燕山—喜马拉雅期(205～52 Ma)，黔南坳陷进入陆内盆地改造期。侏罗纪—早白垩世早期(205～135 Ma)，伊佐奈歧板块以 NW—NNW 向快速向亚洲及我国东部大陆之下俯冲，产生的 NW 向强大挤压应力使 NW—NWW 铜仁—三都边界断裂带逆冲并伴有走滑作用，断裂在地表形成弧形构造带，断裂西侧形成侏罗山式隔槽式褶皱；中晚燕山期(135～52 Ma)，印度板块与欧亚大陆之间发生软碰撞，在研究区产生 NNE－SSW 向挤压应力，与铜仁—三都边界断裂走向斜交，使得断裂带发生构造负反转，表现为拉张正滑和走滑的伸展机制，随后本区进入了盆地伸展阶段，在隔槽式褶皱上形成独山地垒，由此奠定了研究区的基本构造格架。同时在雷山一带有燕山中晚期的煌斑岩侵入，在研究区中部半坡一带深部物探测量有隆起，推测为地幔物质上涌形成的隐伏侵入岩体。

区域在印支晚期—燕山期陆内造山挤压向板内伸展转换背景下，形成近 SN、NW 走向的断裂、浅层滑脱与走滑断裂，同时燕山期构造－热液活动强烈，为坳陷区内主要内生矿床形成期，形成了低温热液汞、锑、铅锌、金等矿床。

2.3 区域地球化学

2.3.1 区域地层地球化学背景

研究区域地层元素的丰度既可以反映地层沉积成岩时的平均含量，也有利于深化对独山锑矿田地层元素变化规律的认识与理解。中国地质科学院矿产资源研究所(邓坚等，2002)对黔南坳陷东缘未受锑矿化影响的407件区域地层样品的成矿元素的富集演化进行了研究，其结果如表2-1所示。

表 2-1　黔东南地区地层成矿元素丰度(10^{-6})

地层		样品数	Cu	Pb	Zn	As	Sb	W	Mo	Sn	Ag	Au	Hg
三叠系	中统	7	24.2	9	78.4	1.59	0.22	1.2	0.6	1.2	0.03	0.0004	0.03
	下统	9	62.1	13	104.6	7.45	1.02	1	2.1	1.1	0.08	0.0014	0.04
二叠系	上统	9	20	4	53.5	2.56	0.2	1.1	1.4	0.8	0.1	0.0002	0.04
	下统	13	3.5	6	12.3	0.83	0.15	0	3.9	0.1	0.09	0.0001	0.04
石灰系	上统	1	3.4	4	15.3	0.6	0.2		1.8	0.5	0.01	0.0002	0.02
	中统	5	1.4	7	13.2	0.58	0.12		2.2	0.4	0.03	0.0001	0.02
	下统	9	6	14	30.9	2.01	0.12	0.6	3.1	1.6	0.09	0.0004	0.03
泥盆系	上统	9	5	10	11.9	0.82	0.1	0	3.5	1.2	0.07	0.0002	0.02
	中统	11	3.7	7	14.9	1.59	0.14		2.8	0.9	0.09	0.0007	0.02
	下统	4	18.1	7	35.2	4.79	0.05	0.2	0.2	0.6	0.09	0.0011	0.08
志留系	中下统	4	25.3	13	42.2	0.02	0.05	0.3	0.5	0.9	0.14	0.0002	0.05
奥陶系	下统 B	22	5.3	12	32.5	2.25	0.13	0.2	5.7	0.7	0.07	0.0003	0.04
	下统 A	33	18	12	51.3	2.32	0.13	0.8	1.3	1.5	0.08	0.0004	0.29
寒武系	上统 B	21	2.9	14	13.5	1.47	0.24	—	—	1.9	0.08	0.0002	—
	上统 A	75	20.2	6	51.8	1.42	0.12	1.4	0.5	1.9	0.08	0.0002	0.13
	中统 B	10	1.1	15	14.9	7.29	0.22	0.2	3.6	0.7	0.06	0.0003	0.02
	中统 A	17	21.7	16	28.4	7.34	0.82	0.7	3.2	1.6	0.15	0.0003	0.37
	下统 B	27	22.2	16	70.3	7.26	0.37	1	3.6	2.2	0.09	0.0006	0.16
	下统 A	6	15.6	42	23.6	5.33	3.85	1.9	2.3	2.2	0.23	0.0014	0.53

续表 2 - 1

	地层	样品数	Cu	Pb	Zn	As	Sb	W	Mo	Sn	Ag	Au	Hg
震旦系	上统	8	20.5	53	34.5	4.51	2.77	1.5	2.9	0.9	0.37	0.0006	0.21
	下统	29	16.1	7	122	3.62	0.27	1.1	0.5	2.4	0.06	0.0004	0.06
下江群	上部	78	17.2	10	67.9	3.48	0.51	0.6	1.2	1.3	0.08	0.0003	0.02
上陆壳 *			25	20	71	1.5	0.2	2	1.5	5.5	0.05	0.00077 * *	0.009 * *

注：* 大陆上地壳丰度，Taylor，1985；* * 中国东部上地壳平均含量，鄢明才等，1997。

结果表明：本区地层中富集元素主要为亲硫元素，而亲氧元素如 W、Sn 则较低；特别富集的元素只有 Hg 和 Sb，高 Hg 是本区地层普遍现象，尤其在寒武系和震旦系最为显著。Sb 元素特别富集的层位有 3 个，按浓集系数依次为下寒武统、上震旦统、下三叠统。表 2 - 1 中反映成矿元素 Sb 的演化为：晚元古代时期，初期继承了基底较高锑丰度，略下降后升至次高；加里东期，早寒武世最高，然后逐渐降低；海西期，丰度低且变化不大；印支期，由高到低。三都—丹寨矿带属 Hg - Au、Sb - Au 富集带，地层中的成矿元素高丰度可能是形成原因之一。而独山锑矿田的锑矿赋矿地层为志留系和泥盆系下统，其地层中含锑仅 0.05×10^{-6}，远低于大陆上地壳丰度（0.2×10^{-6}），含矿地层对锑成矿作用主要起聚矿和容矿作用，其下伏地层下寒武统、上震旦统 Sb 元素特别富集，可为独山锑矿成矿贡献物源。

2.3.2　地球化学块体特征

独山锑矿田位于上扬子成矿带中的独山—雷山锑地球化学块体独山子块体中（图 2 - 4）。独山—雷山锑块体跨越扬子陆块及江南褶皱带两大构造单元，块体面积 12426.93 km^2，500 m 厚岩块内的可供应金属量为 10322.14 万 t，该块体为一地球化学巨省，块体浓集中心在 5 级含量水平块体面积仍较大，在二级含量水平块体分解为三个子块体，独山子块体是块体中面积最大、强度最高、浓集最为显著的 5 层套合子块体，块体浓集度序列为：0.83 - 1.61 - 2.09 - 2.48 - 3.13，二级含量水平子块体面积 4667.68 km^2，可供应金属量为 7532.3 万 t，预测资源总量 39.3 万 t，其中区内已提交锑金属量 26.8402 万 t，潜在资源量 12.4804 万 t，按齐波夫定律（"矿床成群或成片"规律）推算，独山矿田至少有 1 个大型、3 ~ 4 个中型矿床，目前在独山矿田仅发现大、中、小锑矿各一个，该区仍具有较好找矿前景。

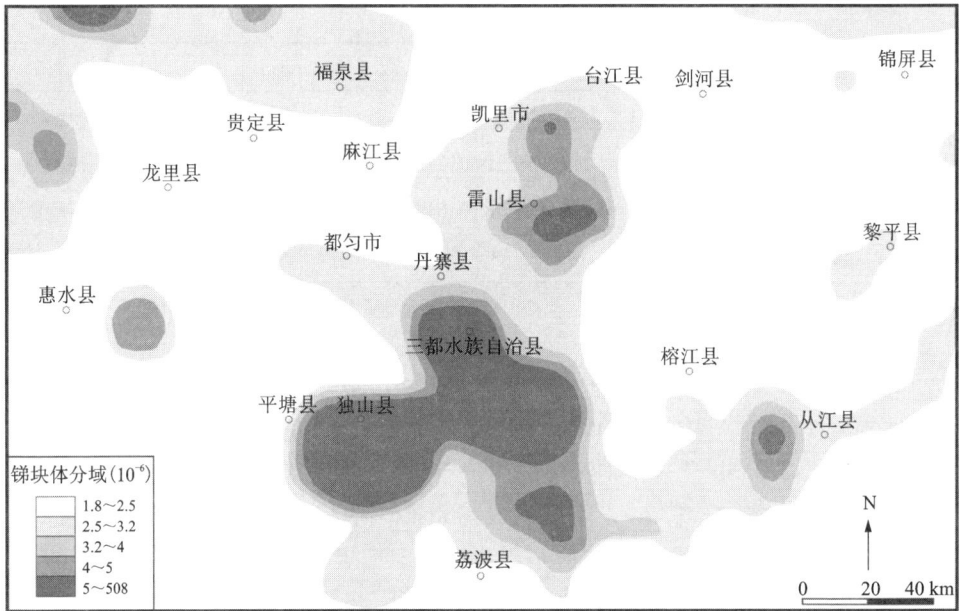

图 2 - 4   独山—雷山锑地球化学块体分布图(据贵州有色和核工业地质局三总队, 2010 修改)

2.4   区域地球物理特征

2.4.1   重力

区内最大比例尺资料为全省 1/20 万区域重力资料, 工作区布格重力异常处在全国大兴安岭—太行山重力梯级带南段与地台区宽缓重力异常的过渡带上, 预测区西边异常等值线近南北向, 南边异常等值线南北转北东向, 东边异常等值线近北东向及圈闭重力异常, 北边为圈闭重力异常, 区内为重力场变化较缓的负重力异常。

从布格重力异常图上看, 工作区内重力异常值在 - 120 ~ - 115 Ga 内向东侧凹畸变部位与独山箱状背斜相重叠, 结合电阻率断面资料分析推测深部有低密度、高电阻率的隐伏岩体, 是寻找锑矿的有利地段。

从剩余重力异常及重力场推断地质构造图(图 2 - 5) 上看, 锑矿分布在负重力异常的过渡带上。预测区南部, 重力推断的 F 贵 - 013 近东西向隐伏断裂对锑矿床分布起控制作用, 即已知矿床点均在该断裂以北; F 贵 - 096 和 F 贵 - 063 锑矿沿着这条断裂分布, 表明这两条断裂与锑矿关系密切。沿着重力推断的 F 贵 - 096、F 贵 - 063 断裂地区应该是该预测区寻找锑矿的有利部位。

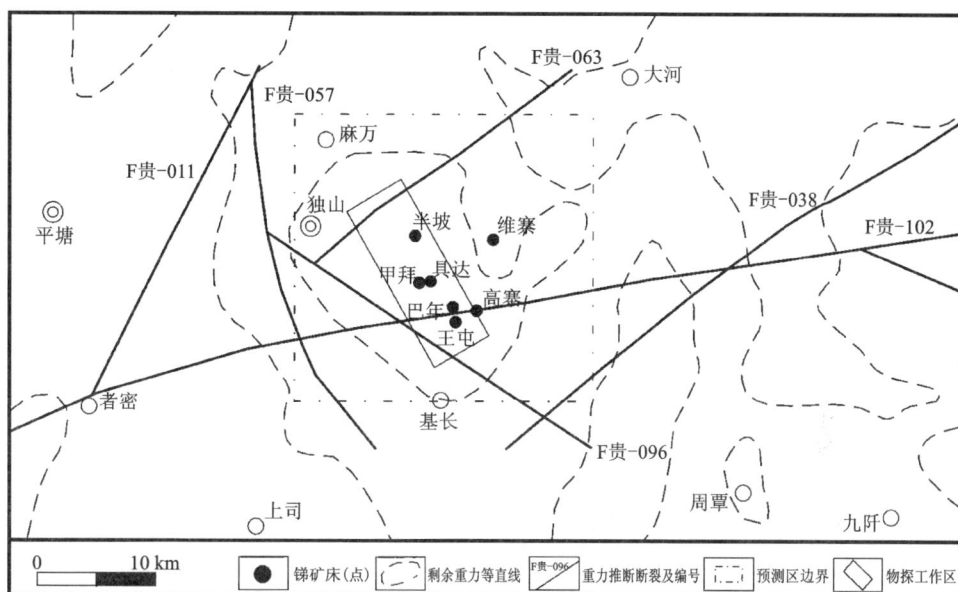

图 2-5　独山箱状背斜锑矿整装勘查区剩余重力异常及推断地质构造图

2.4.2　磁测

研究区航磁异常总体来说,南边和西北角变化相对较陡,中部及西边变化较缓。矿田航磁异常南边和西北角变化相对较陡,中部及西边变化较缓,可能由沉积岩产生的均缓负磁异常。从航磁 ΔT 化极平面等值线上看(图 2-6),锑矿田分布在磁异常相对平缓或陡缓交变带。

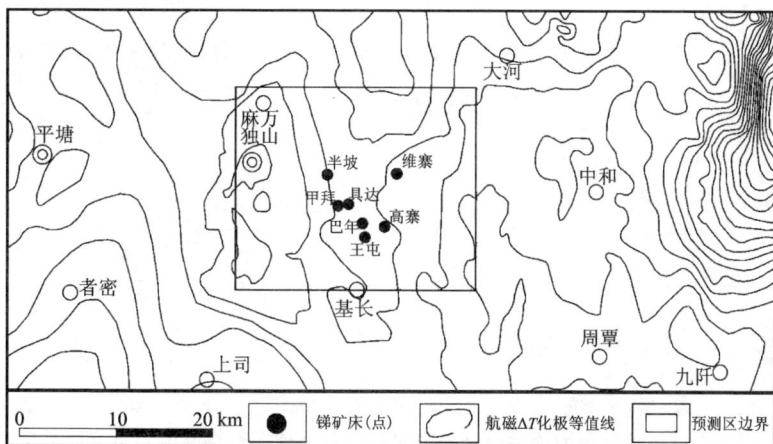

图 2-6　独山预测区航磁 ΔT 化极等值线图

2.5 区域内生矿产与区域构造、地球物理和地球化学的耦合关系

　　雪峰山隆起(江南古陆)西南缘,是中国重要的锑、锡、汞、铅锌、金和磷成矿域,赋矿层位主要为产在震旦系到泥盆系地层内的岩浆－热液矿床和热水沉积矿床。它位于扬子地球化学省和华夏地球化学省交界之地球化学急变带近南北走向段和南北向北东转折部位附近(朱炳泉,2001),同时有北北东向的大兴安岭—太行山—武陵山—苗岭重力梯度带叠加,这些地质构造单元接触带、地球物理梯度带和地球化学急变带的重要交错位与平行位,构成了大型资源成矿密集区桂北—黔南锑多金属成矿带(图2-7)。

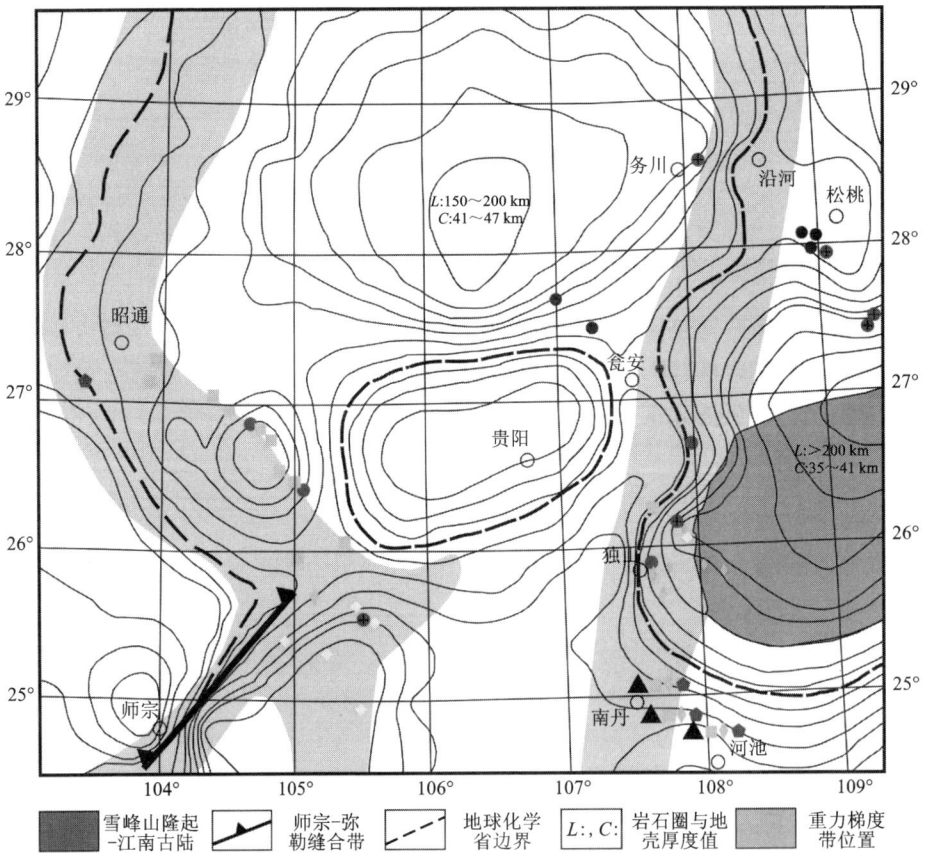

图2-7　雪峰山隆起西南缘地球化学急变带、重力梯度带与主要内生金属矿床分布
(据顾雪祥,2003修)

在雪峰山隆起西缘平行位重叠段，即独山以北，黔南坳陷和雪峰山隆起接触带、地球物理梯度带和地球化学急变带在此平行重叠，以锑、汞、铅锌、金和低温成矿和磷热水沉积为主，产出了独山锑矿田泥盆系中的半坡、巴年和维寨等大中型锑矿床，三丹成矿带寒武系中的丹寨大型汞矿床、丹寨排庭、三都苗龙中型卡林型金矿，曼硐成矿寒武系中的都匀牛角塘大型铅锌矿床，以及瓮安超大型磷矿床，产于寒武系中的丹寨汞矿中伴随着有金矿化，在金矿中伴生有锑、砷矿化，构成了典型的低温成矿域；在雪峰山隆起南缘交错位重叠段，即独山县以南，以锡、锑、铅锌中低温热水－岩浆成矿为主，成矿与泥盆纪的热水沉积、中生代的花岗岩活动和矽卡岩活动有关，包括著名的超大型大厂锡矿在内的丹－池成矿带，恰好位于地球化学急变带由南北转向北东的重大转折部位靠近华夏块体一侧，与重力梯度带交错重叠，大厂锡矿中共生的锑和铅锌矿也达到了超大型规模，这在全球为特殊一例，表明江南古陆（雪峰山隆起）周边锑的成矿作用极强（涂光炽，1998）。

2.6　区域矿产

区域热液矿产主要为汞、锑、铅锌、金、砷和硫铁矿，容矿地层为下古生界下部以及更老的地层，上古生界以后的地层基本见不到热液矿床。这种矿化分区现象与成矿地质背景，特别是与有关的山盆演化存在密切的关系。区域锑矿床均分布于独山鼻状凸起上，包括分布于独山地垒上的独山锑矿田，位于雪峰山隆起与独山地垒之间的三（都）丹（寨）汞金锑铅锌金属硫化物构造成矿带，另在北部都匀一带王司背斜分布受曼洞断裂带控制的坝固富锌镉成矿带（图 2 - 2）。

第3章 矿田地质特征

研究区主要分布于黔南坳陷东缘的独山鼻状凸起,北部为王司背斜,中南部为独山地垒,独山锑矿田即分布于独山地垒上。

3.1 成矿区带

世界上的锑矿床主要集中于地中海、环太平洋和中亚成矿三个成矿域,而环太平洋构造域集中了世界77%的锑储量,华南锑成矿省(图3-1)是环太平洋锑矿带的重要组成部分,其锑矿约占世界锑矿总储量的50%,为世界上最大的锑成矿省,华南锑成矿省可划分为三个矿化集中区(赵振华等,2003):沿雪峰古陆边缘分布的黔南—桂北矿集区、集中分布有大厂大型锑矿床的(南)丹-(河)池锑多金属成矿带和产有半坡大型锑矿床的独山锑矿田。

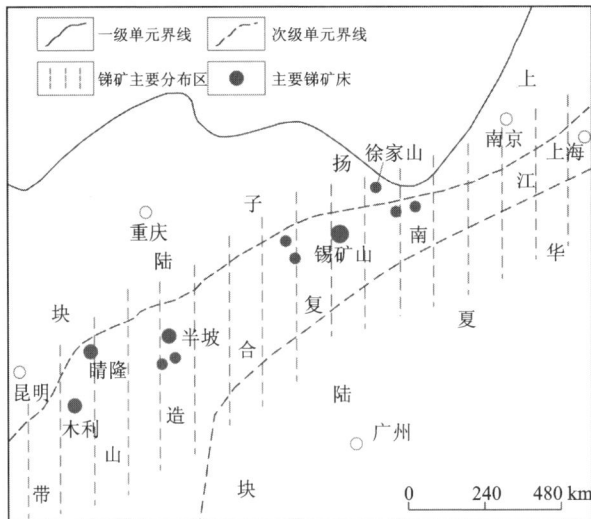

图3-1 华南锑成矿省分布示意图(据肖启明,1992修)

3.2　矿田地质与成矿

3.2.1　地层岩性与成矿关系

区内主要出露上古生界地层，以中、下泥盆统地层出露全，分布广，沉积厚度大（表 3 – 1）。在背斜轴部零星出露奥陶系和中、下志留统地层，两翼由上泥盆统至二叠系地层组成。下泥盆统丹林组（$D_1 dn$）、舒家坪组（$D_1 s$）及中泥盆统邦寨组（$D_2 b$）为陆缘滨海相碎屑沉积；中泥盆统龙洞水组（$D_2 l$）和独山组（$D_2 d$）为浅海 – 滨海相碳酸盐岩和碎屑黏土岩沉积；上泥盆统望城坡组（$D_3 w$）和尧梭组（$D_3 y$）为浅海 – 滨海相碳酸盐岩沉积。区内地表未发现有岩浆岩及变质岩出露。从地层接触关系来看，上、下古生界之间（$D_1 dn$ 与 $S_{1-2} wn$）为平行不整合或角度不整合接触，泥盆系中统独山组宋家桥段与鸡窝寨段之间因独山抬升运动（王约，1997）为平行不整合，独山锑矿主要赋存在两个不整合面之间地层及其旁侧地层中，似受不整合面控制。

表 3 – 1　研究区区域综合地层表

系	统	组（群）	代号	厚度/m	岩性特征
第四系			Q	0 ~ 50	残坡积浮土、碎石、砂土
二叠系	上统	茅口组	$P_2 m$	250 ~ 700	灰、灰白色厚层状含燧石灰岩，局部夹深灰色中厚层石灰岩，中下部夹白云岩及白云质灰岩
		栖霞组	$P_2 q$	93 ~ 239	灰、深灰色中厚层灰岩为主，下部夹燧石结核及泥质灰岩及钙质页岩，局部夹白云岩
		梁山组	$P_2 l$	0 ~ 56	浅灰、灰白薄至中厚层石英砂岩及泥质灰岩，局部夹燧石层或煤 1 ~ 3 层
石炭系	上统	马平组	$C_2 mp$	55 ~ 230	下部深灰色灰岩夹白云质灰岩及泥质物，上部浅灰、灰白色厚层块状灰岩，常夹有"豆状"灰岩
		黄龙组	$C_2 hn$	182 ~ 383	浅灰、灰白色厚层块状灰岩、生物碎屑灰岩，含蜓、珊瑚、腕足类等
		大埔组	$C_2 d$	250 ~ 500	上、下两套浅灰色厚层块状中粗晶白云岩；中部夹白云质灰岩或灰岩

续表 3 – 1

系	统	组（群）	代号	厚度/m	岩性特征
石炭系	下统	上司组	C_1s	0～665	深灰色中厚层 – 厚层灰岩、生物屑灰岩、局部夹白云质灰岩、泥质灰岩，泥灰岩，下部含燧石结核，夹少量页岩
		旧司组	C_1j	51～543	灰黑色中厚层灰岩夹泥灰岩和页岩
		祥摆组	C_1x	200	灰、灰黄、灰白色薄 – 厚层石英砂岩夹灰黑色、黑色、黄褐色砂质页岩，炭质页岩和煤层、煤线，含菱铁矿结核，夹少量泥灰岩
		汤粑沟组	C_1t	0～326	灰、深灰色中 – 厚层状泥晶灰岩、泥质条带灰岩、瘤状灰岩、泥质灰岩、砂质灰岩，夹石英砂岩、粉砂岩、页岩及砂质、钙质页岩
泥盆系	上统	尧梭组	D_3y	40～547	灰至灰黑色灰岩、泥质灰岩；顶部为"豆石"灰岩（标志层），下部为浅灰色至灰黑色白云岩，白云质灰岩
		望城坡组	D_3w	72～250	灰、深灰色中厚层细至中晶灰岩夹灰、深灰色细晶白云质灰岩
	中统	独山组	D_2d	363～960	上部为灰色、深灰色灰岩、生物灰岩、泥质灰岩夹泥质砂岩、砂质泥岩，中下部浅铁红色中厚层中粒含铁质砂岩、深灰色薄层含泥砂岩夹泥质粉砂岩
		帮寨组	D_2b	170	上部为灰至深灰色中厚层状含泥砂岩夹浅铁红色含铁质砂岩。中下部为浅灰色中厚层状石英砂岩
		龙洞水组	D_2l	60	上部浅灰、灰色中至厚层状泥晶灰岩、生物碎屑灰岩夹白云质灰岩，中下部浅灰色细至粗晶灰岩，局部夹铁红色含铁灰岩，底部深灰色含泥质灰岩夹泥质粉砂岩
	下统	舒家坪组	D_1s	75	浅灰至灰色薄到中厚层状含泥质砂岩夹深灰色薄层泥质粉砂岩
		丹林组	D_1dn	570	上部为浅灰白色厚 – 巨厚层细 – 中粒石英砂岩夹少量深灰色薄层泥质粉砂岩及灰绿色粉砂质泥岩，中下部为灰白色中 – 厚层状细 – 中粒石英砂岩夹深灰色薄层泥质粉砂岩及灰绿色粉砂质泥岩。为区内主要含矿层

续表 3 - 1

系	统	组(群)	代号	厚度/m	岩性特征
志留系	中下统	翁项群	$S_{1-2}wn$	0 ~ 725	上亚群上部为灰、灰绿色页岩、砂质页岩夹灰岩透镜体,下部为中至厚层状石英砂岩夹粉砂质泥质岩及泥质细 - 粗砂岩;下亚群上部为灰色页岩、砂质页岩夹钙质页岩、生物灰岩,下部为灰、深灰色中厚层生物灰岩,砂质灰岩,在其底部一般有层底砾岩
奥陶系	中统	赖壳山组	O_2lk	28	黄绿、灰绿色粉砂质页岩、粉砂质黏土岩及薄层泥质粉砂岩
	下统	烂木滩组	O_1l	10 ~ 40	上部蓝灰色薄层强硅化微 - 粉晶灰岩夹粉砂质泥灰岩及硅质岩
		同高组	O_1tg	480	上部灰绿、黄绿色页岩、粉砂质页岩及薄层钙质泥质粉砂岩;下部蓝灰、灰绿和黄绿色页岩

赋矿层位主要为丹林组(D_1dn),其次为独山组(D_2d)和志留系翁项群($S_{1-2}wn$)。含矿岩性为石英砂岩、砂岩、钙质粉砂岩等,含矿地层厚度 200 ~ 995 m。地层岩性控制了锑矿床和矿体的分布,表现为:一是成矿对硅酸岩类围岩存在偏在性,锑矿主要赋存于碎屑岩中;二是砂岩石英砂岩等能干性强的硬脆性岩石,在构造作用下能够产生大规模的断裂和裂隙等空间,充填脉状矿体,如半坡锑矿;三是在巴年砂岩与碳酸盐岩能干性差异明显的岩石互层,应力集中时,往往沿能干性差的软弱面发生层间滑动,形成构造破碎带和层间剥离构造,为成矿物质提供了良好的运移通道和聚集空间,形成了层状、似层状整合型锑矿床及其明显的多层成矿特点。

3.2.2 构造与成矿关系

研究区位于南北向独山鼻状凸起(亦称箱状背斜)构造中南部,矿田主体构造为独山地垒。

(1)构造特征

独山地垒由东西两侧的区域性独山正断裂及烂土正断裂上盘地层相背下滑形成,地垒上构造以断裂为主,地层变形相对较弱,地层倾角基本在20°以下,褶皱不发育,仅局部有次级短轴褶皱分布。平面上构造线主要呈 NNE—NE 向展布,断裂发育有 NNE、NWW、NNW 和 NEE 四组,NNE 组以独山、烂土断裂两条区域性成矿控矿断裂为代表,NWW 组以河沟、银坡断裂为代表,NNW 和 NEE 组以半巴断裂和牛硐断裂为代表,是发育于独山地垒核部的一对共轭剪切断裂,这些走

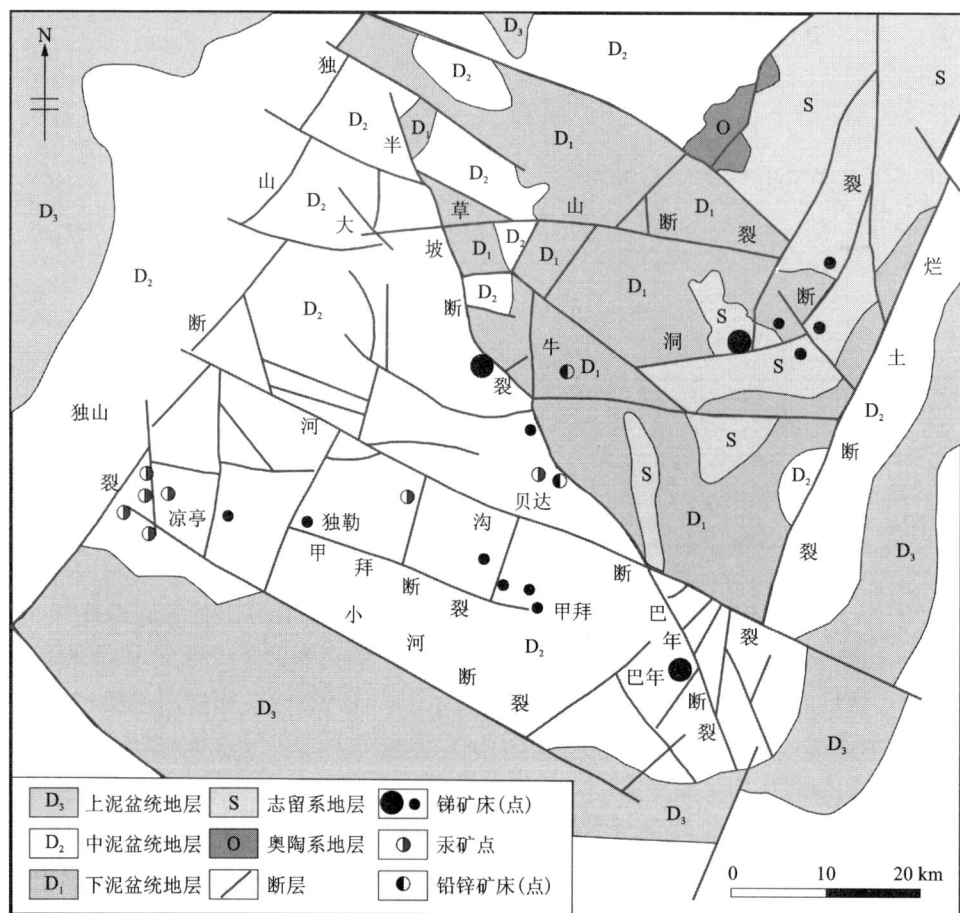

图 3-2　矿区地质简图

向长数百米至 10 余 km，不同方向、规模、序次的断裂彼此相互交切，构成了地垒上的"棋盘格式"构造格架，独山锑矿田东西两侧由独山断裂与烂土断裂构成边界，南北两端分别为 NNW 向银坡断裂和近 EW 向紫林山断裂所限，形成一个近"菱形"地块。锑、硫铁矿、铅锌、汞矿主要赋存于"菱形"构造的"棋盘格式"分布带，河沟、银坡断裂等 NWW 组断裂是矿田内主要导矿构造，局部成为容矿构造；NNW 向半坡断裂与近 NEE 向牛硐断裂呈"X"型共轭剪切构造，沿断裂带有连续或断续的构造热液蚀变，均为矿田中的赋矿断裂构造，伴生次级切层断裂、层间破碎对锑矿和热液型硫铁矿的富集就位起着直接控制作用，河沟断层及其旁侧断裂控制了区内铅锌、汞矿的产出。构造依其规模大小可分为四级（表 3-2）。

表 3 - 2　独山矿田断裂构造体系类型划分表

断裂级次	组别	断裂名称	断裂产状			断裂性质	断裂规模
			走向	倾向	倾角		
Ⅰ级	NNE	烂土断裂 独山断裂	NNE—NE NE	SEE NWW	50°~80° >70°	走滑正断层 走滑正断裂	区域性大断裂
Ⅱ级	EW NNW	紫林山断裂 银坡断裂	EW NNW	E W	40°~60° 60°~75°	走滑正断层 走滑正断层	矿田内二级构造
Ⅲ级	NNW NEE NW	半巴断裂 牛硐断裂 河沟断裂	NNW NEE NW	SE N SW	60°~77° 50° 52°~78°	走滑正断层 张性走滑断层 走滑正断层	矿田内三级构造
Ⅳ级	低序次的派生断裂						

①独山断层：独山地垒西侧边界断层，断层呈向南东凸的弧形展布，紫林山断层以南为 NE 向，以北为 NW 向，倾向 NW 及 SW，倾角 50°~80°，区内长约29 km，断层带宽 3~10 m，断距 100~150 m。向南断距逐渐增大。破碎带内断层角砾岩及糜棱岩较发育，角砾大小不等，砾径为 1~50 mm，胶结松散，断裂带内有方解石及白云石充填。断层带平行及斜交产出的次级断裂发育，局部取代主断裂，构成向 NE、SW 端收敛的发辫状构造带接续展布。断层影响带发育次级张性断裂及牵引褶皱，沿断层破碎带见水平擦痕，指示左行走滑特征，该断层具有多期活动特征，独山断裂为具有左行走滑性质的张性断裂。

②烂土断层：独山地垒东侧边界断层。断层自南向北由 NE 向转为 NNE 向，倾向 SE 转 SEE，倾角 45°~50°。区内长约 35 km，断距 200~1000 m，断层破碎带宽 1~5 m，局部可达 10 m 以上。角砾粗大，具棱角状，次棱角状，胶结松散，断层面上常见擦痕(侧伏角 20°~40°)和大型水平擦痕与阶步。该断层具多期活动特点，断层带及旁侧硅化、碳酸盐化、铁染等强烈；有 Sb、Hg、As、Pb、Zn 等原生晕异常及铁、锌等矿化点分布。断层面上，指示断裂具有左行走滑性质，其力学性质也是先张后压。

③河沟断裂：位于研究区中部，总体走向 NWW，倾向 SSW，倾角 65°~80°，断裂带宽 1~10 m，具张扭性及多期活动特征，在断层两侧的派生次级小构造中有辉锑矿化，推测该断裂与锑矿生成有关。

④银坡断裂：断层位于研究区南部，整体走向 NW(局部 NWW)，倾向 NE，断层倾角不明，断层东西向延伸受边界断层独山断裂、烂土断裂限制，延伸约15 km。两盘出露最老地层为独山组(D_2d)砂岩。断裂地表露头较差，在议寨大桥观察点见明显断层影响带，见典型的"棋盘构造"与共轭节理，其中雁列张节理

呈共轭节理组产出,根据雁列展布方向,指示左行走滑特征。

⑤半巴断裂:断裂位于研究区中部,整体走向 NNW,倾向 W(局部倾向 SW),倾角 60°~75°,自 NW 向 SE 经拉林—龙洞水—新寨—巴年—高寨切过研究区,延伸约 20 km。在半坡与巴年矿区多条断裂分支复合形成断裂带,平面上构成发辫状构造。断裂带角砾呈次棱角、棱角状,砾径 1~15 mm,分选性差,胶结疏松;断层旁侧见次级张裂隙平行展布,断层具有拉张性质。在半坡锑矿巷道内(图 3-3),断裂带断裂两盘岩层错动,由一系列产状近于平行的次级正断裂组成,剖面上构成阶梯状断层产出,以开采巷道为中心,两侧断裂倾向相反,倾角相近,共同形成地垒。沿主断裂破碎带见断层泥、构造透镜体等,断层带局部具片理化特征,构造透镜体带长轴具定向,说明断裂存在多期活动特征。

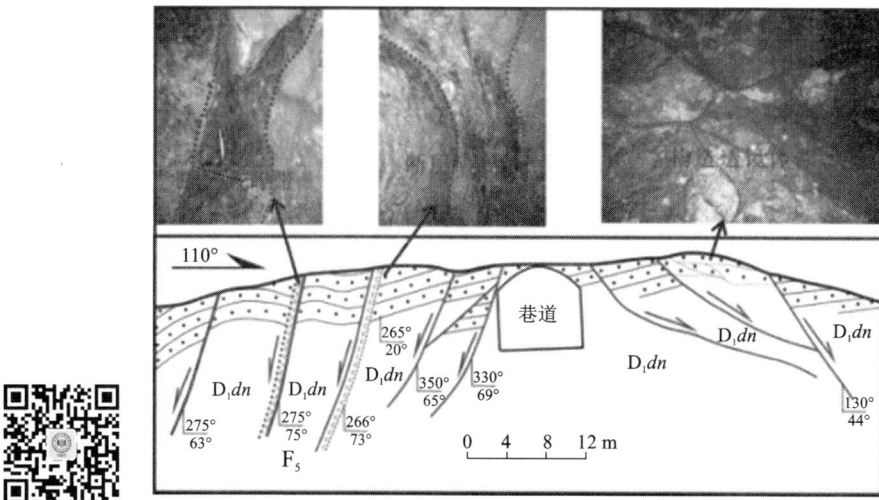

图 3-3 半巴断裂半坡锑矿巷道观察点素描

⑥牛硐断裂:断裂位于研究区中部,整体走向近 EW 向,倾向 S(局部倾向 SW),倾角 60°~85°,自 W 向 E,断层经望城坡—龙洞水—江寨横穿研究区,东、西两端延伸受独山、烂土边界断裂限制,区内延伸约 20 km。断裂两盘出露最老地层为翁项群($S_{1-2}wn$)砂岩,断层呈舒缓波状,断层角砾发育破碎带及角砾明显见擦痕,属张扭性断层,根据擦痕与阶步,指示断层具左行走滑特征(图 3-4),断裂在蕊然沟—维寨一带,由多条分支断裂组成发辫状构造,指示断层具走滑性质;在抹弄点观察断层角砾长轴具定向性且两盘岩层有牵引构造,表明断层具挤压性质。上述特征共同表明,牛硐断裂为一条兼有左行走滑性质的具多期活动的断裂,控制了蕊燃沟、维寨、庙寨和上荣山等锑矿床或锑矿化点的产出。

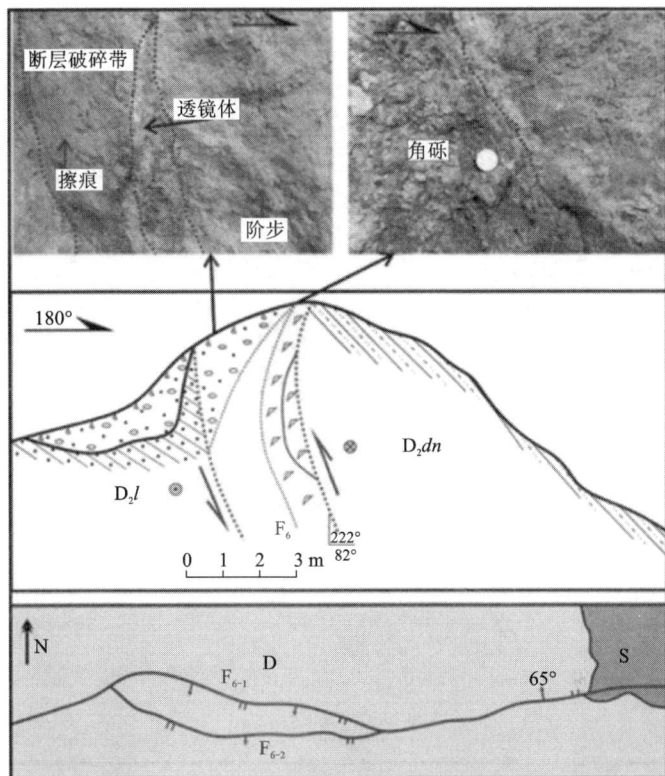

图 3 - 4　牛硐断裂黎家寨观察点素描图

⑦次级断裂：矿田除上述主干断裂外，受主干断裂活动影响发育一系列次级断裂，断裂规模大小不一，根据断层形迹延伸方向，可分为 NNE—NE 向、NNW—NW 向、近 EW 向三组，断层倾向不一（同一组方向的断裂可表现出不同倾向），表明次级断裂为多期活动产物。

抹弄路线剖面观察点（图 3 -5），见一明显次级断裂，断裂形迹明显，主断裂面倾向 NW（308°），倾角 79°，断层 NW 盘出露地层为志留系翁项群（$S_{1-2}wn$）泥质粉砂岩，SE 盘为志留系翁项群（$S_{1-2}wn$）泥质粉砂岩与泥盆系丹林组（D_1dn）砂岩，断层两盘岩层变形微弱，断层面附近，岩层因断裂错断影响，产状较陡：NW盘产状 140°∠83°；SE 盘因次级破裂影响，产状变化大：185°∠70°、184°∠40°，破碎带见断层角砾岩，呈棱角状，分选性差，指示明显的张裂性质。

除上述次级断裂外，NNE—NE 向、NNW—NW 向、近 EW 次级断裂特性详见表 3 -3。

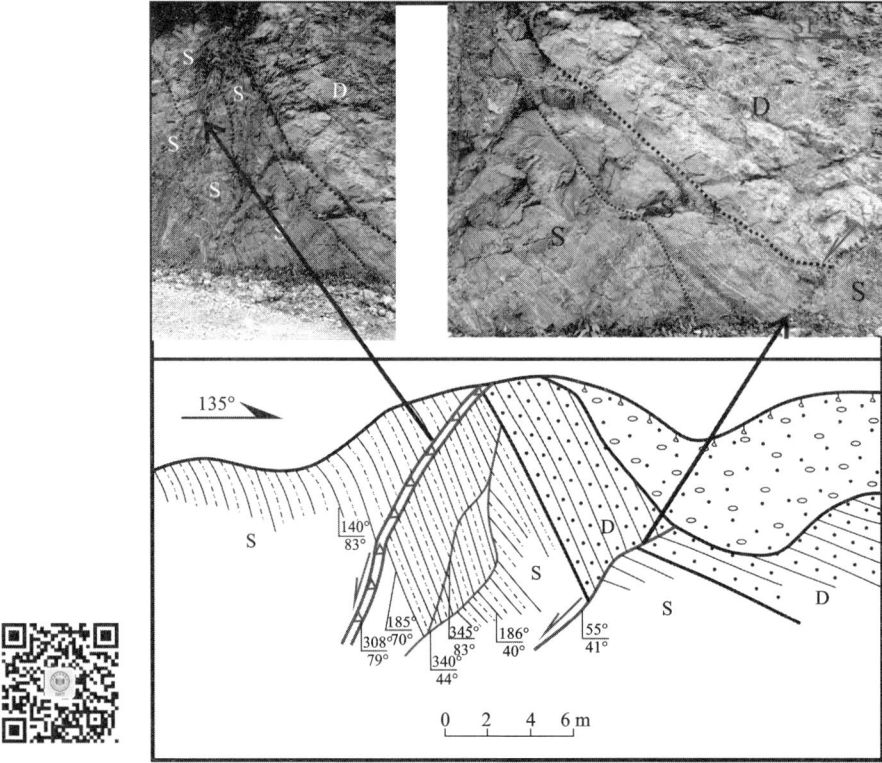

图 3 - 5　抹弄次级断裂观察点素描

表 3 - 3　研究区次级断裂特征简表

组别	断裂名称及编号	产状			规模			主要特征描述
		走向/(°)	倾向/(°)	倾角/(°)	长/km	带宽/m	断距/m	
紫林山断裂以北								
NNE	马场断裂	NNE	NWW	56 ~ 70	11.5	2.5 ~ 10	200 ~ 400	破碎带及角砾明显，见擦痕，普遍见褐铁矿化，为一压性断裂
	巴嵩断裂	NE 转NW	SE 转NE	40 ~ 65	8.0	1 ~ 15	20 ~ 100	破碎带及角砾明显，角砾大小悬殊，铁染，为压性逆断裂
	敖寨断裂	NNE	SWW	50 ~ 60	16.0	2 ~ 5	70 ~ 100	角砾岩发育，断裂面不光滑，见擦痕面，有铁染，为压性逆断裂
	巴叶寨断裂	NE	NW	70 ~ 80	10.0	2 ~ 6	< 100	角砾岩发育，断面有铁染，逆断裂

续表 3 - 3

组别	断裂名称及编号	产状			规模			主要特征描述
		走向/(°)	倾向/(°)	倾角/(°)	长/km	带宽/m	断距/m	
紫林山断裂—银坡断裂之间								
NNE	格老断裂	NE	NW	50~70	6.5	1~10余m	50~300	不详
	杨家寨断裂	NNW	NW		8.0			不详
NW	F_{12}	NW	NE	70	10.0	3~5	100~200	破碎带及角砾明显，张性断裂
	大草山断裂	NWW	NNE	45~80	14.0	2~10	>400	破碎带及角砾发育，断裂面明显，断裂面扭曲不平，破碎带中见弱硅化，属张性正断裂
	河沟断裂	NW	SW	52~78	19.0	2.5~6.7	50~250	断裂滑动面平直粗糙，角砾明显，断裂常见黄铁矿，影响带见方解石-辉锑矿脉、铅锌矿脉，正断裂
	独坡断裂	NW	NE	70~80	15.0	0.5~25		角砾及破碎带发育，见斜交派生小断裂，正断裂
	F_{19}	NW	NE	65~70	10.0	1~7		角砾及破碎岩发育，正断裂
5~6级断裂								
NW	半巴断裂组	NNW	SSW	50~81	8.5	0.5~20	60~100	由 12 条同向断裂组成，倾向相同，均属正断裂，阶梯式下滑，向北收敛产出，其中 F_{1-1} 规模最大。断裂带及角砾明显，属张扭性断裂，控制半坡锑矿床
	马尾沟断裂	NNW	NE	55~70	7.0	0~4	50~60	破碎带角砾明显，断裂面平直光滑，属正断裂
	甲拜 F_{207}	NNW	SW	55~70	71.0	1~3	50~70	断裂呈舒缓波状，破碎带角砾岩发育，见硅化、碳酸盐化、黄铁矿化
	贝达断裂	NNW	SW	60	71.2	12.7	>300	破碎带角砾岩明显，有三个滑动面，见有硅化、黑化、黄铁矿矿，正断裂
	甲拜 F_{102}	NNW	SW	63	350	0.2~0.5	8	破碎带角砾岩明显，中等硅化，强方解石化，上盘破碎带见锑矿化

续表 3 - 3

组别	断裂名称及编号	产状			规模			主要特征描述
		走向/(°)	倾向/(°)	倾角/(°)	长/km	带宽/m	断距/m	
NW	巴年 F₂₀₇	NNW	SW	50~60	4.5	1~5	40~60	破碎带发育、角砾明显，见有黄铁矿化及方解石脉、褐铁矿，正断裂
	巴年 F₂₀₉	NNW	SW	60~75	3.5		30	破碎带角砾岩明显，断裂平整光滑，有硅化、方解石化、黄铁矿化、辉锑矿化
	巴年 F₂₂₂	NNW	SW	50~70	2.3	4~7	30	见有多个平直光滑断裂面，角砾明显，有硅化，黄铁矿化，见辉锑矿化
NNW	巴年 F₂₁₉	NW	NE	35	1.75		40-60	逆断裂
	巴年 F₂₃₃	NNW	SW		0.4		10	正断裂
	牛硐 F₄₀₃	NNW	NEE	54~65	2.2~4.2	1	40	破碎带及角砾岩明显，见2~3个滑动面，见黄铁矿化
	牛硐 F₄₀₄	NNW	SW	45~65	0.1~0.5	0.8	20~30	破碎带及角砾岩明显，见黄铁矿化
	牛硐 F₄₀₅	NNW	NE	50		0.75	40	断裂带及构造岩明显，见硅化，黄铁矿化
NNW	牛硐 F₄₀₇	NNW	NE	62		0.35	30~35	断裂带及角砾岩明显，见黄铁矿化，硅化
	牛硐 F₄₀₉	NNW	SW			1.15	45	
	牛硐 F₄₀	NNW	NEE	65		0.2	15	断裂带及构造岩明显，见黄铁矿化，硅化
	牛硐 F₄₁₃	NNW	NNE			0.36	40	
	牛硐 F₄₁₂	NNW	NNE			0.47		断裂带及角砾岩明显，见黄铁矿化，硅化

续表 3 - 3

组别	断裂名称及编号	产状			规模			主要特征描述
		走向/(°)	倾向/(°)	倾角/(°)	长/km	带宽/m	断距/m	
NNE－NE	罩子坡断裂	SEE	NNW	40~50	1~3	9	20~40	断裂带及角砾岩明显，断裂面平直光滑，见有黄铁矿化
	牛硐断裂	NEE	NW	60~65		1.8	50~60	断裂影响带见有锑、砷矿产出
	甲拜 F_{223}	NE	NW	57~65	2	1.2	40~60	破碎带及角砾明显，见中等方解石化，强硅化
	巴年 F_{203}	NNE	SE	45~55	0.6		20	地层错断，正断裂
	巴年 F_{204}	NE	SE	50~70	4		50	不详
	巴年 F_{221}	NEE	SE	65~75	0.8		20~70	不详
	巴年 F_{223}	NNE	SE		1.6		60	不详

⑧层间剪切构造：矿田内顺层剪切构造普遍，且为区内主要容矿构造之一（王约，1997；刘幼平等，1997；沈能平等，2013）。当上覆岩层与下覆岩层间存在明显能干性差异，在水平挤压应力驱动下，发生层间滑动。因能干性差异的不同，在弯曲变形过程中脆性层破裂和塑性层流动，导致不同程度的破碎和局部加厚现象的出现，进而形成构造破碎带和层间剥离构造，岩石破碎相对强烈，有利于成矿流体的渗透和富集成矿，如巴年甲拜、贝达锑矿。此外受层间滑动影响，既可以形成规模较大的褶皱，也可以在滑动层中形成不同级别的褶皱，受纵弯褶皱作用的影响，往往会造成转折端岩层的强烈破碎或加厚，硅化、碳酸盐化和矿化作用亦随之加强，成为矿体分布的有利部位。

巴年锑矿坑道内（图 3 - 6）岩石岩性主要为灰岩、白云质灰岩、砂岩－泥质灰岩、泥灰岩（顺层剪切明显），岩石变形明显，透镜体带发育，见透镜体旋转、拉长、叠加、包裹，顺层定向排列，层间破碎带内岩石破碎强烈，有利于成矿流体的渗透和富集成矿，见放射状辉锑矿沿层间破碎带内充填。

（2）构造特征、样式表现形式

矿田断裂构造复杂，主要构造形迹呈 NNE、近 EW 向，次为 NW—NNW 向、

NE 向,其中 NNE 向独山断裂、烂土断裂,近 EW 向紫林山断裂、牛硐断裂,NW 向银坡断裂与河沟断裂,NW(局部 NNW)向半坡断裂联合呈"菱形棋盘格式",控制研究区整体构造格架。通过野外调查、综合分析表明,区内主干断裂多为兼有走滑性质的张性断裂(即离散型走滑断裂),次为兼有走滑性质的逆冲断裂(收敛型走滑断裂),且以离散型走滑断裂为主要

图 3 - 6　巴年坑道矿体图片

特征。通过调查显示,区内岩层弯曲缩短变形不强烈,仅在断裂带附近及旁侧因断裂活动影响,岩层有一定的拖曳弯曲变形,研究区纵弯褶皱作用特征不明显,可能暗示"独山箱状背斜"并非纵弯褶皱作用机制形成,其形成可能受断裂控制,为断裂活动过程中被迫抬升所致。相反其处于"独山箱状背斜"受东界(烂土断裂)、西界(独山断裂)夹持的独山地垒构造,是控制独山锑矿田的主要构造样式。

(3)应力场特征分析

通过对矿田内构造体系中的边界控制性断裂(紫林山断裂、烂土断裂、独山断裂、银坡断裂)和控矿断裂(牛硐断裂、半巴断裂)进行调查,在对断裂进行认识的基础上,对这些断裂及其旁侧的节理进行了配套、分期。早期矿田内普遍发育近垂直方向的密集张性方解石脉,表现出了拉张作用的特点。晚期有不同方向的共轭节理出现,在详细观测节理性质、产状、分布特征基础上,应用赤平投影方法对构造应力场进行恢复,紫林山断裂主应力轴产状为 σ_1(228°∠10°)、烂土断裂主应力轴产状为 σ_1(78°∠80°)、独山断裂主应力轴产状为 σ_1(36°∠12°)、银坡断裂主应力轴产状为 σ_1(331°∠10°)、牛硐断裂主应力轴产状为 σ_1(14°∠2°)、半巴断裂主应力轴产状为 σ(198°∠4°);结合各条断裂宏观构造形迹和构造应力反演分析,矿田内该期构造应力具有左行逆时针水平运动的特点(图 3 -7)。

(4)构造与成矿

①构造(岩浆)活跃期与成矿活动期的关系。据中国地质科学院李学刚等学者对铜仁—三都边界断裂的活动性的专题研究,沿该断裂凯里以南段采了 20 件石英样品做 ESR 年龄测定,将其与半坡、巴年锑矿和大厂锑矿的年龄测定结果比较(图 3 -8),断裂石英 ESR 年龄测定结果表明断裂主要活动在燕山—喜山期,且主要在燕山中晚期盆山转换期(72 ~ 142 Ma)活动最为强烈,与相关的锑矿床成

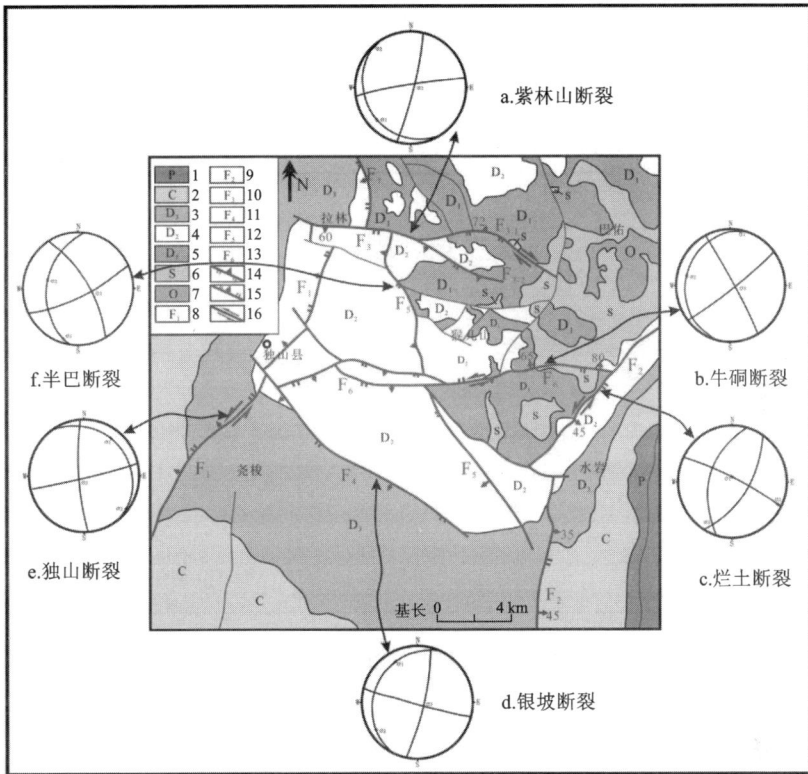

图 3 – 7　独山锑矿田构造应力统计分布示意图

1—二叠系；2—石炭系；3—上泥盆统；4—中泥盆统；5—下泥盆统；6—志留系；7—奥陶系；
8—独山断裂；9—烂土断裂；10—紫林山断裂；11—银坡断裂；12—半巴断裂；13—牛硐断裂；
14—逆断层；15—正断层；16—走滑断层

矿年龄测定结果(94 ~ 145 Ma)吻合，说明研究区构造活动与成矿活动在时间上高度一致，燕山中晚期的构造活动是主要的成矿活动。同时，邻区煌斑岩[黔东 217 Ma，黔西南(77.5 ± 2.4) Ma]目前认为是大陆板内阶段的伸展环境侵入，成矿时期主要为燕山中晚期，成矿环境为陆内造山挤压向板内伸展转换背景，锑矿成矿期与构造活动期一致，似与邻区煌斑岩的侵入时间上有关联。

②构造分级控矿特征。区内主干断裂可以分为Ⅰ、Ⅱ、Ⅲ级，多为兼有走滑性质的张性断裂。Ⅰ级构造不仅形成地垒骨架，同时也是独山锑矿田的东西边界，并与Ⅱ级构造构成地垒及之上的"菱形"地块，联合控制了矿田的分布；矿田内锑矿、硫铁矿、铅锌矿及化探异常带主要分布于"菱形"构造上Ⅱ级与Ⅲ级构造断裂彼此相互交切形成的"棋盘格式"结点附近；具工业价值的锑矿床与构想蚀变带，其赋存则受共轭的半巴断裂和牛硐断裂控制，发育于走滑－张裂形成的分支复

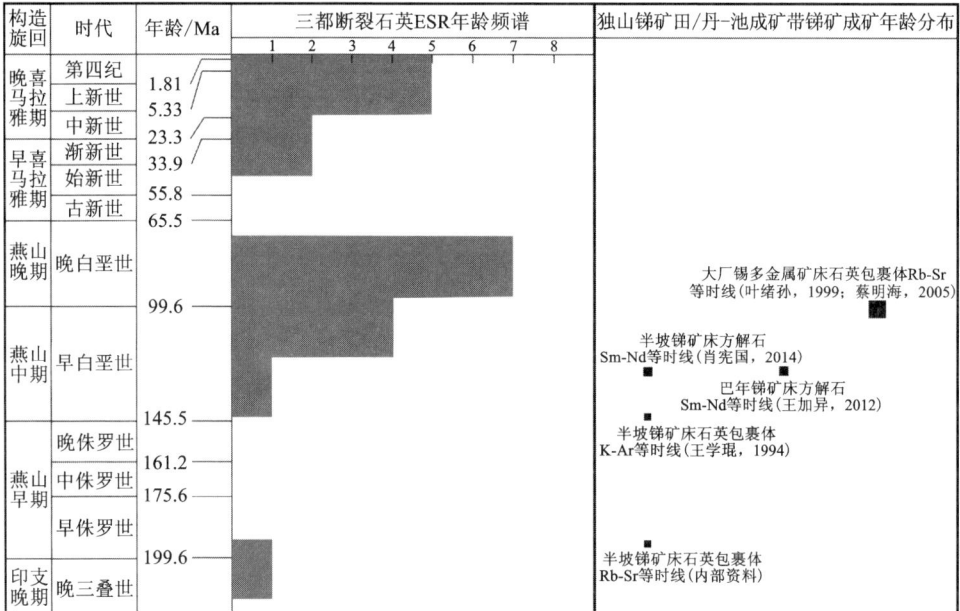

图3-8 三都断裂、独山锑矿田以及丹-池成矿带年龄分布图(底图据李学刚,2012修改)

合、尖灭再现、侧列重现组成的"发辫状构造"断裂带中(图3-9);而沿控矿断裂带有连续或断续的构造热液蚀变带,次级切层断裂、层间破碎对锑矿体的富集就位起着直接控制作用。

③构造控矿特征:根据矿体与不同级别、不同性质构造的相互关系和控矿断裂的产状,研究区控矿构造分为三种类型:A.切层断裂控矿,表现为矿体沿切层断裂破碎带及旁侧影响带呈脉状、透镜状产出,矿体延伸方向和倾向受切层断裂控制明显,脉状、透镜状矿体产状与切层断层产状一致或呈小角度交切,区内半坡与维寨锑矿、蕊然沟与摆略矿点属此类;B.顺层(层间破碎带)断裂控矿,表现为矿体沿顺层剪切破碎带或层间剥离空间呈层状、似层状产出,矿体的延伸方向明显受层间破碎带或层间剥离空间控制,区内巴年、王屯、高寨锑矿与甲拜、贝达锑矿点属此类;C.多类型联合控矿,表现为矿体沿切层断层破碎带与层间破碎带或层间剥离空间联合产出,矿体呈脉状、似层状,两种类型的构造某种意义上来说,在剖面上构成断坡(切层)-断坪(顺层)组合,往往在断裂交会部位(即转折端)因岩石破碎变形强烈,有利于厚大矿体的产出,矿田已发现矿床点几乎均具有两种类型联合控矿的体现,如半坡锑矿沿主切层控矿断裂旁侧次级层间破碎带分布,带内见透镜状、似层状矿体产出;巴年锑矿除层间破碎带内形成层状、似层状矿体外,沿切层断裂破碎带亦有脉状矿体产出(如F_{210})。

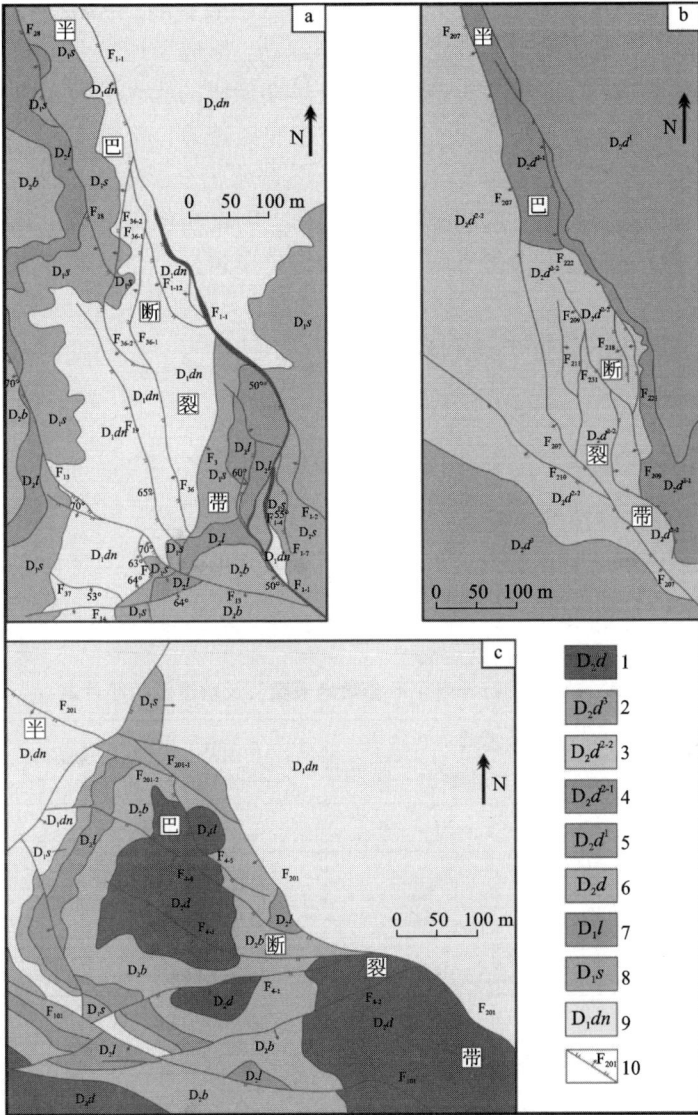

图 3-9　独山锑矿田发辫状构造示意图（据刁理品，2017 修改）

a—半坡锑矿区地质略图；b—巴年锑矿区地质略图；c—贝达锑矿区地质略图

1—独山组；2—独山组鸡窝寨段；3—独山组宋家桥段上亚段；4—独山组宋家桥段下亚段；5—独山组鸡泡段；6—帮寨组；7—龙洞水组；8—舒家坪组；9—丹林组；10—正断裂

④构造控矿模式：燕山期前的广西运动、独山抬升等构造运动；使独山锑矿田受多期次构造活动改造、叠加，发育大规模垂直的张性裂隙，同时形成一系列同向规模较大的高角度区域正断层、断裂裂陷带，为成矿准备了条件，印支—燕

山运动矿田分布范围受到近水平挤压形成隔槽式褶皱雏形，燕山期构造转换斜向滑动，发生以左行为主的逆时针走滑－张裂运动，形成了地垒及近东西向、北西向等主要控矿构造，同时进一步追踪和改造早期形成的张性裂隙，与大断裂复合贯通，形成了一系列的滑脱空间、层间破碎带和揉皱等，成矿流体在燕山期构造热动力作用的强烈驱动下沿断裂上升并与大气降水汇合，在温度、压力等环境发生急剧变化的断裂破碎带、层间破碎带、剥离空间富积保存下来，形成切层断裂控矿、顺层断裂控矿以及多类型联合控矿的控矿模式。

3.3 地球物理特征与成矿关系

3.3.1 电阻率特征

（1）岩石露头物性参数特征

区内岩矿石视电阻率的研究以地层露头及坑道小四极法测定为主。岩矿参数统计详见表 3－4。

表 3－4 岩矿石视电阻率参数地表露头及坑道测定统计表

地层类别	地层露头及坑道小四极法测定点数/个	ρ 变化范围 /（$\times 10^3\ \Omega \cdot m$）	ρ 平均值 /（$\times 10^3\ \Omega \cdot m$）
D_1dn 石英砂岩	20	1.56 ~ 12.27	4.7
D_1s—D_1d 硅化石英砂岩	7	5.6 ~ 151.57	26.1
D_2d^1 含炭灰岩	6	0.14 ~ 4.78	1.52
D_2l 白云岩	10	1 ~ 3.5	2.0
D_2b 含铁砂岩	5	0.4 ~ 9.86	1.89
$S_{1-2}wx$ 粉砂质泥岩	6	0.1 ~ 0.6	0.25
石灰岩	4	5.2 ~ 36.1	18.5

由上表可见：泥盆系 D_1dn 石英砂岩、D_2d^1 含炭灰岩、D_2l 白云岩、D_2b 含铁砂岩视电阻率平均值在数千欧姆米，为同一级次，比 D_1s—D_1d 硅化石英砂岩及石灰岩视电阻率平均值（数万欧姆米）低一个级别，比志留系 $S_{1-2}wn$ 泥质灰岩视电阻率平均值（数百欧姆米）高一个级次。由于测区内地下水系沿断裂破碎带及层间裂隙分布，或高于潜水面的断裂破碎带接受地表水的补给，比完整围岩潮湿，故沿断裂破碎带的视电阻率相对围岩的视电阻率低。因该区断裂产状较陡

$(50° \sim 70°)$，地层产状较为平缓$(10° \sim 30°)$；同时，含矿断裂的异常形态往往呈狭长条带状，易于与低阻地层的异常形态区分。因此，用电磁法探测含矿断裂及含矿层位具备物性前提，配合地质、化探、钻探手段对断裂进行评价，可达到间接或直接找矿的目的。

（2）岩矿石标本物性参数特征

对研究区岩、矿石 399 块标本，采用"泥团法"进行电性参数测定。经过归类，统计出各种岩、矿石的电阻率的变化范围和统计平均值，详见表 3-5。

表 3-5 岩矿石电性参数统计表

矿石及岩性	地层代号	块数	极化率 η/%		电阻率 ρ/($\Omega \cdot$ m)		备注
			变化范围	统计平均值	变化范围	统计平均值	
灰岩	$D_2 d^3$	31	0.1 ~ 0.7	0.25	309 ~ 14716	6855	鸡窝寨
灰岩	$D_2 d^2$	33	0.2 ~ 0.68	0.32	967 ~ 15666	6562	宋家桥
砂岩		42	0.54 ~ 2.72	1.25	496 ~ 10516	1254	
灰岩	$D_2 d^1$	31	0.4 ~ 0.75	0.43	1266 ~ 13668	4912	鸡泡
砂岩		45	0.91 ~ 2.86	1.14	861 – 18817	2027	
石英砂岩	$D_2 b$	43	0.19 ~ 0.83	0.65	2043 ~ 11728	2779	邦寨
灰岩	$D_2 l$	31	0.15 ~ 0.59	0.32	839 – 10276	5225	龙洞水
砂岩	$D_1 s$	31	0.87 ~ 1.92	1.37	1101 – 16064	1733	舒家坪
砂岩	$D_1 dn$	39	0.29 ~ 1.68	0.94	1643 ~ 14742	2935	丹林
硅化蚀变体		30	0.04 ~ 2.21	0.48	623 ~ 19335	4570	
锑矿石		43	1.29 ~ 12.7	3.64	189 ~ 10697	1785	
页岩	$S_{1-2} wx$		0.5 ~ 2	1.36	300 ~ 500	426	小四极

注：页岩在野外露头处采用小四极测量，部分地层页岩含碳质极化率较高。

电性参数测定结果：区内含矿层位泥盆系中统宋家桥段砂岩、泥盆系下统舒家坪组砂岩、丹林组砂岩电阻率的统计平均值为 1254 $\Omega \cdot$ m、1733 $\Omega \cdot$ m、2935 $\Omega \cdot$ m，产于半巴断层中及两侧近矿硅化蚀变体的电阻率统计平均值为 4570 $\Omega \cdot$ m。硅化蚀变体与含矿层砂岩地层有着明显的电阻率差异。在电阻率反演图上硅化蚀变体显示为高阻特征。

从极化率变化特征来看，锑矿体平均极化率与围岩极化率差别较大，同时锑矿体存在一定的定向变化特征，即沿矿体倾向方向极化率(2.9% ~ 12.7%)普遍高于走向方向的极化率(0.59% ~ 3.47%)，而围岩无此规律。鉴于锑矿体极化率的以上变化特征,本次工作中垂直半坡矿体布设了 SIP 对进行试验。

3.3.2 矿田地球物理特征

整装勘查时在研究区做过可控源大地电磁测深扫面(图 3 – 10),其测线方向 NE60°,基线长 14 km,测线长 5 km,测网为矩形规格 250 m × 100 m,面积

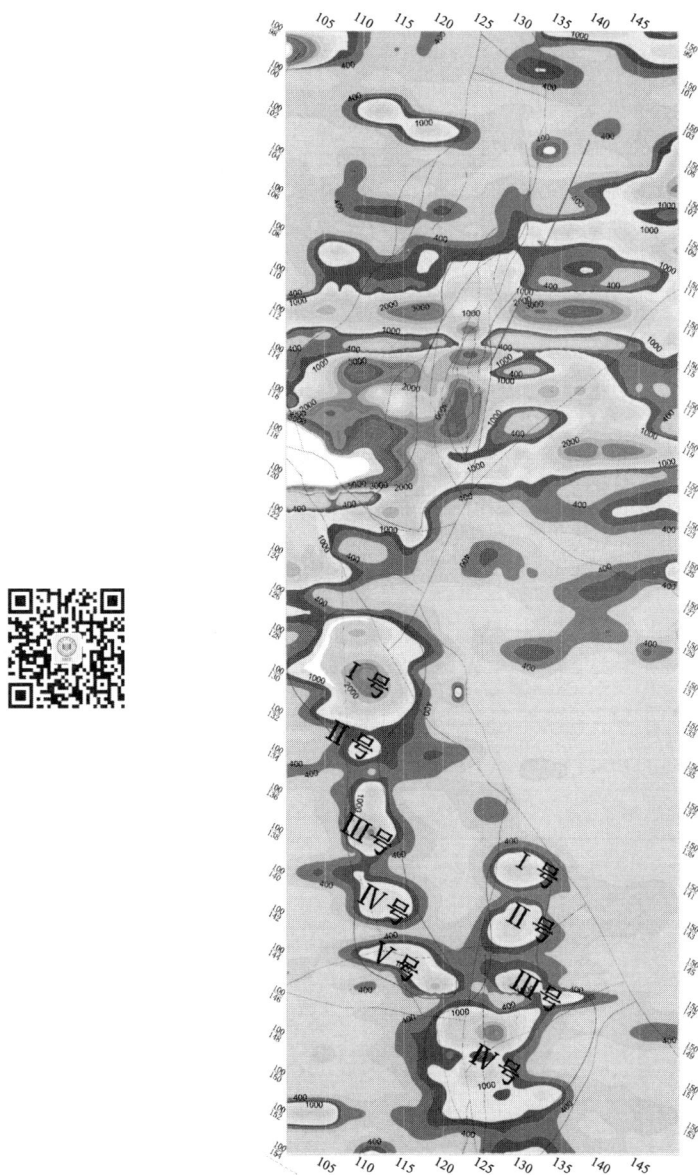

图 3 – 10 贵州独山锑矿田 CSAMT 300 m 标高电阻率等值线平面图

70 km², 测网长方向与半巴断裂带一致, 北到银硐北, 南到王屯南, 包括了独山锑矿田的主要含矿带和主要矿体。对物探工作区做了标高 300 m、0 m、- 500 m 的电阻率等深切片等值线平面图, 结合本次物探成果总结独山锑矿田的电阻率特征如下:

(1)地球物理异常平面特征

标高 300 m 电阻率等深切片等值线平面图, 以 800 Ω·m 等值线作为异常起圈值观察大致可分为三个物探异常带和一个化探异常点:

①半坡异常带: 分布于 L111 ~ L122 线之间, 物探 L111 ~ L122 线视电阻率值高于北西、南东地段, 异常长 2.75 km、宽 1.5 km, 面积约 4.5 km², 走向为近南北向, 不规则面状分布, 半坡锑矿位于 L111 ~ L119 线 120 ~ 125 点高阻异常区中部。中高阻异常体(1600 ~ 3000 Ω·m)连续分布, 异常体集中突出, 体现了中高阻异常体在该段隆起; 沿半坡断层东西两侧上下两盘, 视电阻率等值线分布形态迥异, 且西侧上盘中高阻异常连续, 东侧下盘中高阻异常呈跳跃式分布, 反映该断裂的地球物理特征和含矿构造蚀变带西倾的特点。

②贝达—甲拜异常带: 异常带分布于 127 ~ 146 线之间, 由 5 个物探中高阻异常圈闭组成(编号 I - V), 异常长 5 km, 宽 100 ~ 300 m, 面积约 5 km², 呈 NNW 向带状分布, 异常带呈串珠状追踪摆略断裂延展, 中南部 L127 ~ L133 线 105 ~ 117 点为高电阻率异常, 该高阻异常区内及其北部边缘河沟断裂与半巴断裂、甲拜断裂交汇部位异常明显且面积膨大, 有已知贝达和甲拜锑矿点分布。

③高寨—巴年异常带: 异常带北起 138 线、南至 151 线, 长约 3.5 km、宽 1 km, 面积约 5 km², 物探中高阻异常圈闭有 4 个(编号 I - IV), I - IV 号高阻圈闭异常沿半巴断层呈串珠状排列, 走向为 NNW 向, 异常带分布于烂土断裂与河沟断裂之间, 在烂土断裂与半巴断裂交汇部位(L144 ~ L151 线)异常明显且范围增大, 出现了规模较大的次高阻异常。该矿带地表与浅部已发现巴年锑矿、高寨和王屯锑矿点。

④银硐化探异常区仅在 104 线上有一低值点, 说明中高阻异常体埋深在标高 300 m 以下。

(2)地球物理异常深度变化特点

对标高 300 m、0 m、- 500 m 的电阻率等深切片等值线平面图系统分析, 整体以 800 Ω·m 等值线观察, 总的异常分布格局保留了 300 m 标高的基本形态, 但随着地下标高的降低, 视电阻率值随深度的加大而增高, 高电阻异常范围扩大, 推测由深部构造蚀变强度增强引起。

①半坡异常带: a. L107 ~ L110 线沿半坡断层及其两侧有南西向陡倾斜高阻 - 次高阻异常带, 推测深部围岩硅化蚀变强烈。b. L112 ~ L118 线沿半坡断层及两侧有南西向高阻异常带, 与半坡锑矿床范围吻合, 其深部可能为推测的半坡

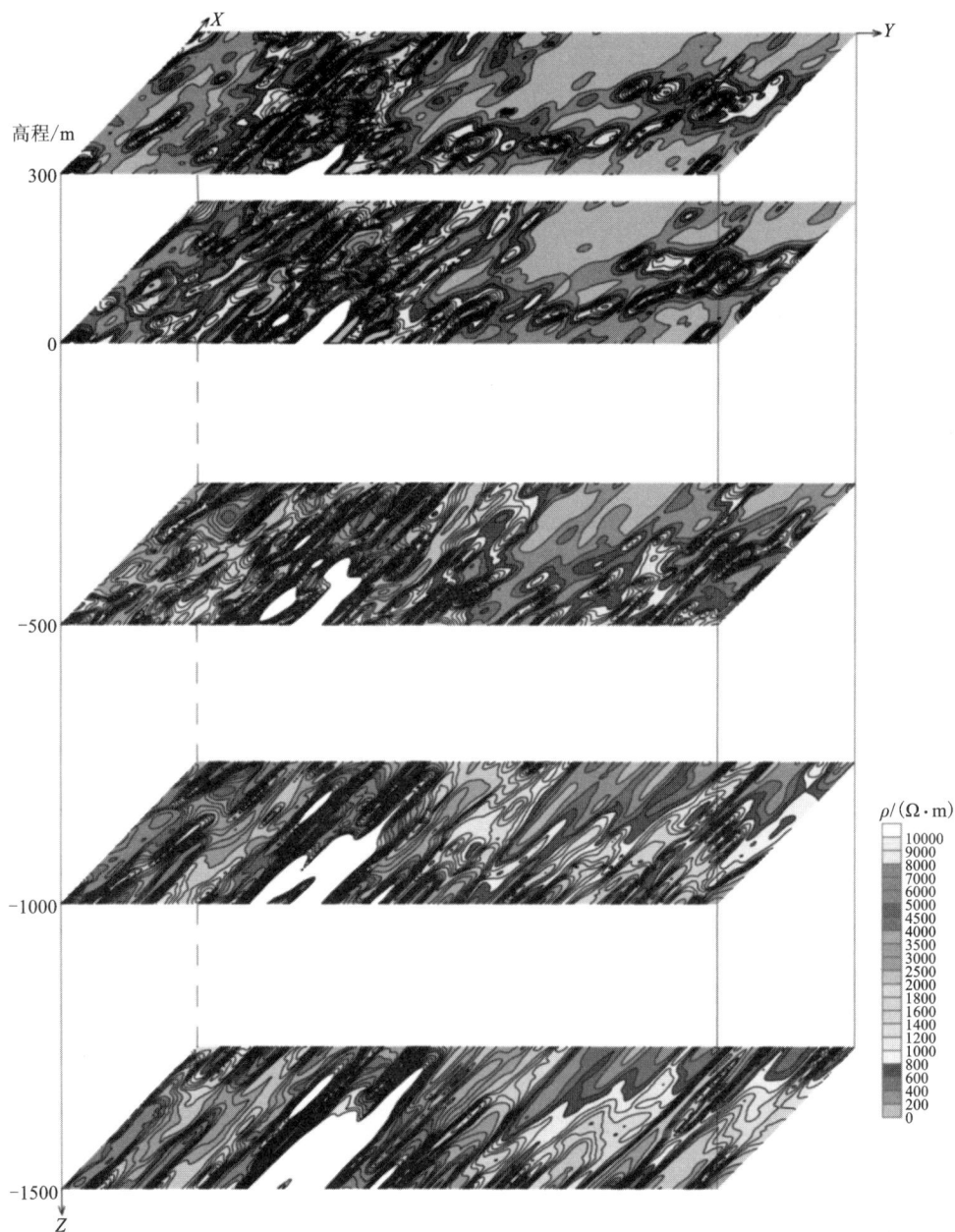

图 3 – 11 贵州独山锑矿田 CSAMT 测深 *XY* 水平截面组合图

（引自《独山箱状背斜锑矿整装物探勘查报告》，2014）

隆起构造顶部；c. 半坡异常往深部向南移，至 −500 m 标高电阻率等深切片即与贝达—甲拜异常连为一体，应是该构造蚀变中心从深到浅由南向北的迁移特点的反映；d. 在半坡 L113 线 ~ L122 线范围地下深处有一隐伏向上隆起的高阻异常带（图 3−11 彩色图红、灰、白区域），视电阻率达 4000 ~ 10000 Ω·m，半坡位于区域重力异常低值区及重力剩余异常负值区，又有向上隆起的高电阻率异常，推测半坡隆起构造的下部深处隐伏有低密度、高电阻率的地质体（岩浆岩体，见图 3−12）。

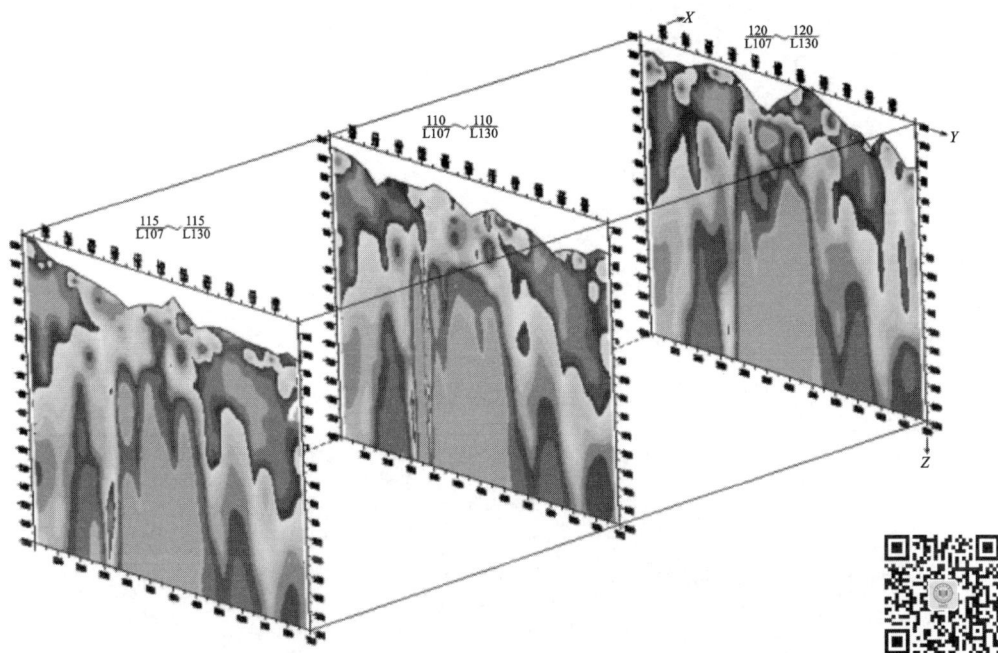

图 3−12 （115、118、120）/（L107 ~ L130）线三维 *YZ* 截面组合图

②贝达—甲拜异常带：L128 ~ L132 线及物探点位 105 ~ 115 之间分布一陡倾斜高阻异常带，甲拜、贝达锑矿点位于该高阻异常的中心部位（110/L130 线），目前仅发现浅表宋家桥（D_2d^2）中的锑矿，该高阻异常向下延伸可达 1000 余 m，推测深部围岩（包括舒家坪组 D_1s、丹林组 D_1dn）硅化蚀变强烈（见图 3−13）。

③高寨—巴年异常带：L137 ~ L138 线 106 ~ 112 点、L140 ~ L142 线 104 ~ 111 点、L144 ~ L146 线 107 ~ 118 点呈分段高阻异常，沿北西—南东向展布，推测异常带为隐伏高阻蚀变带，L147 ~ L151 线 120 ~ 130 点高阻异常为半巴断层与烂土断层交切部位，异常范围宽，向下延伸大，推测下部围岩硅化蚀变强烈（见图 3−14）。

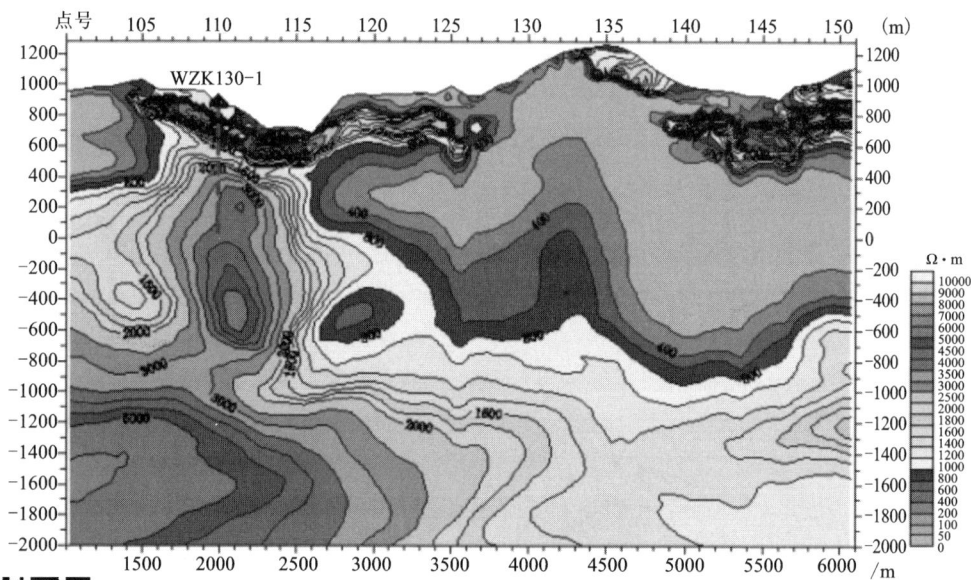

图 3 – 13　L130 线 CSAMT 测深反演成果图

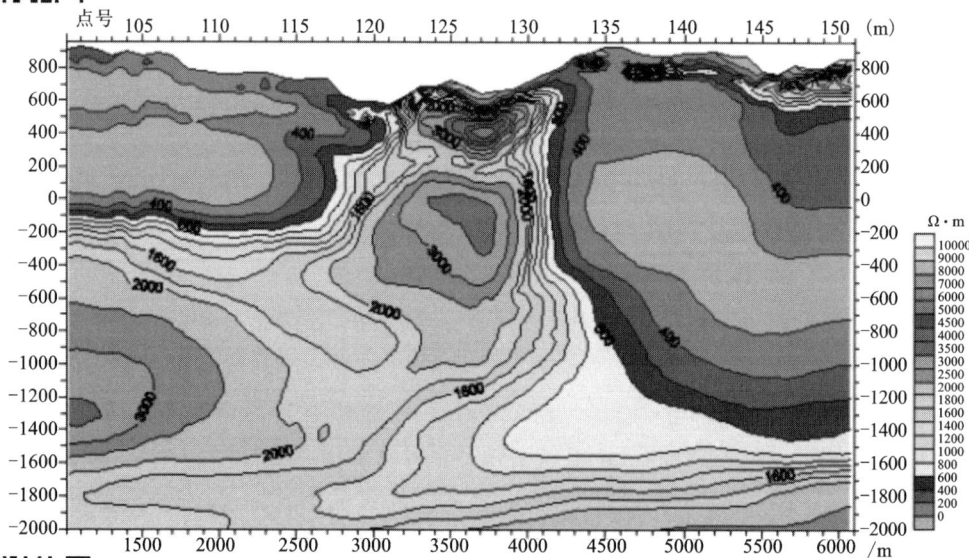

图 3 – 14　L148 线 CSAMT 测深反演成果图

④银铜异常点：测区北部 104 线上的银铜异常点，浅部仅有一低值点，往深部变强变大。

3.4 地球化学特征与成矿关系

3.4.1 独山锑矿田中不同地层岩性元素的分配特征

（1）不同矿区主量元素分布特征

根据此次采样研究（表 3-6），对比独山锑矿田中不同矿床/点不同岩性中主量元素特征发现，在不同矿床/点的辉锑矿矿石样中，SiO_2 平均含量变化较大，最高为高寨锑矿点（SiO_2 含量 85.16%），最低为贝达锑矿点（SiO_2 含量 51.49%）；Al_2O_3 平均含量最高为维寨锑矿床（Al_2O_3 含量 9.94%），在其他矿床/点中变化不大（Al_2O_3 含量 3.67%~4.02%）；Fe_2O_3 平均含量最高为贝达锑矿点（Fe_2O_3 含量 8.34%），在其他矿床/点中变化不大（Fe_2O_3 含量 1.05%~2.90%）；CaO 平均含量最高为巴年锑矿床和贝达锑矿点（CaO 含量分别为 12.02%、12.83%），在其他矿床/点中变化不大（CaO 含量 2.19%~3.35%）；其他主量元素无明显的变化，贝达锑汞矿点的碳酸盐岩 MgO 含量较为富集，达到 10.44%，说明含白云质较高。从矿体到围岩，SiO_2 含量显著下降，佐证了硅化蚀变与锑成矿作用关系密切，这与现场观察到的现象吻合。

表 3-6 独山锑矿田不同岩性中主量元素平均含量（%）

矿床/点	岩性	样品数	SiO_2	Al_2O_3	Fe_2O_3	Na_2O	K_2O	CaO	MgO
半坡	辉锑矿矿石	19	71.47	3.79	1.05	0.11	0.68	2.29	0.83
	碳酸盐岩	8	16.78	3.95	2.12	0.18	1.00	37.55	2.95
	黏土岩	6	57.22	8.64	3.22	0.19	2.19	11.97	2.28
	黏土岩（矿体附近）	4	55.78	16.76	7.41	0.26	3.66	2.64	2.09
	碎屑岩	20	78.99	5.36	2.06	0.19	1.38	4.26	1.26
	碎屑岩（矿体附近）	3	64.28	11.50	6.49	0.22	2.46	2.99	1.47
巴年	辉锑矿矿石	8	63.17	3.67	2.20	0.13	0.69	12.02	2.02
维寨	辉锑矿矿石	6	70.56	9.94	2.90	0.19	2.34	2.19	1.15
贝达	含铁矿化碎屑岩	3	68.64	3.14	18.96	0.12	0.46	0.29	0.07
	碎屑岩	2	81.48	4.69	2.12	0.12	1.19	1.44	1.02
	碳酸盐岩	1	4.43	1.58	2.83	0.16	0.39	36.53	10.44
	辉锑矿矿石	9	51.49	3.82	8.34	0.17	0.43	12.83	4.50

续表 3 – 6

矿床/点	岩性	样品数	SiO$_2$	Al$_2$O$_3$	Fe$_2$O$_3$	Na$_2$O	K$_2$O	CaO	MgO
高寨	碳酸盐岩	3	10.94	1.78	1.24	0.01	0.04	45.42	1.18
	辉锑矿矿石	2	85.16	4.02	1.24	0.01	0.03	3.35	0.19

（2）地层微量元素分配特征

岩石化探剖面为异常检查中使用的手段，沿构造蚀变矿化带或异常带布施。根据贵州省有色三总队、物化探总队在该地区锑矿找矿勘查工作中岩石化探剖面统计，矿区地层中 Sb、Hg、As 含量较高，反映了矿田成矿元素扩散晕的特点，可作为化探找矿的指示元素。另外，主成矿元素 Sb 含量沿下泥盆统丹林组—舒家坪组—下志留统翁项群—中泥盆统龙洞水组、独山组依次降低，表明矿区锑矿化强度与旁侧围岩锑元素含量呈正相关，特别是 Sb 的浓集系数高达 26.37，相对含矿层位在区域地层背景值（浓度克拉克值）贫化，说明矿区地层受矿化蚀变场的叠加作用，矿源位于含矿层下方深部，同时表明矿田是寻找锑的有利地段。Ag、As、Pb、Cd、Zn、Au 元素的背景值接近地壳丰度值，元素分布较均匀，Cu 元素值在矿区表现为贫化。

（3）不同矿床（点）含矿带与近矿围岩微量元素特征

本次采样对不同矿区含矿带和围岩进行微量元素分析，在不同矿床（点）的含矿带样品，Sb 元素平均含量从半坡（438.42×10^{-6}）、维寨（361.90×10^{-6}）、巴年（252.27×10^{-6}）、高寨（175.66×10^{-6}）到贝达（78.88×10^{-6}）锑矿床（点）依次递减，其与各矿矿化强度的相对高低、矿床规模大小吻合；贝达矿点微量元素平均含量［Hg（89.83×10^{-6}）、Pb（46.23×10^{-6}）、Zn（86.10×10^{-6}）、Cu（95.59×10^{-6}）、Cd（93.27×10^{-6}）、Ag（0.49×10^{-6}）］在各矿床中最高，Au 元素在贝达锑矿点出现异常富集现象（711.11×10^{-9}），反映出贝达相对于半坡和维寨等单一锑矿，具有锑汞铅锌多金属矿的特点，同时也显现了金良好的找矿前景；不同矿区近矿围岩，碳酸盐岩围岩以高寨锑矿点的 Sb 元素平均含量最高，碎屑岩围岩中 Sb、Cd 和 Ag 比碳酸盐岩更富集，Zn 元素在碳酸盐岩围岩中比碎屑岩围岩高（表 3 – 7，表 3 – 8）。

表 3 – 7　独山锑矿田地层微量元素含量（10^{-6}）

地层	样品数	元素								
		Sb	Hg	As	Pb	Zn	Cu	Ag	Mo	Ga
望城坡组	145	2.81	0.22	6.84	18.05	14.05	8.78			6.16
独山组	1867	10.85	1.2	24.87	23.88	18.5	14.91	1.08	1.37	8.58

续表 3 – 7

地层	样品数	元素								
		Sb	Hg	As	Pb	Zn	Cu	Ag	Mo	Ga
帮寨组	495	8.57	0.54	21.67	17.93	12.69	26.13	0.14	3.26	9.05
龙洞水组	287	12.28	0.82	21.2	28.92	16.45	10.45	0.15	0.36	1.61
丹林组—舒家坪组	571	13.17	0.55	17.43	10.55	12.17	30.02	0.07	3.92	8.18
翁项群	254	20.2	0.8	19.76	19.51	40.93	46.26	0.03	1.99	21.35
全区地层平均含量	—	16.35	0.79	19.87	20.21	28.92	28.7	0.14	1.89	13.96
地壳丰度值（黎彤，1976）	—	0.62	0.089	2.2	12	70	63	0.08	1.3	18
平均浓度克值	—	26.37	8.88	9.03	1.68	0.84	0.46	1.87	1.45	0.78

表 3 – 8　独山锑矿田不同岩性中微量元素平均含量（10^{-6}）

矿床/点	岩性	样品数	Sb	Hg	As	Pb	Zn	Cu	Ag	Mo	Cd	W	Au
半坡	辉锑矿矿石	19	438.42	7.29	23.70	13.17	14.26	37.64	0.09	2.96	0.05	0.64	12.31
	碳酸盐岩	8	10.66	0.17	27.18	25.55	80.49	13.24	0.17	1.11	1.87	0.46	3.51
	黏土岩	6	16.39	0.18	31.56	39.64	51.57	23.94	0.07	0.88	0.08	1.17	4.54
	黏土岩（矿体附近）	4	111.55	0.54	58.34	57.48	110.16	52.16	0.04	0.30	0.06	2.51	6.50
	碎屑岩	20	13.70	0.24	24.40	23.59	36.06	21.28	0.05	0.65	0.06	0.88	4.27
	碎屑岩（矿体附近）	3	274.63	0.92	53.87	37.68	64.91	26.84	0.04	0.54	0.06	1.88	5.87
巴年	辉锑矿矿石	8	252.27	3.67	175.51	16.63	32.77	34.48	0.11	1.69	0.11	0.91	2.93
维寨	辉锑矿矿石	6	361.90	6.60	62.21	25.82	63.81	21.17	0.04	8.58	0.34	3.12	5.88
贝达	含铁矿化碎屑岩	3	65.11	4.60	159.47	55.04	74.23	18.10	0.67	2.93	0.19	0.86	36.37
	碎屑岩	2	37.63	9.33	49.09	17.98	67.72	76.39	1.89	0.71	256.02	0.73	3.93
	碳酸盐岩	1	17.44	11.88	34.28	18.01	299.86	5.42	0.09	0.75	2.22	0.30	7.70
	辉锑矿矿石	9	78.88	89.83	176.26	46.23	86.10	95.59	0.49	1.45	93.27	0.75	711.11
高寨	碳酸盐岩	2	42.02	3.83	31.54	17.60	12.63	4.45	0.05	0.45	0.05	0.34	3.90
	辉锑矿矿石	2	175.66	2.77	81.30	17.34	15.97	6.53	0.05	6.24	0.06	1.06	4.00

备注：其中 Au 含量的单位为 10^{-9}

3.4.2 矿田有机地球化学特征

烃气体测量法是勘查地球化学的重要分支之一,其在石油天然气勘查中被广泛应用,并逐渐应用于有色贵金属矿床勘查中。本次研究工作,我们较系统地采取了半坡锑矿床的岩石、矿石和土壤样,对其他锑矿床(点)也采取了部分样品,分析测试了甲烷、乙烷、丙烷、异丁烷、正丁烷、异戊烷、正戊烷和丙烯等有机组分(表3-9、表3-10),其特征如下:

(1)岩石烃和矿石烃的含量特征:①统计表明本次采集的岩矿石样品中,矿石中有机烃总量一般为 $1300 \times 10^{-6} \sim 12000 \times 10^{-6}$,平均 7054×10^{-6},其中甲烷的含量为 $273 \times 10^{-6} \sim 7953 \times 10^{-6}$,平均 3181×10^{-6};岩石样品有机烃总量一般为 $20208 \times 10^{-6} \sim 50962 \times 10^{-6}$,平均 31127×10^{-6},其中甲烷的含量 $4330 \times 10^{-6} \sim 37116 \times 10^{-6}$,平均 15555×10^{-6}。岩石中的有机烃总量和甲烷明显高于矿石,表明了矿石与围岩烃的丰度差异明显,说明成矿过程中,成矿热流体迁移破坏了围岩烃气体平衡,呈现矿石低烃,围岩高烃的特征。②土壤样品中有机烃总量极低,仅为 $2 \times 10^{-6} \sim 18 \times 10^{-6}$,平均 4.78×10^{-6},其中甲烷的含量 $1.08 \times 10^{-6} \sim 5.09 \times 10^{-6}$,平均 2.27×10^{-6},相比于岩石、矿石,有机烃的总含量和甲烷含量大致按岩石—矿石—土壤降低排序,这是由于随着岩石风化成土壤烃气逸散所致。

(2)岩石中有机烃气体之甲烷占比为 55.6% ~ 99.1%,平均为 72.9%。土壤样品中有机烃气体之甲烷占比为 18.4% ~ 78.1%,平均为 49.5%,说明岩石风化成土壤后吸附态的甲烷逸散的速度相对较快,同时说明甲烷是有机烃的主要组分,可作为主要指标。

(3)在116线综合剖面图(图3-15)中,Sb、热释汞与甲烷、丙烷的曲线起伏范围基本同步,变化形态也较为相似,与矿体对应较好。

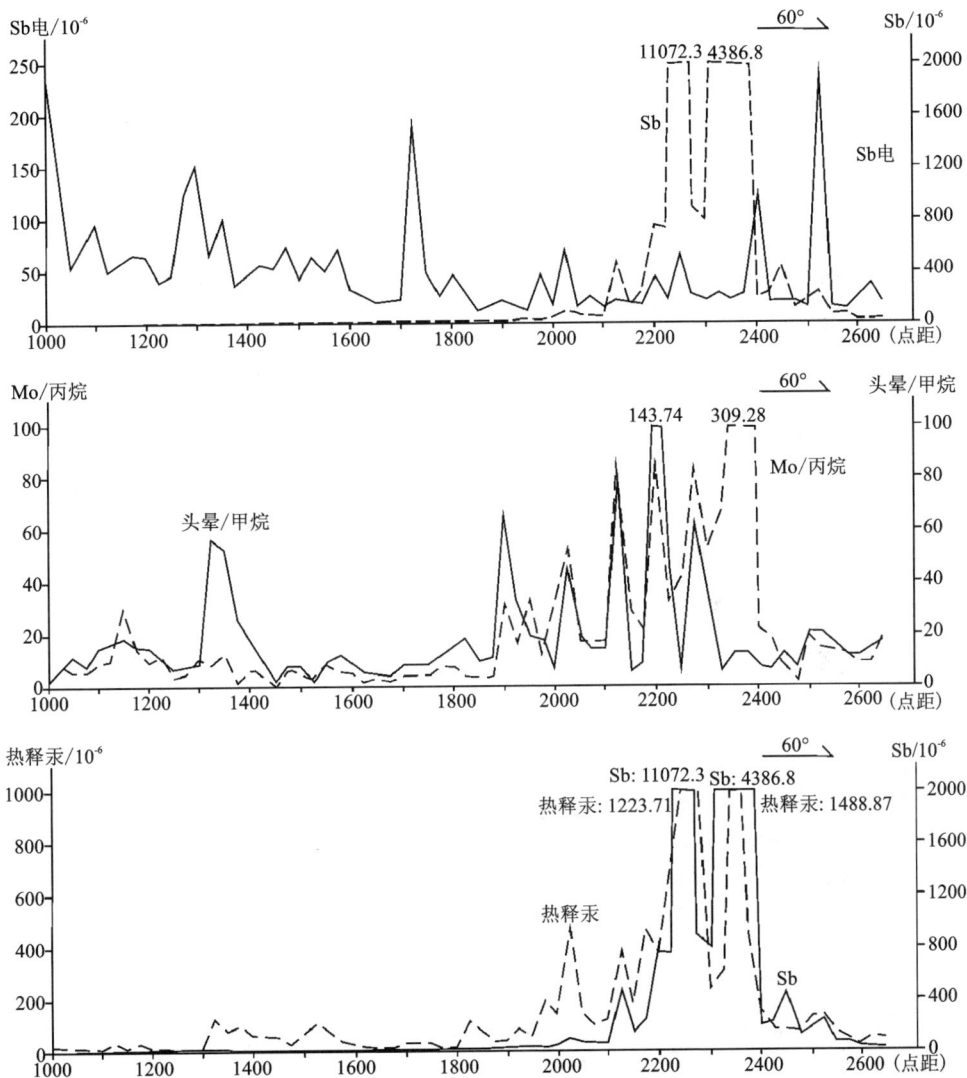

图 3 – 15　L116 线土壤非常规地球化学剖面图

表 3 - 9　半坡锑矿床不同地层中热释汞、烃气平均含量（10⁻⁶）

组	层位	岩性	样品数	热释 Hg	甲烷	乙烷	丙烷	异丁烷	正丁烷	异戊烷	正戊烷	乙烯	丙烯	烃总量	甲烷/烃总量
独山组	D_2d^3	黏土岩、碳酸盐岩	2	70.52	26045	713	260	16	73	11	16	511	357	28002	0.93
	D_2d^2	碎屑岩	2	32.55	20548	1614	614	36	173	27	46	1248	810	25115	0.82
	D_2d^1	碳酸盐岩	2	21.25	9488	1397	581	38	177	30	51	1362	953	14076	0.67
		平均值		41.44	18694	1241	485	30	141	23	38	1040	706	22398	0.83
邦寨组	D_2b	碎屑岩	2	7.65	17402	2491	1354	98	455	89	144	2595	2046	26675	0.65
龙洞水组	D_2l	黏土岩、碳酸盐岩	2	8.44	2986	71	27	3	8	2	2	40	33	3172	0.94
舒家坪组	D_2s	碎屑岩	2	18.32	25514	3466	1311	74	365	54	98	2934	1900	35715	0.71
丹林组	D_1dn	碎屑岩	2	21.79	26403	3547	1302	69	343	50	87	2839	1705	36345	0.73

注：热释汞含量单位 10⁻⁹，烃气含量单位 μl/kg（下同）

表 3 - 10　巴年、半坡、维寨锑矿床矿石烃气和热释汞平均含量（10⁻⁶）

矿床－矿石类型	样品数	热释 Hg	甲烷	乙烷	丙烷	异丁烷	正丁烷	异戊烷	正戊烷	乙烯	丙烯	烃总量	甲烷/烃总量
维寨－辉锑矿矿石	6	412.51	3023	410	140	8	39	6	10	449	333	4420	0.68
巴年－辉锑矿矿石	8	185.58	6907	580	237	17	74	13	20	663	520	9031	0.76
半坡－辉锑矿矿石	12	88.94	10853	1408	467	24	126	19	32	1293	893	15115	0.72

3.4.3 矿田构造地球化学特征

(1)独山锑矿田不同地质体中微量元素分配特征

根据贵州省有色物化探总队资料,将独山锑矿田中地表不同地质体中的微量元素统计如表3-11所示,其反映出如下分配特征:

①从断裂带构造岩→蚀变围岩→围岩,Sb、Hg、As、Pb、Zn、Mo等主成矿元素或指示元素逐次急剧降低,显现断裂构造是成矿元素聚集的场所,反映出矿化从断裂构造向两侧围岩扩散迁移的特点。

②在断裂构造岩中,Sb、Hg、As、Cu、Pb、Zn、Mo元素含量均超过地壳丰度值,Sb、Hg、Mo元素在共轭的半巴断裂与牛硐断裂构造岩、烂土断裂高寨以西段明显富集,说明这些断裂与锑矿的成矿关系密切,Pb、Zn元素在凉亭F_4断裂与烂土断裂高寨以东段构造岩中明显富集,指示这些断裂与铅锌成矿的关系密切,而烂土断裂与河沟断裂富As元素的特点,暗示其含矿硫化物热液活动的痕迹。

③在同一断裂的不同段,构造岩石微量元素含量也存在差异。半巴断裂半坡段角砾岩的Sb元素含量远远超过贝达段和巴年段,这与半坡矿床是断裂充填型矿床,而其他两个为层间整合型有关;烂土断裂构造角砾岩则大致以高寨为界,东段角砾岩Pb、Zn元素富集,与其为三都牛场铅锌矿导矿断裂有关,西段角砾岩中Sb元素富集,与高寨、巴年锑矿存在成因联系;河沟断裂以摆略为界,东段角砾岩中As元素比西段明显富集,说明含矿硫化物热液活动有从西向东运移的特点。

表 3-11 独山锑矿田地表不同地质体中微量元素分配表

地质体类别	断裂带构造岩									蚀变围岩					围岩				
	牛硐断层	半坡断层半坡段含矿角砾岩	半坡断层贝达段角砾岩	半坡断层巴年段角砾岩	凉亭F_4含锌铅汞矿角砾岩	烂土断裂高寨以东段角砾岩	烂土断裂高寨以西段角砾岩	河沟断裂摆略以东段角砾岩	河沟断裂摆略以西段角砾岩	近锑矿碳化高岭石化砂岩	近锌铅汞矿硅化方解石化砂岩	近烂土断裂重晶石化白云岩	近锑矿重结晶石英砂岩	近锑矿硅化灰岩钙质砂岩	灰岩泥质灰岩	钙质砂岩页岩	砂岩铁质砂岩砂质页岩	石英砂岩	白云岩
Mo	10.5	7.6	3.8	8.6		3.3	2.7	2.8	3.9	7.3									
n	5	25	9	8		5	4	7	9	8									
Cu	35	14	32	46	45	29	27	71	26	42	113		42	21					

续表 3-11

地质体类别	断裂带构造岩									蚀变围岩					围岩				
	牛硐断层	半坡断层半坡段含矿角砾岩	半坡断层贝达段角砾岩	半坡断层巴年段角砾岩	凉亭F_4含锌铅汞矿角砾岩	烂土断裂高寨以东段角砾岩	烂土断裂高寨以西段角砾岩	河沟断裂摆略以东段角砾岩	河沟断裂摆略以西段角砾岩	近锌矿碳化高岭石化砂岩	近锌铅汞矿硅化方解石化砂岩	近烂土断裂重晶石化白云岩	近锑矿重结晶石英砂岩	近锑矿硅化灰岩钙质砂岩	灰岩泥质灰岩	钙质砂岩页岩	砂岩铁质砂岩砂质页岩	石英砂岩	白云岩
n	3	12	9	8	3	5	4	7	9	5	7		8	13					
Zn	19.8	40	56	11	1000	1215	53	18	10	72	1000	3503	25	19	32	35	11	8	28
n	8	12	9	8	4	5	4	7	10	5	7	3	8	15	90	11	11	53	12
Pb	29.6	14	24	25	1775	63	27	28	28	28	680	13	31	40	35	50		18	
n	6	12	8	4	5	4	7	10	5	7	9		8	14	81	10		53	
As	132	83	97	170	45	363	187	246	62	115			24	41	11	12	17	21	8
n	16	16	10	11	9	4	4	7	14	8			96	42	215	11	86	221	50
Hg	10.12	16.7	9	6.1	40	43.8	21.4	5.7	3.4	4	44	3	0.7	2	0.48	0.28	0.3	0.4	0.17
n	18	18	10	8	18	5	4	7	14	8	7	16	97	42	228	18	87	240	50
Sb	52	2425	34	40	13	60	230	32	22	40	16	4	318	455	5	8	9	10	3
n	18	18	10	11	18	5	4	7	14	8	7	15	97	42	275	14	87	248	50

n 为样品数，Sb 表示锑平均含量，单位 10^{-6}

④近矿围岩蚀变中，近铅锌(汞)矿围岩硅化方解石化砂岩与重晶石化白云岩 Pb、Zn(Hg)元素富集，近锑矿围岩重结晶石英砂岩与硅化灰岩钙质砂岩中 Sb、As 元素富集，除表明蚀变类型与矿种的对应关系外，还说明矿化作用与蚀变作用的同步性。

⑤从围岩性质来看，在硅酸盐类(泥砂质)围岩中 Sb、Hg、As、Cu、Pb、Zn 元素含量与碳酸盐岩差别不明显，硅酸盐类(泥砂质)岩中 Sb、Hg、As 元素含量比碳酸盐岩围岩稍高，碳酸盐岩中 Pb、Zn 元素含量比硅酸盐类(泥砂质)岩围稍高，这可能反映了矿化场叠加的现象。

(2)主量元素在各断裂构造中的分布情况

本次对矿田内主干断裂独山、烂土、银坡、紫林山和主要控矿断裂半巴、牛硐、河沟断裂进行了主量元素分析(表 3 - 12),其有如下特征:总体来看围岩与断裂的主量元素含量同步,显示其断裂主要组分来自围岩;主干断裂中,烂土断裂、半巴断裂和河沟断裂与围岩 SiO_2 和 CaO 的含量差异明显,而独山断裂与紫林山断裂两者 SiO_2 与 CaO 含量无明显差异,前组断裂带与围岩之间可能存在物质交换,暗示其热液活动较强。

表 3 - 12　各主要断层主量元素平均含量/%

断层	岩性	样品数	SiO_2	Al_2O_3	Fe_2O_3	Na_2O	K_2O	CaO	MgO
独山	灰岩	2	3.22	1.06	0.36	0.03	0.35	50.43	1.05
	断层角砾岩	1	0.94	0.12	0.46	0.02	0.06	54.03	0.60
银坡	灰岩	3	9.38	2.66	12.08	0.05	0.71	29.78	5.23
拉林	灰岩	1	18.99	6.02	2.88	0.06	2.36	34.64	4.01
紫林山	碎屑岩	4	92.12	2.52	2.70	0.02	0.59	0.43	0.22
	断层角砾岩	2	93.57	2.50	1.76	0.02	0.42	0.30	0.14
牛硐	含铁矿化围岩	5	63.40	6.40	20.86	0.05	1.57	0.20	0.37
	碎屑岩	1	59.25	10.90	5.38	0.07	2.20	7.85	1.70
	近断层碎屑岩	2	65.59	11.21	5.46	0.08	2.22	3.48	1.95
	断层角砾岩	1	62.74	17.07	6.16	0.21	3.33	0.53	1.79
大草山	围岩	3	76.06	6.87	4.01	0.04	1.44	3.19	1.62
下单林附近的断层	含铁矿化碎屑岩	3	93.05	2.32	2.63	0.02	0.42	0.27	0.07
	碎屑岩	2	96.14	1.99	0.44	0.02	0.51	0.33	0.13
	灰岩	1	28.42	4.37	2.22	0.04	0.80	33.61	1.19
烂土	围岩	10	83.64	5.53	1.72	0.04	1.53	1.68	1.34
	断层角砾岩	4	67.44	11.38	3.04	0.07	2.35	3.87	1.83
巴年	断层角砾岩	2	95.75	1.90	0.88	0.02	0.31	0.41	0.05
河沟	围岩	2	35.97	2.44	6.51	0.03	0.41	28.19	3.08
	断层角砾岩	1	83.36	3.43	4.60	0.03	0.96	4.15	0.69
半坡	围岩	12	20.51	1.69	4.93	0.13	0.37	25.26	11.05
	断层角砾岩	26	64.06	6.63	2.67	0.16	1.64	7.82	1.94

从围岩到断裂破碎带中心,SiO_2 平均含量明显升高,CaO、MgO 平均含量明显

降低，其他主量元素无明显变化特征，表明在断裂活动过程中，热动力作用较强，在成矿溶液由深部向开放空间运移时，不仅活化了离子半径大、活泼性强的 Ca、Mg 等元素，也活化了相对稳定的 Al、Fe 等元素。Si 则由于温度、压力降低，氧逸度升高，溶液进一步酸化出现过饱和而析出沉淀于断裂带，辉锑矿也随之沉淀，形成硅化与锑矿化紧密共生的关系。

（3）断裂构造中赋存的元素相关性分析

经对研究区断裂构造带的样品进行 R 簇群统计分析，元素在 48% 的相似水平上分为 4 个簇群，其中 Sb、Mo、Hg、Zn、Au 为一簇（表 3 – 13，图 3 – 16），Sb 与 Mo 的相关性最高（相关系数 0.618），以往资料相关性分析认为 As 与 Sb 有一定相关性，表明断裂中与主成矿元素 Sb 相关的主要元素组合为 Mo、Hg、Zn、Au、As。

表 3 – 13 各主要断层微量元素相似矩阵

元素	1: Sb	2: Hg	3: As	4: Pb	5: Zn	6: Cu	7: Mo	8: Cd	9: Au	10: Ni	11: Co	12: Sr	13: Ba	14: Bi	15: Mn	16: P	17: Cr	18: V	19: F	20: Li
1: Sb	1.000	0.431	0.443	0.434	0.429	0.414	0.618	0.431	0.418	0.481	0.261	0.304	0.476	0.359	0.374	0.313	0.589	0.399	0.323	0.503
2: Hg	0.431	1.000	0.748	0.515	0.646	0.459	0.427	0.447	0.942	0.414	0.360	0.412	0.347	0.452	0.359	0.312	0.359	0.518	0.304	0.326
3: As	0.443	0.748	1.000	0.928	0.590	0.860	0.510	0.751	0.679	0.572	0.345	0.480	0.469	0.760	0.415	0.438	0.573	0.714	0.373	0.419
4: Pb	0.434	0.515	0.928	1.000	0.623	1.000	0.501	0.917	0.366	0.558	0.333	0.499	0.511	0.868	0.401	0.509	0.672	0.791	0.469	0.482
5: Zn	0.429	0.646	0.590	0.623	1.000	0.592	0.665	0.536	0.552	0.646	0.246	0.510	0.564	0.623	0.580	0.402	0.558	0.602	0.185	0.607
6: Cu	0.414	0.459	0.860	1.000	0.592	1.000	0.461	0.828	0.310	0.547	0.376	0.482	0.515	0.754	0.359	0.450	0.663	0.720	0.448	0.504
7: Mo	0.618	0.427	0.510	0.501	0.665	0.461	1.000	0.371	0.428	0.663	0.250	0.338	0.494	0.486	0.542	0.359	0.640	0.516	0.000	0.685
8: Cd	0.431	0.447	0.751	0.917	0.536	0.828	0.371	1.000	0.282	0.656	0.460	0.552	0.599	0.853	0.377	0.709	0.850	0.943	0.770	0.566
9: Au	0.418	0.942	0.679	0.366	0.552	0.310	0.428	0.282	1.000	0.398	0.357	0.389	0.319	0.362	0.461	0.310	0.259	0.389	0.220	0.338
10: Ni	0.481	0.414	0.572	0.558	0.646	0.547	0.663	0.656	0.398	1.000	0.402	0.568	0.679	0.686	0.813	0.651	0.867	0.760	0.420	0.846
11: Co	0.261	0.360	0.345	0.333	0.246	0.376	0.250	0.460	0.357	0.402	1.000	0.186	0.371	0.128	0.272	0.469	0.495	0.399	0.642	0.374
12: Sr	0.304	0.412	0.480	0.499	0.510	0.482	0.338	0.552	0.389	0.568	0.186	1.000	0.512	0.608	0.544	0.477	0.556	0.511	0.552	0.691
13: Ba	0.476	0.347	0.469	0.511	0.564	0.515	0.494	0.599	0.319	0.679	0.371	0.512	1.000	0.515	0.556	0.511	0.755	0.599	0.532	0.716
14: Bi	0.359	0.452	0.760	0.868	0.623	0.754	0.486	0.853	0.362	0.686	0.128	0.608	0.515	1.000	0.621	0.665	0.639	0.883	0.391	0.525
15: Mn	0.374	0.359	0.415	0.401	0.580	0.359	0.542	0.377	0.461	0.813	0.272	0.544	0.556	0.621	1.000	0.618	0.546	0.470	0.288	0.715
16: P	0.313	0.312	0.438	0.509	0.402	0.450	0.359	0.709	0.310	0.651	0.469	0.477	0.511	0.665	0.618	1.000	0.655	0.803	0.617	0.549

续表 3 – 13

元素	1: Sb	2: Hg	3: As	4: Pb	5: Zn	6: Cu	7: Mo	8: Cd	9: Au	10: Ni	11: Co	12: Sr	13: Ba	14: Bi	15: Mn	16: P	17: Cr	18: V	19: F	20: Li
17: Cr	0.589	0.359	0.573	0.672	0.558	0.663	0.640	0.850	0.259	0.867	0.495	0.556	0.755	0.639	0.546	0.655	1.000	0.862	0.620	0.812
18: V	0.399	0.518	0.714	0.791	0.602	0.720	0.516	0.943	0.389	0.760	0.399	0.511	0.599	0.883	0.470	0.803	0.862	1.000	0.541	0.600
19: F	0.323	0.304	0.373	0.469	0.185	0.448	0.000	0.770	0.220	0.420	0.642	0.552	0.532	0.391	0.288	0.617	0.620	0.541	1.000	0.436
20: Li	0.503	0.326	0.419	0.482	0.607	0.504	0.685	0.566	0.338	0.846	0.374	0.691	0.716	0.525	0.715	0.549	0.812	0.600	0.436	1.000

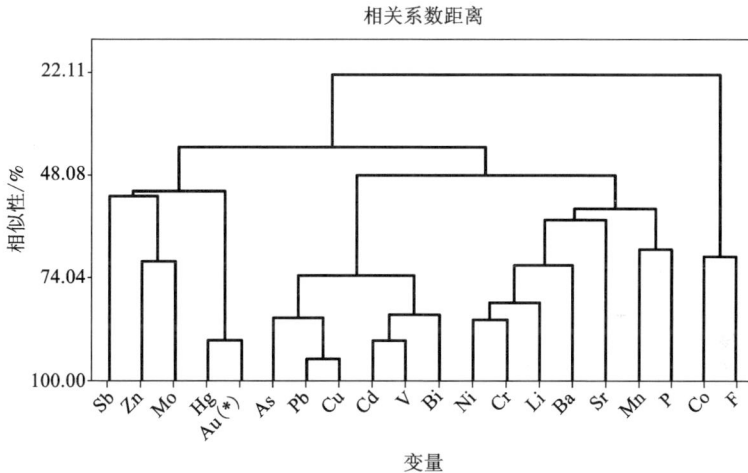

图 3 – 16　各主要断层微量元素相关系数树状图

3.4.4　断裂构造地球化学异常特征

综合整理贵州省有色和核工业地质勘查局物化探总队和三总队的资料，可总结出独山锑矿田断裂构造地球化学异常特征为：

（1）断裂构造地球化学背景与异常下限的确定：通过数理统计确定了锑矿田各主要元素的背景值和变化系数，用公式 CA（异常下限值） $= Co$（背景） $+ 2S$（变化系数）求出了各元素的背景值，矿田内构造地球化学的背景值和异常下限值见表 3 – 14。

表 3 – 14　独山锑矿田断裂构造地球化学异常下限值(10^{-6})

元素	Sb	Hg	As	Cu	Pb	Zn	Mo	Ga
背景值(Co)	8	0.2	15.6	10	21.87	25	2.02	6
异常下限值(CA)	25	1	45	21	55	75	4.2	20

（2）断裂构造地球化学异常特征：通过对矿田地质和构造地球化学的综合编图（独山锑矿田地质化探综合平面简图），结合对贵州省有色地质勘查局资料的综合整理（独山锑矿田构造断裂地球化学异常特征表），可以发现：

①独山锑矿田地质化探综合平面简图上（图 3 – 17），Sb、Hg 元素组合异常分布特征有所差异（表 3 – 15）：银坡断裂及以南，异常以 Hg 元素为主，局部叠加 Sb 异常，呈面状分布；河沟断裂及其以北，异常以 Sb 元素为主，叠加 Hg 元素异常，异常均沿矿田内主要断裂走向呈带状、串珠状分布，原生晕地化异常主要发育于断裂破碎带及其旁侧，且上盘原生晕较下盘原生晕发育，面积较大的高值异常区，均在断裂交会部位，并有矿床或矿（化）点产出。

②元素在断裂构造中分配的共性是元素组合近似，矿田断裂构造是 Sb、Hg、As 元素浓集的主要场所，且异常范围与矿床（点）相互吻合，地表矿（化）体出露部位往往是异常峰值区，异常强度高，衬度和变化系数大，连续性好，而远离矿体则异常强度降低，衬度和富集系数小，连续性差，变化系数大。反映了成矿元素及伴生元素分配受断裂构造控制的一致性，表明了构造成晕与成矿在空间上的同一性。

③元素在断裂构造上的分配是不均匀的。一般张剪复合裂隙地段成矿元素易于富集，单张单剪裂隙趋于分散。反映在断裂中分段富集和跳跃式变化，这可能与不同地段构造裂隙力学性质的差异有关。

④将各断裂中元素异常衬度、富集系数按顺序排列，各断裂构造中元素的异常强度、富集系数由大至小的变化序列：半坡→牛硐→烂土→银坡→河沟→马尾沟→独山断裂，此即为矿田寻找锑矿的有利断裂序列。

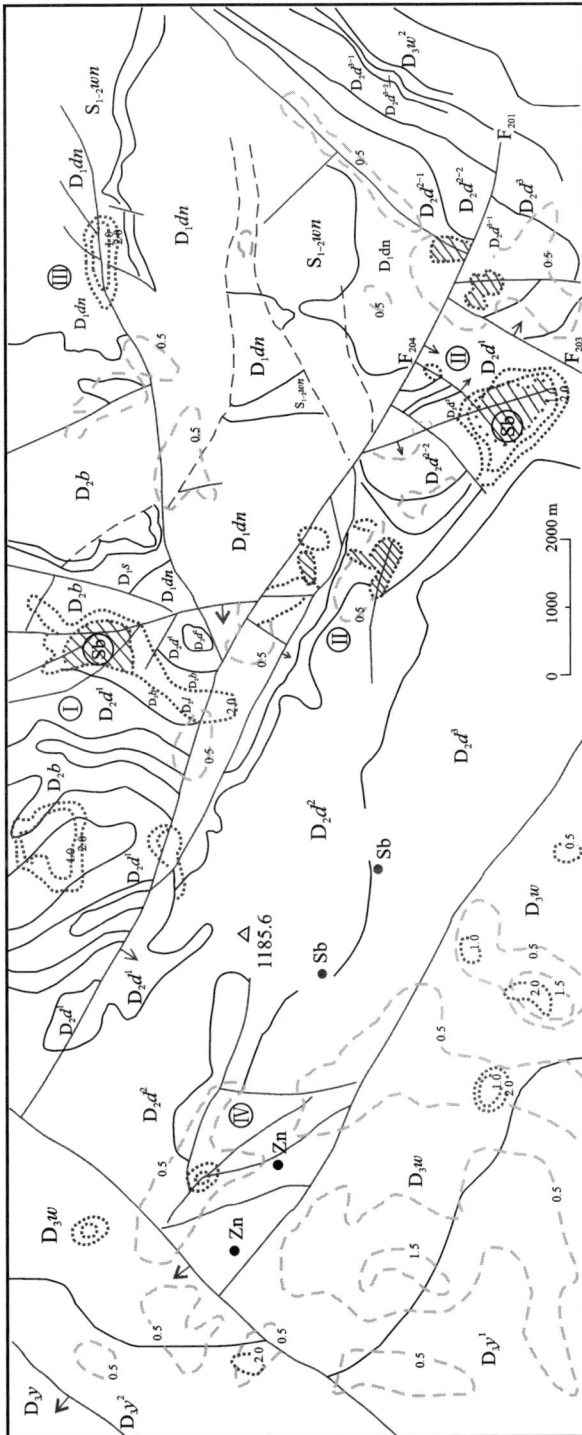

图3-17　独山锑矿田地质化综合平面简图

1—尧梭组二段；2—尧梭组一段；3—望城组；4—鸡窝寨组；5—鸡窝寨二段；6—宋家桥二段；7—宋家桥一段；8—鸡泡二段；9—鸡泡一段；10—邦寨组；11—龙洞水组；12—舒家坪组；13—丹林组；14—翁顶群；15—正断层；16—性质不明断层和推断断层；17—地质界线；18—锑矿床；19—锑矿点；20—铅锌矿点；21—汞次生晕异常；22—锑次生晕异常；23—锑异常常区（>1000γ/g）；24—异常带编号

表 3 – 15　独山矿田构造断裂地球化学异常特征表

异常名称	元素组合	平均值	峰值	衬度	变化系数	富集系数	异常规律	备注
半坡断裂异常	Sb	1707.2	>10000	94.8		251.1	长 2.5 km，往北有延伸趋势	有 Au 异常出现，峰值达 $150×10^{-9}$
	Hg	4.68	>32	50.8		23		
	As	91.78	500	11.1		6.12		
	Mo	5.28	6.34			2.61		
巴年异常	Sb	83.5	900	4.6	7.10%	10.47	长 2 km，沿半坡断裂、巴年断裂三条平行断裂分布	地层中异常强度亦大
	Hg	1.98	14	3.1	8.69%	9.9		
	As	97.4	500	2.2	15.40%	6.24		
维寨—蕊然沟异常	Sb	534	1560	29.3	1.10%	66.75	长 0.4 km，异常范围大于矿化范围	
	Hg	43.3	>120	68.7	0.40%	216.5		
	As	500	500	11	3%	32.05		
牛硐东异常	Sb	50.8	230	2.8	11.69%	6.35	长 0.5 km，宽 50 m	连续出现 3 个 Au 异常，峰值达 $55×10^{-9}$
	Hg	11.6	52	18.4	1.47%	58		
	As	219.2	500	4.9	6.80%	14.1		
	Cu	35.72	98	3	6.90%	3.57		
	Pb	93.5	170	1.7	17.6%	4.3		
	Zn	141.8	3.5	4.2	7.90%	5.67		
牛硐西异常	Sb	18.83	150	1		2.35	长 1.5 km	
	Hg	5.01	19.2	8		25.05		
	As	36.74		0.81		2.36		
	Au	45	500			1285.7		
银坡异常	Sb	1057.6	8400	58.76	0.55%	132.2	长 100 m，宽 30 m，与矿化点范围吻合极好	有 Au 显示，峰值 $40×10^{-9}$
	Hg	7.7	>120	12.2	2.20%	38.5		
	As	150.1	500	3.3	10%	9.62		
甲拜异常	Sb	35.7	300	1.98	16.5%	4.46	长 2 km，沿 F_{102} 分布，异常与该矿化体吻合较好	
	Hg	4	34	2.52	4.3	20		
	As	95.5	>500	2.1	15	6.12		

续表 3 − 15

异常名称	元素组合	平均值	峰值	衬度	变化系数	富集系数	异常规律	备注
高寨异常	Sb	40.7	190	2.3	14.5	5.08	Sb 异常弱，Hg、As、Zn 异常高，连续性好	
	Hg	21.1	>120	33.5	0.8	105.5		
	As	196.8	500	4.4	7.6	12.62		

Sb、Hg、As、Pb、Zn 的单位为 10^{-6}，Au 的单位为 10^{-9}。

3.5　遥感地质与找矿效果

有色金属矿产地质调查中心北京测绘院根据目标任务内容和工作区区域地形地貌特点，采用 Landsat − 8 OLI 卫星数据进行工作区及外围的 1/10 万 ~ 1/5 万构造解译，采用空间分辨率优于 2.5 m 的国产高分 1 号（GF1）卫星数据用于 1/2.5 万遥感地质解译，并辅以美国 Landsat − 8 OLI 中高分辨率多光谱遥感数据，重点区 1/1 万遥感地质解译及信息提取工作选用空间分辨率优于 1m 的韩国 KOMPSAT − 2 高分辨率遥感数据，在贵州独山锑矿田开展工作区范围内 400 km^2 的 1/2.5 万和重点工作区 1/1 万比例尺遥感地质解译和蚀变遥感信息提取工作。

3.5.1　遥感地质解译

本次解译主要以 1/2.5 万 GF1 卫星影像图为底图，结合 1/10 万 ~ 1/5 万 OLI 卫星影像图，重点对线性构造形迹和环形构造进行解译，以查明本区的构造格架，从宏观上了解全区地质构造的空间分布特征。

（1）地层岩性解译

因区内植被覆盖和数据分辨率等原因，1/2.5 万解译从宏观上可以区分以碳酸盐岩为主的地层和以碎屑岩为主的地层，但两大岩类地层中更详细的地层单元则难以划分，地层解译效果欠佳。根据解译可识别的标志，对区内地层单元做了适当的合并：将下泥盆统舒家坪组（D_1s）和中泥盆统龙洞水组（D_2l）、帮寨组（D_2b）和独山组（D_2d）等合并为中下泥盆统（$D_1s - D_2$），将上泥盆统者王组、革老河组和下石炭统汤粑沟组合并（$D_3z - g + C_1t$）、下石炭统汤粑沟组以上地层合并为石炭系（C）。

（2）线性构造解译

为提高构造解译的可靠性和准确性，本次以 1/10 万 ~ 1/5 万 OLI 影像图为底图，解译有一定规模的区域性断裂，紧密褶皱及构造作用强烈、裂隙发育的断裂带等线性构造，同时对前人圈定的断裂进行判读评价。

解译经修正核实在 GF1 卫星影像和 OLI 影像上均存在的线性构造在图上以实线表示，对于原 1/1 万和 1/5 万地质图中有可能存在的主干断裂、在 GF1 卫星影像和 OLI 影像上未见明显特征或可靠性较小及位置有较大偏差的线性构造，在图上以虚线表示。此外，对区内有一定规模或有影响的断裂均予以编号，统一用 F + y + 顺序号表示。

（1）褶皱

根据 1/10 万~1/2.5 万遥感影像，锑矿田主体为独山箱状背斜和东南角的交送村向斜，在遥感影像上特征十分醒目（图 3 - 18）。

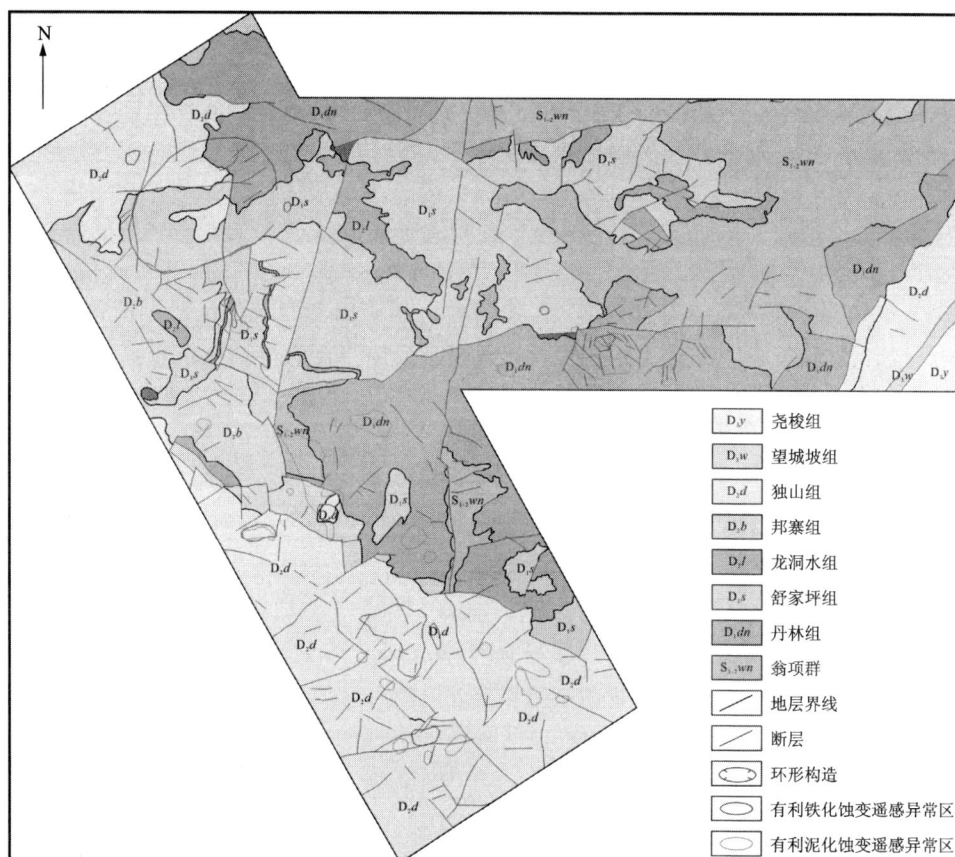

图 3 - 18　工作区 1/2.5 万遥感地质解译略图

独山箱状背斜：核部由泥盆系下—中统、志留系下—中统翁项群地层组成，岩性以碎屑岩为主；翼部出露上泥盆统—石炭系，岩性以碳酸盐岩为主，平面上呈"U"形。

交送村向斜：属独山东部方村北北东向复式向斜的次级向斜，位于本区东南部交送村一带，轴向北北东，为一两翼对称狭窄向斜，具峰丛、峰林、岩溶洼地等喀斯特地貌的影像特征。

（2）断裂

解译的线性构造按走向把本区断裂分为北东向、北西向、北北东向（近南北向）、北北西向和近东西向（北东东向）等5组方向断裂。这些线性构造形成网格，将矿田区域切割成不同大小的菱形块体。

①北东向断裂组：该组方向的断裂为区内最为发育的断裂之一，其中最为醒目和规模最大的分别是独山断裂（F_1）和烂土断裂（F_2）。

A.独山断裂（F_1）：位于本区西北部，北东向影像上表现为沟谷、陡坎、断层三角面，线性影像清楚（图3-19）。断裂多处被北西向断裂切割错断，南西端在独山县城附近被第四系掩埋。

图3-19　独山断裂（左）、烂土断裂（右）影像图

B.烂土断裂带（F_2）：位于箱状背斜东翼打香村—水岩乡（都柳江）一线，影像图中有清楚明显的线性影像显示，反映断裂标志的连续分布的断层崖和阴影显著。断裂两侧影像色调和影纹明显不同，北西侧下—中泥盆统以碎屑岩为主的地层为块状影像，南东侧上泥盆统—石炭系以碳酸盐岩为主的地层呈豆粒状影像，反映北西侧碎屑岩与南东侧碳酸盐岩地层呈断层接触的特征。

C. 同向次级断裂：分布较零散，主要见于电塘村、利山村和甲堡村等地，以甲堡村西地带出露的北东向断裂影像较为清晰，受其他方向断裂干扰少。

②北西向断裂：其断裂的线性影像清晰，区内规模最大且线性影像连续的断裂为银坡断裂(F_8)，其次为断续分布的河沟断裂(F_3)、拉林断裂(F_{12})和紫林山断裂(F_7)。

A. 银坡断裂(F_8)：此断裂在遥感影像图上线性影像清晰，沿银坡河展布，明显控制河道（图3-20），向南东延长被近南北向断裂堵截。这组断裂可见长度约15.5 km，线性影像特征清楚平直延伸，明显错断其他方向的断裂。

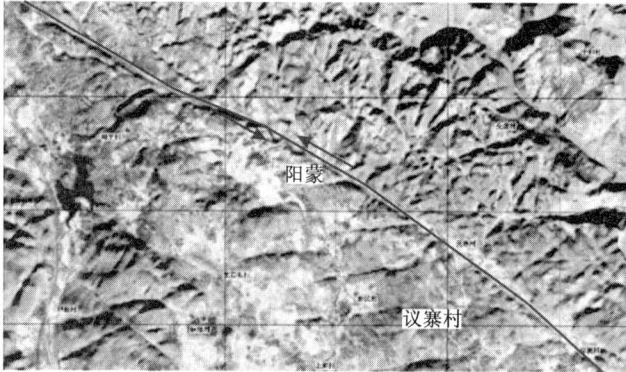

图3-20　银坡断裂(F_8)断裂影像图

B. 河沟断裂(F_3)：根据不同尺度和不同类型的遥感影像判读，河沟断裂在北西段春场村-新华村以西的一段有清晰连续的线性影像显示，南东段局部地段有断续的线性影像（图3-21）。

图3-21　河沟断裂(F_3)北西段影像图

C. 紫林山断裂(F_7)：为断续展布的断裂，南东段为北东向，向北西转变为北西西向。断裂多切割北东向和北北东（近南北）向断裂。

③北北东（近南北）向断裂：该组方向的断裂为区域内形成时期较早的断裂，线性影像特征清晰，新东村—巴年矿部东部新解译一条规模较大且较连续的北北东（近南北）向断裂带(F_6)，其西侧尚有龙山村东（坪上）北北东向断裂(F_{10})，东部分布有联山村—夺弄近南北向断裂（图 3-21）。

④北北西向断裂：这组方向断裂以半巴断裂为代表，在区内该组断裂规模较小，且大多断裂线性影像不清，前人填绘的半巴断裂在不同比例尺影像上均无连续的清晰线性影像特征。

⑤近东西向（北东东向）断裂：此组断裂不太发育，其中以牛硐（龙山村—维寨村）断裂(F_4)和大草山断裂(F_5)为代表。

A. 牛硐（龙山村—维寨村）断裂(F_4)：此断裂相当于前人所称的牛硐断裂中东段，西起半坡矿部南龙山村，延至蕊然沟、维寨村，影像表现为断续分布的陡坎，控制蕊然沟上游冲沟（图 3-22）。蕊然沟维寨断裂旁侧次级断裂发育。

图 3-22　牛硐（龙山村—维寨村）断裂(F_4)影像图

在龙山村以西，前人填绘的牛硐断裂没有断裂影像的行迹，仅在河沟断裂以西的百米庄一带有较清楚的线性断裂影像，可能属于牛硐断裂的西段。

B. 大草山断裂：该断裂线性影像特征较清楚（图 3-23），但多被后期北西向和近南北向断裂截断呈不连续分布。

（3）环形构造解译

OLI 影像图在半坡锑矿北侧新立村附近显示有一个由弧形沟谷组成的近似椭圆形的不规则环形影像，平面上呈长轴北东向的椭圆形，长 3 km，环的西南缘为

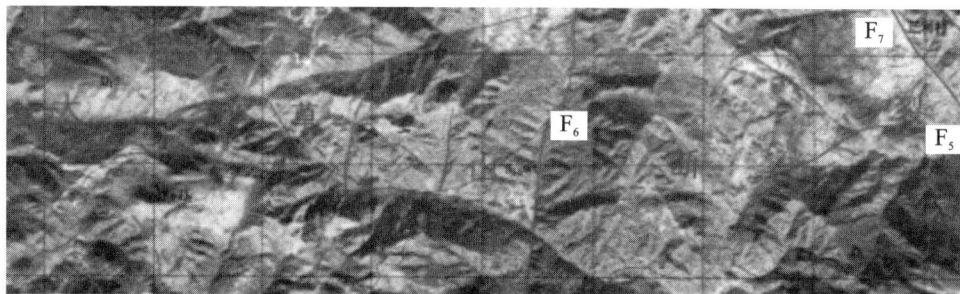

图 3 – 23 大草山(F₅)断裂影像图

清晰的弧形沟谷,环东北边缘弧形影像较隐晦(图 3 – 24),近中心处是近南北向断裂和北东向、近东西向断裂交会部位,有从中心向外呈辐射状分布的小断层,环内地形较高。该环形构造与区域重力异常向东侧凹畸变部位和电阻率断面隆起区大致相同,推测与深部热动力作用有关,可能是深部侵入的隐伏岩体所致。

图 3 – 24 新立村环形构造影像图

3.5.2 矿化蚀变遥感异常信息提取

（1）蚀变信息提取原理

本次根据本区锑矿床含黄铁矿铁染异常矿物，含伊利石、绢云母等羟基矿物和硅化蚀变等，选择提取铁染蚀变信息、羟基和硅化三种蚀变信息，提取方法见表 3 - 16。

表 3 - 16 工作区蚀变异常的类型及信息提取方法

蚀变类型	提取方法	波段组合
铁染蚀变遥感异常	比值法	B2/1
羟基蚀变遥感异常	PCA 法	B1、3、4、(5 +6)/2
硅化蚀变遥感异常	定量反演法	B10、12、13、14

为突出异常强度的变化信息，利用统计方法对异常强度进行分级，从高到低分为三级，包括高（一级异常）、中（二级异常）、低（三级异常）三级。

（2）矿化蚀变遥感异常分布特征

本次提取的遥感异常，总体呈不规则块状、点群状、散点状、面状和条带状分布（图 3 - 25）。

羟基遥感异常：主要分布于烂土断裂两侧、银坡断裂和河沟断裂之间的上泥盆统和中泥盆统独山组鸡泡段的碳酸盐岩地层中，总体与控岩控矿断裂走向一致，为区域性异常信息。在蕊然沟矿区丹林组地层中牛硐断裂与次级断裂发育地段、半坡矿床所在地段有零星异常分布，在贝达一带有异常沿近南北向的龙山村东断裂和河沟断裂展布，甲拜矿点也有异常出现，为受控矿断裂引起的蚀变异常，是较好的示矿异常。

铁染异常：主要在半坡矿区东部的中泥盆统帮寨组和北部的丹林组地层中分布广泛，交送村次级向斜核部二叠系和银坡断裂西南的上泥盆统、石炭系等碳酸盐岩地层中也分布较广，均属于区域性铁化异常信息。值得注意的是，除巴年矿区为较大面积的面状异常外，在半坡、蕊然沟、甲拜、贝达和王屯等锑矿床和矿点，有零星分布的散点状和斑块状异常存在，说明零星分布的散点状和斑块状铁化异常具有一定的找矿指示意义。

硅化异常提取的效果较差，主要在丹林组地层广泛分布，这与其地层岩性有关，为区域性的面状异常信息，找矿指示意义不大。

通过在 GIS 平台上对所提取的遥感异常与工作区遥感地质解译图的空间叠合分析，本次提取的羟基异常分布规律性较好，且多与本区的断裂构造有关，与区

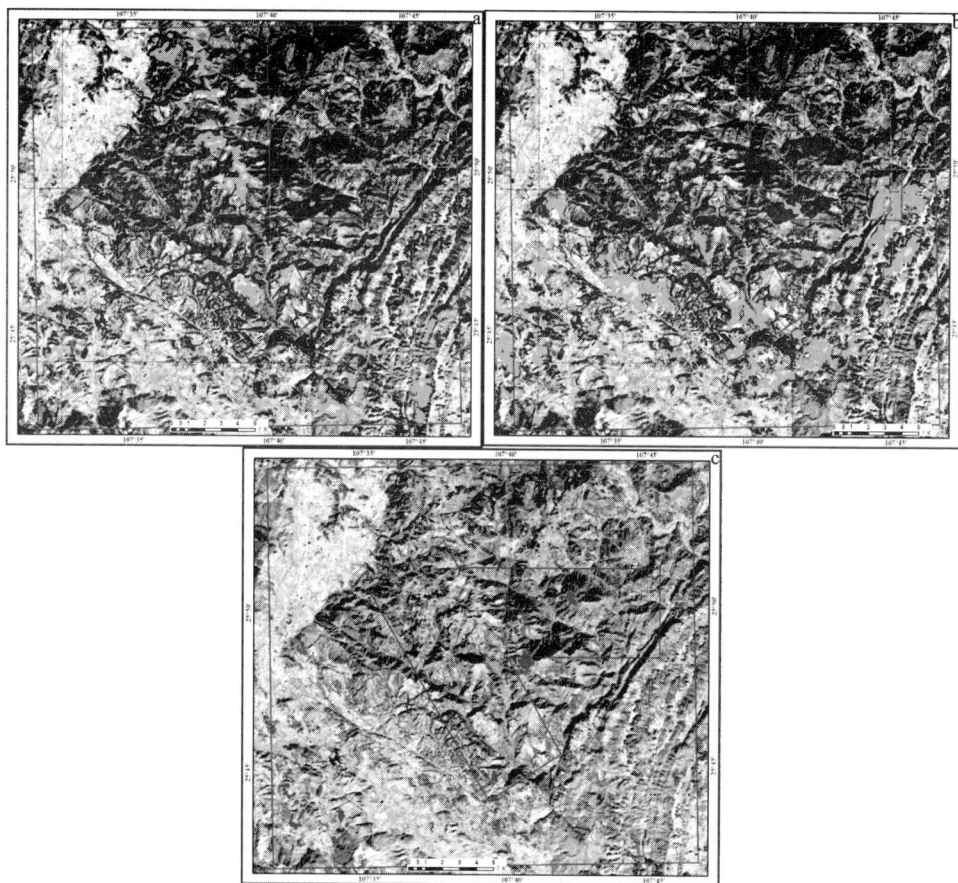

图 3 - 25　工作区蚀变遥感异常分布图(黑色框为重点工作区)

a—铁蚀变图；b—硅化蚀变图；c—羟基蚀变图

内已知的锑矿点发育的矿化蚀变有一定的对应性。小面积分布铁染遥感异常也与区内已知的锑矿点有一定的对应性。

（3）对主要控矿断裂特征的新认识

本区的断裂构造按产状主要有北东向、北西向、北北东向(近南北向)、北北西向和近东西向(北东东向)等 5 组方向，根据上述区域地质背景和构造演化特征分析，结合前人研究成果和本次解译的断裂构造特征，对区内不同期次、规模断裂及其与成矿关系重新进行了修订(表 3 - 17)。

锑矿田东西两端被独山和烂土断裂 2 条正断层、南北两端受银坡断层和紫林山断裂围限的独山地垒构造控制，在地垒构造中主断裂呈"X"型或不规则棋格状展布，区内主要的锑矿床(点)均位于断裂汇集部位或分支复合部位。燕山期发育的主断裂派生的北东向和北西向断裂或裂隙，与北北东(近南北向)向断裂和近东西向断裂交会部位，为锑矿有利的容矿构造。

表 3-17　独山锑矿田不同期次主要断裂构造类型及其成矿关系一览表

级次	组别	断裂名称	断裂产状			断裂形成活动期	断裂性质	与成矿的关系	备注
			走向	倾向	倾角				
I 级	NE—NNE	烂土断裂带(F_2)	NNE—NE	SEE	50°~80°	加里东—燕山期	正断层	导矿和控矿构造	丹寨—三都断裂分支断裂
II 级	NE	独山断裂(F_1)	NE	NW	>70°	海西—燕山期	正断层	配矿构造	矿田内规模大且连续性较好的二级构造
	NNE	新东村—巴年东断裂(F_6)	NNE	NWW		加里东—燕山期	纵张性正断层	配矿构造	
	NWW	河沟(F_3)和银坡(F_8)断裂	NW	SW 和 NW	65°~80°	海西—燕山期	拉张平移断层	配矿构造	
III 级	NNW	半坡断裂(F_9)	NNW	SE	60°~77°	加里东—燕山期	张扭性正断层	控矿、赋矿构造	矿田内规模较大但连续性较差的三级构造
	NNE	龙山村东(坪上)断裂(F_{10})	NNE	NWW	50°~70°	加里东—燕山期	纵张性正断层	控矿、赋矿构造	
	NW	紫林山(F_7)、拉林(F_{12})断裂	NW	SW	65°~80°	海西或燕山期	拉张性断层	配矿构造	
	NEE	牛硐(F_4)和大草山断裂(F_5)	近 EW	N	50°	加里东和燕山期	张扭性断层	控矿、赋矿构造	
	NW	巴年断裂(F_{11})	NW	NW	50°	海西—燕山期	张扭性断层	控矿构造	
IV 级	NW 和 NE 向次级断裂或裂隙	低序次的派生断裂						部分为赋矿或容矿构造	

3.6 独山锑矿田矿产特征及其与丹-池成矿带对比分析

3.6.1 矿产特征

矿田内主要有锑、铅锌、硫、铁和砷等矿产，其中锑、硫、铅锌、铁具有工业开采价值。内生矿产以热液型为主，主要受断裂与旁侧的层间构造控制，赋矿层位主要为泥盆系中、下统和志留系翁项群上部，产于"X"型共轭剪切-张裂断裂带，主要锑矿床成分单一，呈脉状、透镜状和囊状产出。从空间分布上由东向西矿种上由锑-汞-铅锌变化、赋矿层位上由老变新。独山锑矿田主要矿产见下表3-18。

表3-18 独山锑矿田主要矿产地质特征简表

矿种	名称	产出层位	赋矿岩性	矿体形态	矿化元素	规模	主要蚀变	控矿构造
锑	半坡	丹林组	石英砂岩	脉状、透镜状	Sb	大型	硅化	断裂
	巴年	独山组宋家桥段	碳酸盐岩、碎屑岩	透镜状、似层状	Sb、As	中型	碳酸盐化、硅化	层间构造
	维寨—蕊然沟	翁项群	碎屑岩	脉状	Sb、As	中型	硅化	断裂
	甲拜	独山组鸡泡段	碳酸盐岩、碎屑岩	透镜状	Sb	矿点	碳酸盐化	层间构造
	贝达	龙洞水组邦寨组	碳酸盐岩、碎屑岩	透镜状	Sb、Hg、Au、Pb、Zn	矿点	碳酸盐化、硅化	断裂、层间构造
铅锌	凉亭	鸡窝寨段	碳酸盐岩	透镜状	Zn、Pb、S、Hg	矿点	碳酸盐化	断裂、层间构造
	翁桥	鸡窝寨段	碳酸盐岩	透镜状	Zn、Pb	矿点	碳酸盐化	层间构造
	令当	望城坡组	碳酸盐岩	透镜状	Zn、Pb	矿点	碳酸盐化	层间构造
	甲拜	独山组鸡泡段	碳酸盐岩	透镜状	Zn、Pb	矿点	碳酸盐化	断裂、层间构造

续表 3-18

矿种	名称	产出层位	赋矿岩性	矿体形态	矿化元素	规模	主要蚀变	控矿构造
铁硫	平黄山	邦寨组	含铁砂岩、鲕状赤铁矿	层状	Fe	小型		地层
	牛硐	舒家坪组	铁质砂岩、断层	透镜状	Fe、S	小型	硅化	断裂
	唐表—拉外	独山组宋家桥段	白云岩	脉状、透镜状	S、Sb、Pn、Zn	小型	碳酸盐化、硅化	断裂、层间构造
	贵修	丹林组	石英砂岩	脉状、透镜状	Sb	小型	白云石化、硅化	断裂
	银坡	鸡窝寨段	白云质灰岩	透镜状、脉状	S、Sb	矿点	碳酸盐化、硅化	断裂
砷	巴年	独山组	泥灰岩、瘤状灰岩	层状	As、Sb	矿点	硅化、高岭石化	断裂
	蕊然沟	翁项组	碎屑岩	脉状	As、Sb	矿点	硅化	断裂

3.6.2　独山锑矿田与丹-池成矿带对比分析

项目组对邻近的广西(南)丹-(河)池多金属成矿带五圩矿田、大厂矿田进行了实地考察，与勘查单位和矿山进行了座谈，收集了相关资料，并与独山锑矿田进行对比研究，结果见表 3-19。

表 3-19　丹-池成矿带与独山矿田主要矿床的地质特征对比表

矿床名称		箭猪坡	铜坑	半坡	巴年
大地构造位置		雪峰山隆起西缘桂中坳陷	雪峰山隆起西缘桂中坳陷	雪峰山隆起西缘黔南坳陷	雪峰山隆起西缘黔南坳陷
产出构造部位		叠加褶皱五圩背斜轴部，陡倾斜的断裂中	紧密褶皱大厂背斜北东翼和断裂	半巴断裂北段	半巴断裂南段及层间构造
火成岩		隐伏酸性岩体	燕山期花岗岩(80~100 Ma)	周边有(超)基性岩(79~200 Ma)、推测深部有隐伏岩体	
赋矿地层		D_2n	D_3t、D_3w	D_1dn	D_2ds
矿化类型	主要	Pb、Zn、Sb、Ag	Sn、Pb、Zn、Sb	Sb	Sb
	次要	Cd、Ga			

续表 3 – 19

矿床名称		箭猪坡	铜坑	半坡	巴年
矿体特征	赋矿围岩	黑色泥岩、砂质泥岩	云英岩、矽卡岩、(泥)灰岩	石英砂岩	灰岩夹砂岩
	形状	脉状为主	脉状为主	陡倾斜脉状为主,可见似层状	似层状、层状产出,可见脉状
矿石特征	构造	角砾状、条带状、浸染状、脉状等	脉状、块状	块状、脉状、角砾状、晶簇状	星点状、脉状
	结构	半自形－自形粒状结构、乳滴状、交代残余结构	半自形－自形粒状结构、交代残余结构	半自形－自形粒状结构	半自形－自形粒状结构
矿物成分	金属矿物	脆硫锑铅矿、铁闪锌矿、方铅矿、黄铁矿、辉锑矿、黝锡矿	主要有闪锌矿、脆硫锑铅矿、毒砂、黄铁矿、锡石,次为黄铜矿、方铅矿等	辉锑矿为主	辉锑矿、辰砂
	脉石矿物	菱锰矿、锰方解石、石英	石英、方解石、电气石等	石英为主,次为方解石	石英、方解石
围岩蚀变		碳酸盐化、硅化、黄铁矿化	碳酸盐化、硅化、黄铁矿化	硅化为主,次有黄铁矿化及方解石化	硅化、方解石化为主,次有黄铁矿化
成矿时代		主体 93 ~ 96 Ma		主体 94 ~ 145 Ma	
矿床类型		岩浆热液型		构造热液型	

上表表明(南)丹 - (河)池多金属成矿带与独山锑矿田典型锑矿床有如下异同点:

相同点:①两者均位于雪峰山隆起西缘的坳陷中,所处大地构造背景相似;②赋矿层位均主要为泥盆系,独山锑矿田成矿带赋存于中、下泥盆统包括残留志留系顶部,而丹 - 池多金属成矿带则赋存在中、上泥盆统地层中;③岩浆活动时代与成矿时代均为燕山期,相比而言独山锑矿田活动期较长,且开始活动时间较晚。

相异点:①丹 - 池多金属成矿带有工业价值的矿种含锡铅锌锑铜等共生矿,而独山锑矿田仅锑矿单一矿种;②丹 - 池多金属成矿带花岗岩活动强烈,而独山仅在锑矿田周边有零星(超)基性岩体分布;③丹 - 池多金属成矿带矿床产出受叠加褶皱、紧密褶皱和断裂控制，独山锑矿田主要受共轭的半巴断裂、牛硐断裂及旁侧层间构造控制；④丹-池多金属成矿带金属矿物多达10余种，且有五层楼的温度-矿物组合分带现象，含锑矿物以脆硫锑铅矿为特征，且有锡石、电气石等中高温矿物，独山锑矿田金属矿物以辉锑矿和闪锌矿方铅矿为主、脉石矿物主要为方解石和石英等，具无明显分带的低温特征。

2004年万天丰在《中国大地构造学纲要》中论述，切割深度不同的断裂可以诱发不同类型的岩浆活动和导致不同类型矿床的形成。切割到中地壳低速层的断裂，一般称为基底断裂，它们常诱发与地壳重熔形成的花岗质岩席和岩株，与其相关的矿床主要为亲石元素类，如 W、Sn、U、Nb、Ta 和 REE 等，丹-池锡多金属成矿带应属此类；切割到莫霍面的地壳断裂常诱发壳-幔混源的岩浆活动，岩浆的类型以中性为主，形成的矿床以亲硫元素为主，Au、Ag、Mo、Cu、Pb、Zn、Hg、As、Sb 等金属矿产均与此类断裂关系密切，独山锑矿田似与该种情况类似。独山鼻状构造内锑及锑多金属矿床成矿期与三都(烂土)断裂的活动期存在对应关系，赋矿地层起于从江运动后伸展期沉积的寒武系、终结于泥盆系的宋家桥—鸡窝寨组之间的假整合面(独山抬升)。从赋矿地层的垂向矿化组合看，该区间内各组地层均有锑(金)矿化发生，邻区寒武系和奥陶系地层分别为锑金、汞金矿的赋矿地层，而现今区内锑矿为单一矿种，故其应为矿化蚀变组合带的浅表矿体的反映，往深部随着深度的增加导致成矿环境(温度、压力、pH 与 Eh)改变，推测更利于有更大规模的锑金矿化的发生。

第4章 典型矿床地质地球化学特征

4.1 半坡锑矿床

半坡锑矿床位于华南锑矿带的中西部，是独山锑矿田中唯一一个大型矿床，位于贵州省独山县，其构造位置属于华南褶皱带的西南缘。地层单一，以中下泥盆统为主，主要赋矿地层为下泥盆统丹林组（D_1dn），容矿岩性主要为石英砂岩，构造以 NNW 向半坡断裂组（F_1）为主，为最主要的含矿断裂，其次有 NNE 及 EW 向断裂产出。半坡 F_1 呈 NNW 向，为张扭性断层，产状 256°∠50°。

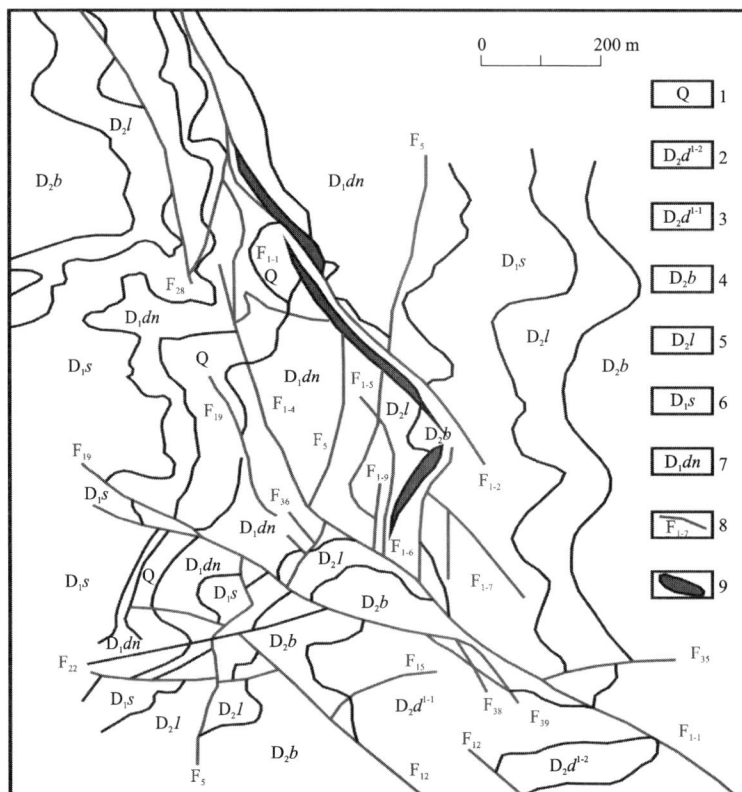

图 4-1 半坡锑矿床地质简图

1—第四系；2—鸡泡段上亚段；3 鸡泡段下亚段；4—邦寨组；5—龙洞水组；
6—舒家坪组；7—丹林群；8—断层；9—矿体

4.1.1　矿区地质特征

(1)地层

矿区出露的地层从下往上主要为中下志留统翁项群、下泥盆统丹林组、舒家坪组，属陆缘滨海相碎屑沉积；中泥盆统龙洞水组、邦寨组、独山组属浅海相碳酸盐岩和碎屑黏土岩沉积，部分为浅海－滨海相碎屑黏土岩沉积、上泥盆统望城坡组、尧梭组属浅海台地相及半局限台地相碳酸盐岩。地层产状平缓，各组之间均为整合接触。出露地层总体呈单斜层状构造，基本倾向南西，一般 $201°\sim258°$，平均 $227°$，倾角一般 $5°\sim15°$，平均 $10°$，地表局部也有倾向北西或北东方向的地层出现(图 4 - 1)。矿区地层从老到新叙述如图 4 - 2：

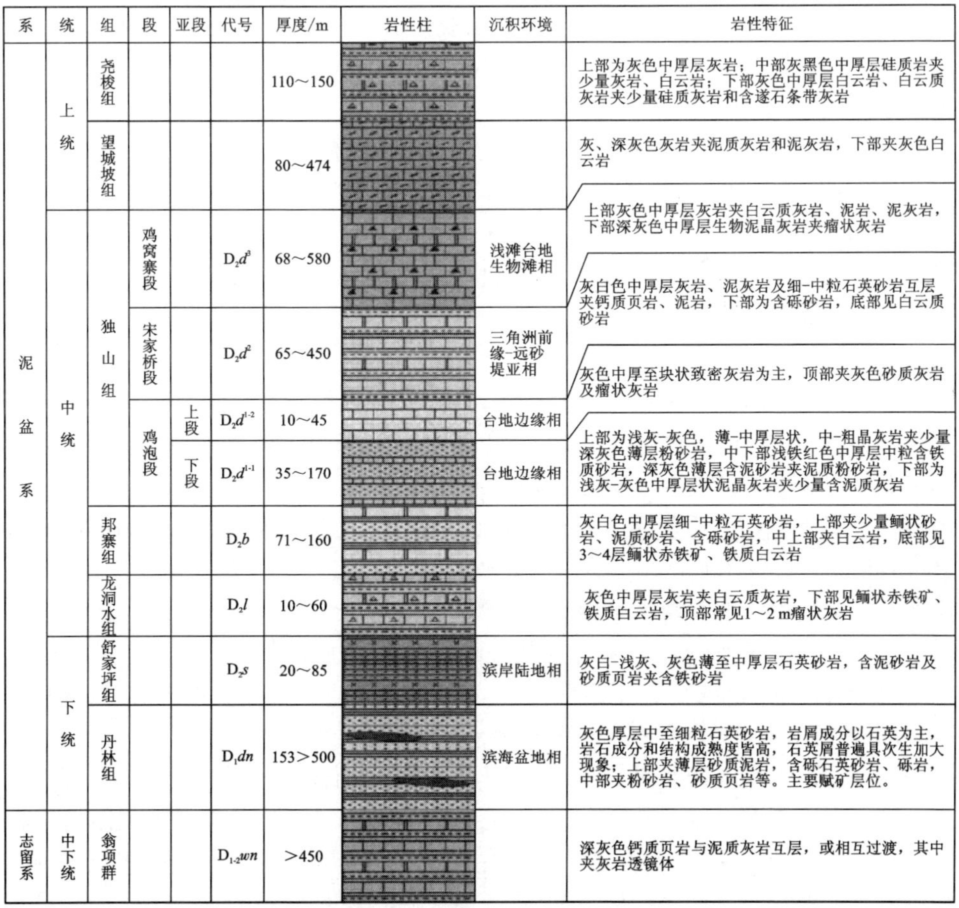

系	统	组	段	亚段	代号	厚度/m	岩性柱	沉积环境	岩性特征
泥盆系	上统	尧梭组				110~150			上部为灰色中厚层灰岩；中部灰黑色中厚层硅质岩夹少量灰岩、白云岩；下部灰色中厚层白云质岩、白云质灰岩夹少量硅质岩和含遂石条带灰岩
		望城坡组				80~474			灰、深灰色灰岩夹泥质灰岩和泥灰岩，下部夹灰色白云岩
	中统	独山组	鸡窝寨段		D_2d^3	68~580		浅滩台地生物滩相	上部灰色中厚层灰岩夹白云质灰岩、泥岩、泥灰岩，下部深灰色中厚层生物泥晶灰岩夹瘤状灰岩
			宋家桥段		D_2d^2	65~450		三角洲前缘-远砂堤亚相	灰白色中厚层灰岩、泥灰岩及细-中粒石英砂岩互层夹钙质页岩、泥岩，下部含砾砂岩，底部见白云质砂岩
			鸡泡段	上段	D_2d^{1-2}	10~45		台地边缘相	灰色中厚至块状致密灰岩为主，顶部夹灰色砂质灰岩及瘤状灰岩
				下段	D_2d^{1-1}	35~170		台地边缘相	上部为浅灰-灰色，薄-中厚层状，中-粗晶灰岩夹少量深灰色薄层粉砂岩，中上部浅铁红色中粒含铁质砂岩，深灰色薄层含铁砂岩夹泥质粉砂岩，下部为浅灰-灰色中厚层状泥晶灰岩夹少量含泥质灰岩
		邦寨组			D_2b	71~160			灰白色中厚层细-中粒石英砂岩，上部夹少量瘤状砂岩、泥质砂岩、含砾砂岩，底部见3~4层鲕状赤铁矿、铁质白云岩
		龙洞水组			D_2l	10~60			灰色中厚层灰岩夹白云质灰岩，下部见鲕状赤铁矿、铁质白云岩，顶部常见1~2 m瘤状灰岩
	下统	舒家坪组			D_2s	20~85		滨岸陆地相	灰白-浅灰、灰色薄至中厚层石英砂岩，含泥砂岩及砂质页岩夹含铁砂岩
		丹林组			D_1dn	153>500		滨海盆地相	灰色厚层中至细粒石英砂岩，岩屑成分以石英为主，岩石成分和结构成熟度皆高，石英屑普遍具次生加大现象，上部夹薄层砂质泥岩、砾岩，中部夹粉砂岩、砂质页岩等。主要赋矿层位。
志留系	中下统	翁项群			$D_{1-2}wn$	>450			深灰色钙质页岩与泥质灰岩互层，或相互过渡，其中夹灰岩透镜体

图 4 - 2　贵州独山巴年锑矿床地层柱状图

泥盆系(D):

①丹林组(D_1dn):为灰白色厚层中粒石英砂岩。该群中上部夹细粒薄层石英砂岩、含砾砂岩、紫红色粉砂岩;中下部夹泥质细砂岩、粉砂岩,砂质泥岩及页岩。该群自上而下石英屑粒度由粗到细,泥质增加,常见粉砂岩、泥质岩、页岩夹层。与下伏翁项群呈假整合接触,厚度大于 500 m。地层中上部夹细粒薄层石英砂岩,含粗砂岩、紫红色粉砂岩;中下部夹泥质、白云质细砂岩、粉砂岩或砂质白云岩、砂质泥岩及页岩;从剖面上看石英砂岩中石英颗粒自下而上由细变粗,泥质成分增多,地层偶见交错层理或帚状层理。这些特征表明,该套地层应为陆缘滨海相碎屑沉积。

②舒家坪组(D_1s):灰白、浅灰褐色、灰色薄至中厚层状中-细粒石英砂岩,含泥石英砂岩及砂质页岩,下部夹 2~3 层铁质砂岩,厚 60~80 m。

③龙洞水组(D_2l):灰、灰黑色中厚层状、泥晶-微晶生物灰岩,夹浅褐灰色重结晶生物碎屑白云质灰岩及中、细晶白云岩或砂质白云岩,该组顶及底部常见厚 1~2 m 的瘤状灰岩,厚 35~60 m。

④邦寨组(D_2b):灰白色、浅褐色中至厚层状中粒石英砂岩,交错层理发育,底部见 3~4 层含鲕状赤铁矿白云岩;中下部夹厚 1~2m 的暗灰色生物灰岩及厚 3 m 左右的灰色薄层细粒泥质石英砂岩;中上部夹一层厚 5~15 m 的灰色中厚层状白云岩或白云质灰岩。上部夹少量鲕状砂岩、泥质砂岩、含砾砂岩、砂质页岩等,厚 140~160 m。

(2)矿区构造

矿区构造以断裂构造为主(图 4-1),褶皱构造不发育。断裂构造以半坡断裂组(F_1)为主,是矿区重要的赋矿断裂,同时有 NNE 和 EW 向断裂产出。矿区的构造发生、发展及成熟具有多期活动的特点,成矿前的断裂构造有两期,早期断裂构造主要有 F_{12}、F_3、F_{33} 等,规模小、切割地层浅、断层面平直而窄、结构面组合形式简单,一般无矿化,形成在半坡断裂组(F_1)之前,被 F_1 及派生断裂错断。晚期断裂构造以半坡断裂组(F_1)为主。

矿区半坡断裂组(F_1)为半巴断裂在矿区内的延伸部分,该断裂在矿区内由 12 条规模不等但性质类同(张扭性)的一系列断层组成,平面上构成发辫状构造。自北部进入矿区,且在矿区内发育派生,活动强烈,向南延伸自东南角出矿区,断裂组平面形态表现为北西部收敛归并,向南部逐渐撒开的帚状构造,同时断裂组在矿区内平面上成舒缓的"S"型波状弯曲延伸分布,加之破碎带表现出引张膨大和收敛闭合的特征,从而成为矿区内主要控矿构造。锑矿以充填形式赋存于断层中(以 F_1 断层为主),呈 50°~70°陡倾斜大脉状切割岩层产出。产状与断层一致,矿体形态较复杂,受断裂控制作用明显,有分支、复合、膨胀、缩小等现象(图 4-3)。

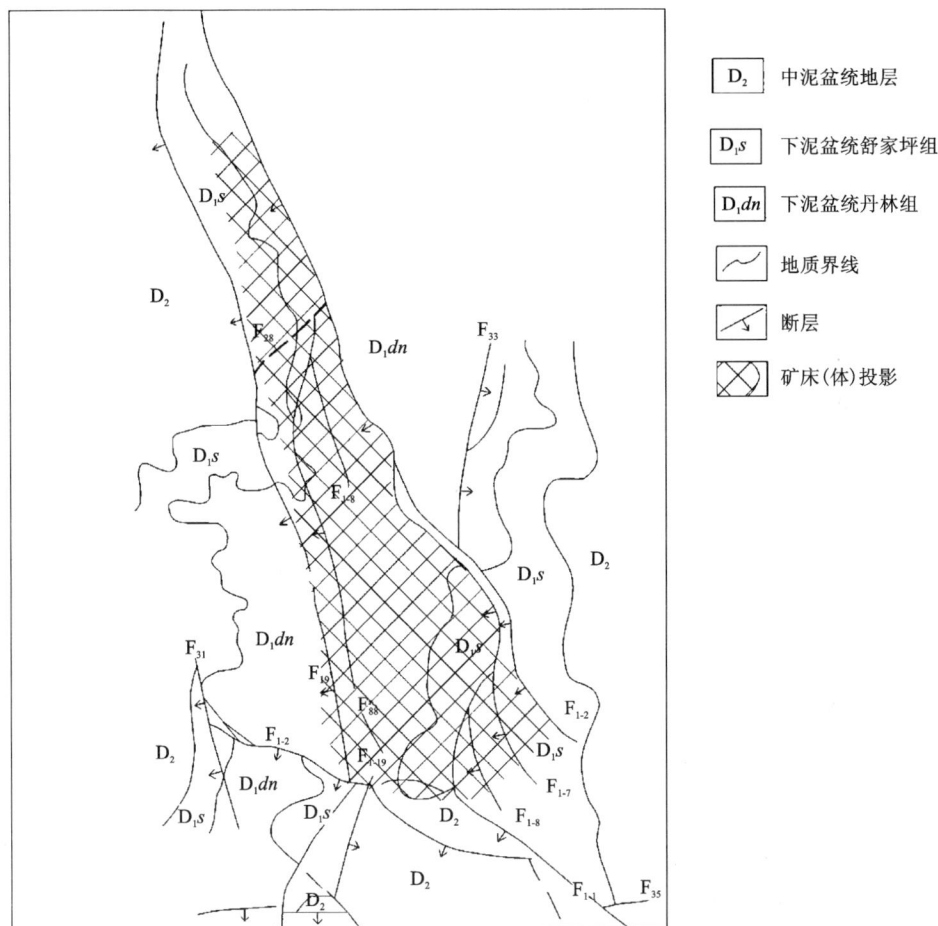

图 4-3　贵州独山锑矿床 F_1 构造示意图

图例：
- D_2　中泥盆统地层
- D_1s　下泥盆统舒家坪组
- D_1dn　下泥盆统丹林组
- 地质界线
- 断层
- 矿床(体)投影

半坡断裂中主要控制赋矿体断裂分述如下：

①半坡断裂(F_1)。半坡断裂组明显经历过多期次的构造活动，故断层形态较复杂，总体呈北北西向展布，纵贯全矿区，向北延伸与独山断层相交，南延通过巴年矿区，为矿区主要控矿构造。断裂力学性质为张扭性正断层，经历了扭性－张性－扭性的转换过程。断裂变位的力学性质为北西—南东扭转，故不同断裂段内的力学性质也不同，所产生的结构面特征及结构面组合形式也存在明显差异。

（A）南段。断裂以压扭为主，结构面形式简单，仅有 F_{1-1} 主断层向南东延伸出矿区。断裂面呈舒缓波状展布，在主断裂面上见擦痕及镜面，断裂带窄，不利于成矿。

(B)中段。断裂表现出先扭后张的活动特点，但以张性活动为主要特征，断裂结构面组合形式复杂，呈现有数条规模不同，产状相似的伴生次级断裂。该断裂带内构造岩(角砾岩、碎裂岩、碎斑岩等)极其发育，在断裂面上发育清晰的擦痕、镜面及断层泥。断裂面在走向及倾向上均呈舒缓波状，同时有平行分支的伴生小断裂出现，并可见到次一级的"入"字形分支断裂及羽状裂隙。由于该断裂呈张性较为明显，加上同向分布的伴生次级断裂与主断裂成阶梯式下滑，同时主断裂两盘影响带上的小断裂及节理裂隙发育。在断裂弧形拐弯处，表现为追踪形态，如按原方向有小断裂继续延伸，当走向由北北西转成北北东后，破碎带突然变宽，在拐弯弧形内侧出现束状分支的小断裂。这样就产生极为有利的赋矿空间，为矿床形成提供了良好的条件，因而该段断裂成为半坡锑矿床主要赋矿地段。

(C)北段。断裂以张性为特征，断裂带较窄，结构面组合简单，局部显示先张后压(扭)的多期次特征。虽在断裂带内见有锑矿化，但该段断裂总体的赋矿空间较差，断裂呈舒缓波状往北延伸出矿区外。

本次在路线调查中，对半坡锑矿区的半坡断裂进行解剖，从地表的观察认为半坡断裂具有明显拉张性质特征，在半坡锑矿巷道内，断裂带断裂两盘岩层错动，由一系列产状近于平行的次级正断裂组成，剖面上构成阶梯状断层产出，以开采巷道为中心，两侧断裂倾向相反，倾角相近，共同形成地垒。沿主断裂破碎带见断层泥、构造透镜体等发育，构造透镜体长轴具定向，断层带局部具片理化，说明断裂存在多期活动特征。

4.1.2 矿体地质特征

半坡锑矿床矿体主要呈陡倾斜大脉状交切地层产出。矿体总体呈北北西向展布，长 1200 余 m，赋存于半坡断裂带(F_1)及其旁侧影响带内，为一大型辉锑矿脉型锑矿床。1986 年，贵州有色三总队提交的半坡锑矿床勘探报告探明矿体 9 个。

1)矿体规模

1986 年，贵州有色三总队提交的半坡锑矿床勘探报告探明矿体 9 个，其中 I 号矿体规模最大，占总储量的 77%，其次为 II、IV、V 号矿体，分别占矿床储量 2%~6%，其他矿体 VI、VII、VIII、IX 规模都很小，呈透镜状隐伏产出，只占总储量的 6% 左右。2009 年，矿山在执行全国危机矿山接替资源找矿勘查项目过程中，在矿区深部发现并控制了 4 个矿体，分别为 I、II、V-1 和 V-2 号矿体，对应的含矿断层为 F_{1-1}、F_{1-12}、F_{36-1} 和 F_{36-2}，为原 I、II、V 号矿体向深部延伸部分，其中规模相对较大的矿体为 V-2 和 V-1 号矿体(见图 4-4、表 4-1)。

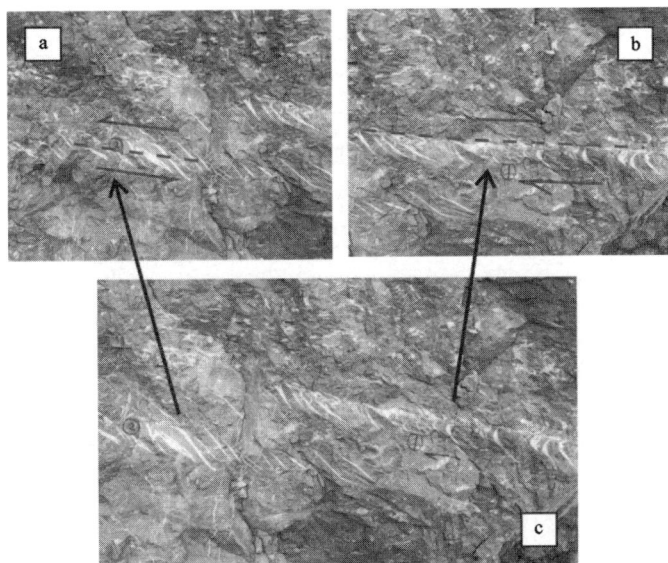

图 4 – 4 独山半坡锑矿床方解石脉

表 4 – 1 半坡锑矿床矿体特征简表

矿体编号	矿体规模/m			控矿断裂	矿体形态分布	备注
	长	宽(厚)	延深			
I	1200	1 ~ 5(26)	500 ~ 600	F_{1-1}	交错型	收集于 1986 年《贵州省独山县半坡锑矿床勘探报告》
II	550	0.36 ~ 7.68	220	F_{1-12}	交错型	
III	180	0.71 ~ 9.30	190	F_{1-11}	交错型	
VI	120	0.3 ~ 7.1	250	F_{1-10}	交错型	
V	240	0.4 ~ 2.3	140	F_{36}	交错型	
VI、VII、VIII、IX	60 ~ 120	2.5 ~ 5.0	90 ~ 120	F_{1-3}，F_{1-8}，F_{1-9}，F_{1-12}	交错型	
I	268.46	1.70 ~ 3.74	325.30	F_{1-1}	交错型	收集于 2009 年《贵州省独山县半坡锑矿接替资源勘查报告》
II	367.82	5.57 ~ 7.49	326.80	F_{1-12}	交错型	
V – 1	426.16	4.52	197.34	F_{36-1}	交错型	
V – 2	786.06	2.97 ~ 4.09	334.48	F_{36-2}	交错型	

2）矿体形态与产状

半坡锑矿床的矿体并非都是简单的独脉型，而是有多种形态的脉型，按其形态及产状可分为交错脉型和层间脉型。交错脉型主要特征是矿体产状与地层呈大角度交切，按矿脉大小和数量多少可进一步细分为大单脉型矿体和密集脉型矿体；层间脉型主要特征是矿化顺层间裂隙分布，矿体呈层状产出，这种类型的矿体(化)与岩性关系密切，容矿层为脆性岩石，而上覆与下伏岩层为含泥质的塑性岩层，按控矿的性质可进一步细分为顺层分布的密集网脉状矿体和层间"似层状"矿体。

大单脉型矿体：本区绝大多数矿脉均属该类型。矿脉呈大的单脉产出，以陡倾斜切割产状平缓的岩层，脉壁清晰，走向长度大，倾斜延伸亦大，厚度较小且不稳定(图4-5)。如Ⅰ号矿体，脉长1200 m，垂直延伸大于500 m，厚度一般只有几米，最厚可达10 m，倾角为50°~60°，以断层平滑的上下断面为壁，与围岩的界线清晰。虽然该类型矿脉是沿裂隙充填而形成的，由于矿区内断裂是一束紧密的、首尾相叠、右行斜列的NNW向复杂断裂带，矿体无论在平面上还是在剖面上都显示出分支复合现象。

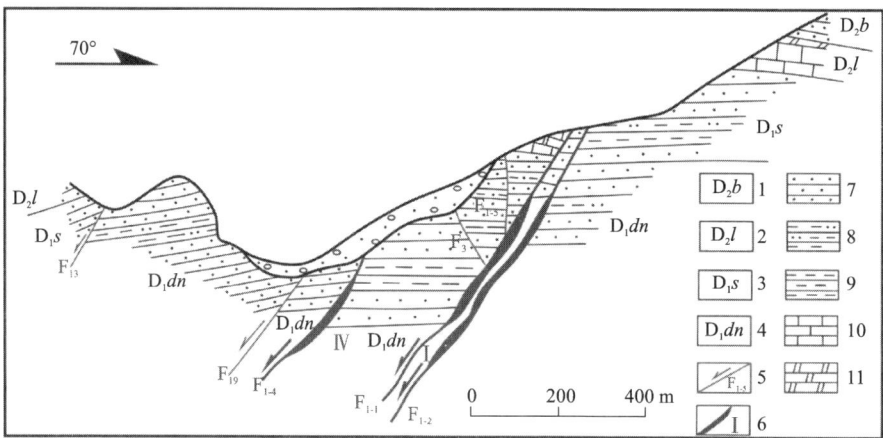

图4-5 0-0'勘探线优化大单脉

1—帮寨组；2—龙洞水组；3—舒家坪组；4—丹林组；5—正断层；6—矿体及编号；7—砂岩；8—粉砂质泥岩；9—泥岩；10—灰岩；11—白云岩

密集脉型矿体：此类型一般分布于大的含矿断裂的上下盘、或两条较近的含矿断层之间和较大矿脉的尖灭端。单脉一般仅几毫米至1~2 cm，走向及延深仅数厘米至十余米；多脉密集排列成带，脉与脉之间距离由数厘米至20~30 cm；一般单脉的倾角较陡，可达70°~80°，细脉带总体倾向一致；矿带的边界一般不清，靠采样分析确定(图4-6)。

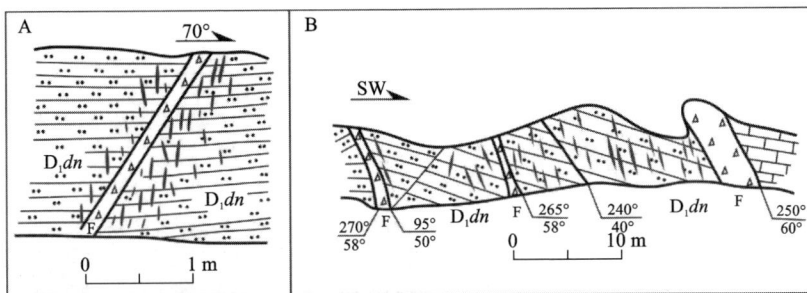

图 4-6　断裂旁侧密集矿脉(据王学焜, 1994 修改)

A: 主含矿断裂上、下盘的密集型辉锑矿矿脉; B: 两条较相近的含矿断裂之间密集型网状辉锑矿脉

顺层分布的密集网脉状矿体: 见于主矿脉旁侧, 含矿层厚度一般几十厘米, 其上下被砂质泥岩、泥岩所遮挡, 在垂向上矿层可重复出现, 矿层内辉锑矿沿节理充填成倾斜的细脉或网脉, 单脉宽度往往较小, 远离主矿体, 细脉的密度逐渐降低至消失(图 4-7A)。

层间"似层状"矿体: 主要受层间破碎带或层间滑动面及岩性所控制, 辉锑矿与石英等脉石以层间破碎角砾的胶结物形式产出, 形成似层状的矿(化)体; 另一种层状矿体产于石英砂岩层内, 辉锑矿沿层理和层间节理裂隙充填, 与岩层产状完全一致, 厚 0.8~1.6 m, 走向延伸 50~70 m(图 4-7B)。

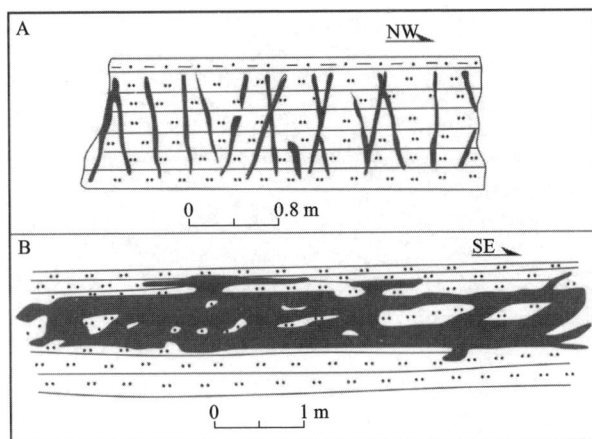

图 4-7　半坡锑矿顺层产出的矿体(据王学焜, 1994 修改)

A: 顺层分布的密集网状矿脉; B: 层间的似层状矿脉

4.1.3 矿石特征

矿石结构主要有自形 – 半自形结构、交代结构、交代残余结构等，矿石构造有致密块状构造、脉状构造、网脉状构造、浸染状构造、角砾状构造、团块状构造、晶簇状构造等(图4 – 8)。

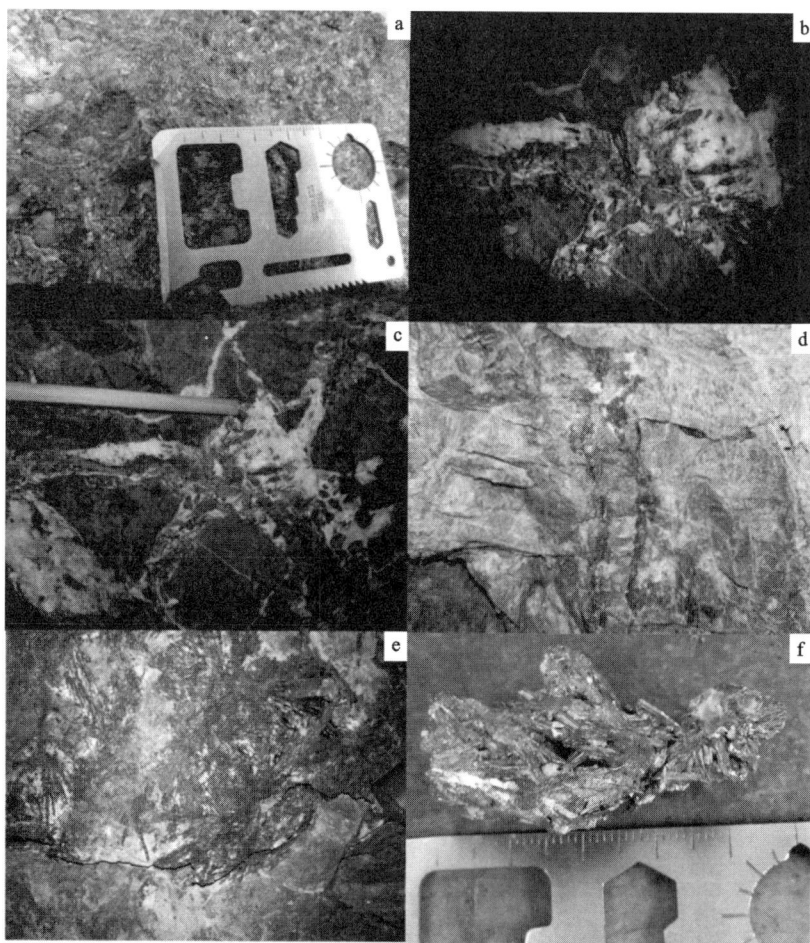

图4 – 8 半坡锑矿床按矿石构造划分的矿石类型
a—致密块状矿石；b—浸染状矿石；c—角砾状矿石；d—脉状矿石；e—放射状矿石；f—晶簇状矿石

①矿石结构

a. 自形 – 半自形结构 辉锑矿呈针状、柱状的自形 – 半自形晶嵌布在脉石矿物中。

b. 它形 - 半自形晶粒结构　矿石中既有半自形辉锑矿晶体，又有不规则粒状辉锑矿。

c. 交代结构、交代残余结构　镜下可见辉锑矿交代石英，方解石交代石英等形成的交代、交代残余结构。

②矿石构造

a. 致密块状构造　辉锑矿以致密块状集合体出现，形成富矿石。一般分布生长在断裂构造拐弯弧形内侧。

b. 脉状构造　辉锑矿充填于裂隙中形成脉状构造。主要分布于断层上、下盘及断层间影响带内。

c. 网脉状构造　辉锑矿充填于节理裂隙中，交叉成网脉状。多生长分布在多期次活动构造带中。

d. 角砾状构造　辉锑矿或石英 - 辉锑矿以胶结物形式胶结构造角砾岩，形成角砾状构造。主要生长分布于典型的、发育较好的张性正断层中。

e. 浸染状构造　辉锑矿呈细小颗粒，星散分布于脉石中，形成浸染状构造。按矿石中金属矿物的多少，可分为稀疏浸染状和稠密浸染状构造。在接替资源勘查阶段，这种类型较少见，且矿化微弱。

f. 放射状构造　辉锑矿以长柱状、针状或毛发状集合体呈放射状分布于微裂隙中，多半在矿体边缘出现，一般矿化较弱。

g. 晶簇状构造　辉锑矿以晶簇状生长在石英脉内晶洞中，或在裂隙壁一侧成晶簇状构造。

4.1.4　围岩蚀变

矿床围岩蚀变较简单，交代作用不明显，多属近矿围岩蚀变(图 4 - 9)，主要有以下几种类型：

硅化：硅化是半坡锑矿最主要的围岩蚀变类型，锑矿的近矿围岩为丹林群石英砂岩，含 SiO_2 较高，蚀变过程中，改造热液从断裂带进入两旁围岩形成似"次生石英岩"状蚀变岩；随着蚀变作用加强，富含 SiO_2 的改造热液可形成微细石英脉穿插、充填、再熔蚀交代构造岩；到晚期强烈的硅化可形成粗大的石英脉。硅化一般可分为两期，早期形成微石英脉，晚期形成粗大的石英脉或团块，二期均与矿化关系密切。

碳酸盐化：主要为方解石化、次为白云石化。以半自形 - 它形方解石交代、充填围岩及早期形成的构造岩，与锑矿矿化有关。白云石化少量，主要呈细脉充填于节理、裂隙中。

黄铁矿化：可分为两期。早期呈立方体的黄铁矿晶体充填于裂隙中，聚集成脉状体，或星点状分布于围岩及断裂构造岩中，主要分布在矿体的中下部，晚期

图 4 – 9　半坡锑矿床围岩蚀变常见类型

a—硅化；b—碳酸盐化；c—黄铁矿化；d—重晶石化

黄铁矿化以五角十二面体和立方体黄铁矿呈脉状穿插于构造岩及围岩中，分布在矿体中上部；两期黄铁矿均与辉锑矿化有关。黄铁矿化一般分布在矿体的边部、尖灭部位或矿体由贫变富地段，偶见黄铁矿与辉锑矿共生。黄铁矿化与锑矿化一般互为消长关系。

绢云母化：主要发生在泥质岩、粉砂岩中，由黏土矿物重结晶而成鳞片状绢云母。此外，断裂带中的构造角砾岩普遍发生浅色化（白色），而在矿体附近则多发生深色化（黑色）。即矿化与深色化密切相关。

重晶石化：矿区这种类型蚀变较弱，表现为重晶石呈星点状或脉状分布于早期形成的硅化角砾岩中，偶见重晶石—辉锑矿脉。

炭化：薄层状产出的黑色、灰黑色泥炭物质，含有少量微细粒黄铁矿颗粒，与辉锑矿关系密切。

矿床的围岩蚀变分带不明显，通常在矿体富厚的构造岩中硅化强烈，出现白色石英脉体或块体。而在矿体尖灭部位和矿体的上下盘，碳酸盐化较发育，黄铁矿化发育在矿体周围，与矿体有一定距离。

4.1.5 地球化学特征

(1)地层地球化学特征

根据半坡锑矿床地层中主量元素含量表(表 4 - 2)可知,SiO₂平均含量在独山组(D_2d)和龙洞水组(D_2l)地层中较低,分别为 38.66% 和 16.38%,而在邦寨组(D_2b)、舒家坪组(D_1s)、丹林组(D_1dn)和翁项群($S_{1-2}wn$)中变化不大,在 78.43% 至 87.70% 范围内。CaO 平均含量在独山组(D_2d)和龙洞水组(D_2l)地层中含量较高,分别为 26.28% 和 33.38%,而在其他地层中平均含量较低且变化不大。其他主量元素在不同地层中无明显变化现象(表 4 - 2)。

表 4 - 2 半坡锑矿床不同地层中主量元素平均含量(10^{-2})

组	层位	岩性	样品数	SiO₂	Al₂O₃	Fe₂O₃	Na₂O	K₂O	CaO	MgO
独山组	D_2d^3	黏土岩、碳酸盐岩	4	30.16	8.60	2.08	0.33	1.90	29.04	1.79
	D_2d^2	碎屑岩、碳酸盐岩	6	45.35	4.87	1.96	0.20	1.35	23.05	1.55
	D_2d^1	碳酸盐岩	3	40.47	2.54	1.72	0.18	0.71	26.75	3.50
		平均值		38.66	5.34	1.92	0.23	1.32	26.28	2.28
邦寨组	D_2b	碎屑岩	2	80.91	4.36	3.55	0.16	1.26	3.25	1.33
龙洞水组	D_2l	黏土岩、碳酸盐岩	3	16.38	2.95	3.48	0.14	0.80	33.38	6.05
舒家坪组	D_1s	碎屑岩	4	87.70	3.16	2.01	0.15	0.88	2.02	0.80
丹林组	D_1dn	黏土岩、碎屑岩	10	78.43	6.82	1.99	0.16	1.62	3.24	1.11
翁项群	$S_{1-2}wn$	黏土岩、碎屑岩	3	79.22	7.85	2.78	0.21	2.31	0.79	1.33

注:本报告主量元素单位均为 wt.%,表内 Fe₂O₃ 的含量均指全铁,即 Fe₂O₃(Total)。(下同)

根据半坡锑矿床不同地层中微量元素含量表(表 4 - 3),Sb、As 和 Cd 元素在地层中相对于地壳丰度值强烈富集,浓集克拉克值 $K > 10$,其中 Sb 高达 26.37。Hg、Pb 和 Mo 元素在地层中相对于地壳丰度值富集,浓集克拉克值 $1 < K < 3$。Zn 和 Cu 元素在地层中相对于地壳丰度值贫化,浓集克拉克值 $K < 1$。Sb 元素平均含量在丹林组(D_1dn)、独山组(D_2d)和翁项群($S_{1-2}wn$)地层中最为富集,且依次递减,分别为 30.34×10^{-6}、28.94×10^{-6} 和 25.08×10^{-6}。在地层各组平均值中,As、Zn 元素含量在独山组(D_2d)最高,分别为 31.28×10^{-6}、47.99×10^{-6};Hg 元素含量在舒家坪组(D_1s)最高,为 0.25×10^{-6};Pb、Cu、Mo 和 Cd 元素含量在翁项群($S_{1-2}wn$)最高,分别为 43.41×10^{-6}、26.15×10^{-6}、5.24×10^{-6} 和 3.19×10^{-6};Au 元素含量在各地层中相差不大,但其浓集克拉克值 $K > 1000$,表明其相对地壳

表 4 - 3　半坡锑矿床不同地层中微量元素平均含量（10⁻⁶）

组	层位	岩性	样品数	Sb	Hg	As	Pb	Zn	Cu	Mo	Cd	Au	样品数	电 Sb	XRF 测 Sb
独山组	D_2d^3	黏土岩、碳酸盐岩	4	20.43	0.09	37.98	35.16	72.35	15.04	4.97	3.04	2.73	2	3807.50	479.50
	D_2d^2	碎屑岩、碳酸盐岩	6	18.37	0.30	34.38	26.92	>26.73	16.40	3.75	4.43	2.85	2	2695.00	237.00
	D_2d^1	碳酸盐岩	2	48.03	0.17	21.47	22.24	23.63	19.34	2.87	1.60	5.00	2	648.63	263.00
		平均值		28.94	0.19	31.28	28.11	47.99	16.93	3.86	3.02	3.53	平均值	2383.71	326.50
邦寨组	D_2b	碎屑岩	2	17.28	0.14	21.97	23.67	21.96	15.80	3.22	2.30	3.06	2	195.43	319.00
龙洞水组	D_2l	黏土岩、碳酸盐岩	3	11.38	0.15	24.89	23.46	16.44	13.54	3.16	2.00	5.46	2	286.25	269.50
舒家坪组	D_1s	碎屑岩	4	14.44	0.25	19.03	19.44	29.51	22.04	2.60	1.59	3.98	2	2559.63	298.00
丹林组	D_1dn	黏土岩、碎屑岩	10	30.34	0.24	21.52	24.16	39.76	23.92	3.90	2.23	5.32	2	3872.50	88.80
翁项群组	$S_{1-2}wn$	黏土岩、碎屑岩	3	25.08	0.19	28.43	43.41	31.81	26.15	5.24	3.19	3.71	0	0.00	0.00
以上地层平均含量（本次样品）				21.25	0.19	24.52	27.04	31.24	19.73	3.66	2.39	4.17	—	—	—
地壳丰度值（黎彤，1976）				0.62	0.08	2.20	12.00	94.00	63.00	1.30	0.20	0.004	—	—	—
浓集克拉克值 K				34.27	2.40	11.14	2.25	0.33	0.31	2.82	11.95	1043.73	—	—	—

注：Au 元素含量单位为 10^{-9}，其他微量元素含量单位为 10^{-6}。（下同）

富集。矿区地层中 Sb 及 Hg、As、Pb 和 Mo 较高,反映了矿田成矿元素扩散晕的特点,可作为化探找矿的指示元素。另外,主成矿元素 Sb 含量在下泥盆统丹林组→舒家坪组→下志留统翁项群→中泥盆统龙洞水组、独山组依次降低,表明矿区锑矿化强度与旁侧围岩锑元素含量呈正相关,特别是 Sb 的浓集系数高达 26.37,说明矿区地层受矿化蚀变场的叠加作用,矿源位于含矿层下伏深部,同时表明研究区是寻找锑的有利地段。

总体而言,Sb 元素主要来源于丹林组(D_1dn)地层,其次为独山组(D_2d)和翁项群($S_{1-2}wn$)地层;丹林组(D_1dn)地层具有高硅(SiO_2 含量为 78.43%)低钙(CaO 含量为 3.24%)的特征。

(2)岩石/矿石地球化学特征

根据半坡锑矿床不同岩性中主量元素含量(表 4-4),SiO_2 平均含量在碳酸盐岩中较低,仅为 25.27%,在碎屑岩、辉锑矿矿石和黏土岩中依次递减,分别为 78.77%、70.54% 和 56.64%。Al_2O_3 平均含量在黏土岩中较高,达到 11.88%,在其他岩性中平均含量较低且无较大变化。CaO 平均含量在碳酸盐岩中较高,达到 32.21%,在其他岩性中平均含量较低且无较大变化,其他主量元素含量在不同岩性中无明显变化特征。

表 4-4 半坡锑矿床不同岩性中主量元素平均含量(%)

岩性	样品数	SiO_2	Al_2O_3	Fe_2O_3	Na_2O	K_2O	CaO	MgO
辉锑矿矿石	18	70.54	3.74	1.02	0.11	0.65	2.37	0.85
黏土岩	10	56.64	11.88	4.89	0.22	2.78	8.24	2.21
碎屑岩	21	78.77	5.87	2.59	0.17	1.45	3.45	1.10
碳酸盐岩	10	25.27	5.01	2.31	0.23	1.24	32.21	3.01

根据半坡锑矿床不同岩性中微量元素平均含量(表 4-5),Sb、Hg、Cu 和 Au 元素平均含量在辉锑矿矿石样中最高,分别高达 377.48×10^{-6}、2.30×10^{-6}、38.73×10^{-6} 和 12.68×10^{-9}。Sb 元素平均含量在黏土岩、碎屑岩和碳酸盐岩中依次递减,分别为 68.23×10^{-6}、33.21×10^{-6} 和 21.67×10^{-6}。As、Pb、Zn 和 Cd 元素平均含量在黏土岩、碳酸盐岩和碎屑岩中依次递减。Cu 元素平均含量在黏土岩、碎屑岩和碳酸盐岩中依次递减。对于伴生元素,黏土岩相对富集 As、Pb、Zn、Cu、Mo 和 Cd 元素;碎屑岩相对富集 Hg 元素。此外,在辉锑矿矿石样、碎屑岩和碳酸盐岩中利用 XRF 测试 Sb 也取得了较好的效果,测试所得矿石样中的 Sb 含量明显高于其他岩性。成矿元素 Sb 及主要伴生元素的富集对岩性具有选择性,黏土岩和碎屑岩为主要赋矿岩性,其中黏土岩具有高硅(SiO_2 含量为 56.64%)高

铝（Al_2O_3 含量为 11.88%）的特征；不同岩性中 Sb 与 Hg、As、Mo 和 Pb 元素具有较为亲密的关系。

表 4 – 5　半坡锑矿床不同岩性中微量元素平均含量（10^{-6}）

岩性	样品数	Sb	Hg	As	Pb	Zn	Cu	Mo	Cd	Au	样品数	电 Sb	XRF 测 Sb
辉锑矿矿石	18	>377.48	>2.30	24.55	12.14	14.59	38.73	4.74	<1.55	12.68	15	1640.57	31108.13
黏土岩	10	68.23	0.32	42.28	46.78	75.01	35.23	5.85	3.75	5.33	0	0.00	0.00
碎屑岩	21	>33.21	0.34	26.90	24.19	33.23	21.87	3.71	2.29	4.52	9	1898.80	4509.62
碳酸盐岩	10	21.67	0.16	30.36	28.12	>40.21	15.28	3.69	3.58	3.63	5	1180.65	362.40

综合认为，Sb 元素在矿区地层中具明显浓集特点，形成 Sb 高值场，是地壳丰度 85.85 倍。半坡式矿床赋矿地层 D_1dn 元素组合为 Hg、As、Sb、Mo、Pb，而厚度大于 500 m 的碎屑岩（特别是含泥质石英砂岩）是主要容矿岩石，这是成矿地段的有利层位和岩性。半坡矿床矿石中元素组合是 Sb、As、Hg、Mo，作为找矿指示元素，突出特点是富 Mo 贫 Pb，特征元素 Sb 形成高值场，元素之间有一定相关性，Sb 与 Hg、As 均呈正相关，而与 Pb、Zn 呈负相关。

半坡矿床从围岩到断裂带中心主量元素的活动顺序大致排列为 CaO、K_2O、MnO_2、NaO、Al_2O_3、SiO_2，是主量元素在断裂构造分异过程中的顺序，SiO_2 与 Sb 矿化强度是正相关，这与强硅化近矿围岩蚀变的标志吻合；从围岩到断裂带中心浓集主成矿元素 Sb 及伴生微量元素 As、Hg、Mo（Ni、Co、Au），揭示了除贫化元素 Cu、Zn（Pb、V）之外具相同活化迁移规律。半坡断裂 F_1 以 Sb 为特征元素，平均值 170×10^{-6}，元素浓集组合为 Sb、As、Hg、Mo（Au），贫化元素为 Cu、Zn。构造地球化学异常与构造影响带范围基本一致，也与矿（化）体范围相吻合，沿断裂分布，依断裂带宽度而膨缩、长短而延伸，显示构造变动 – 地化异常 – 矿化体同步的特征，如半坡锑矿床原生晕异常呈带状，面积大，异常强度高（Sb 平均 446×10^{-6}，有连续大于 100×10^{-6} 高值带），原生晕是含矿断裂破碎带宽 1～6 倍，矿脉长 1220 m，锑原生晕长 3000 余 m。同时由矿（化）体中心向外，异常强度逐渐降低，这都表明断裂构造对成矿元素 Sb、Hg、As、Au 有强烈的浓集作用，对 Mo 有浓集的趋势，而对 Cu、Zn 则起分散作用。在断裂构造活动的特有产物（含矿）构造角砾岩中 Sb 含量高达 1339×10^{-6}，远远高出地层平均值，说明在构造成矿过程中 Sb 在多期断裂构造带中不断"增值"富集（图 4 – 10～图 4 – 12）。

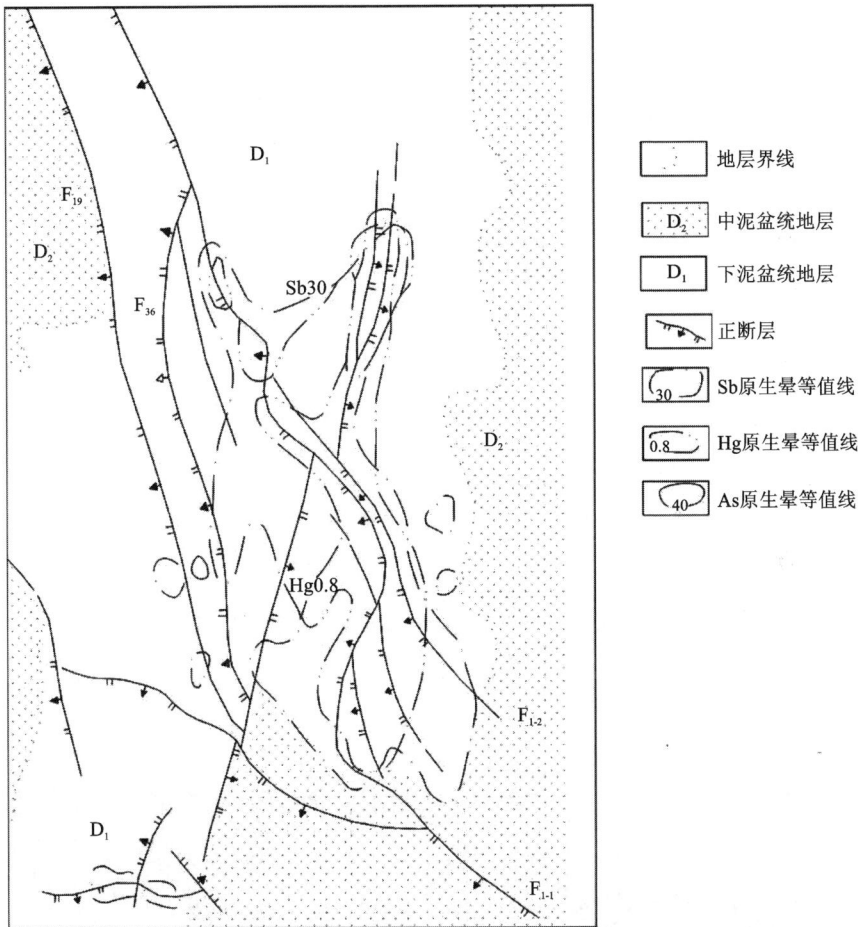

图 4 – 10 半坡锑矿床 Sb、Hg、As 岩石地球化学异常图

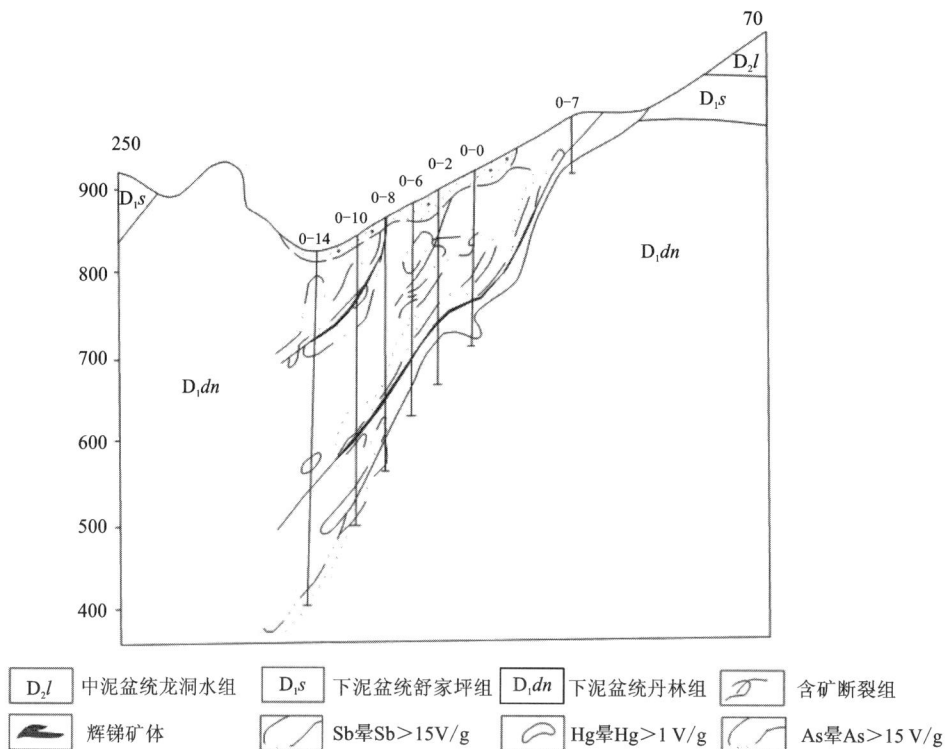

图 4 – 11　半坡锑矿床 Sb、Hg、As 岩石地球化学异常横剖面图

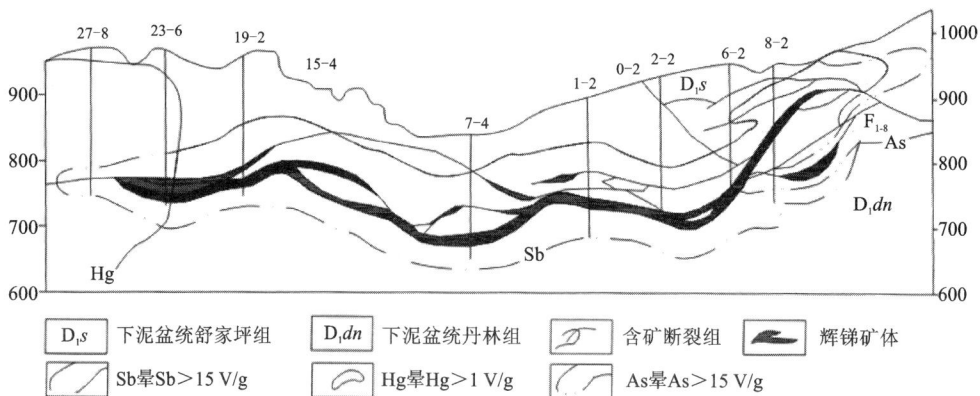

图 4 – 12　半坡锑矿床 Sb、Hg、As 岩石地球化学异常纵剖面图

4.2　巴年锑矿床

巴年锑矿床位于独山县城南东 25 km，距半坡锑矿约 7 km，为区内核明的中型矿床，其赋矿地层主要为独山组（D_2d），岩性主要为含铁质砂岩和泥质砂岩。矿区构造以断裂为主，半巴断裂南段通过矿区，是巴年锑矿主要控矿断裂，与半巴断裂大致平行的北西向断裂和与之相切的北东向断裂构造纵横交错，组成大致的菱形网格状形态，构成了巴年锑矿的基本构造格局（图 4 – 13）。

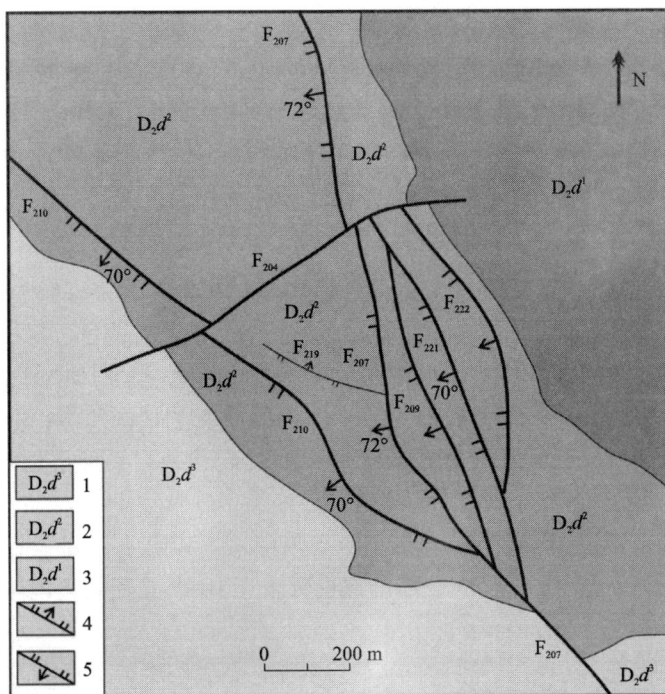

图 4 – 13　巴年锑矿矿区地质略图
1—独山组鸡窝寨段；2—独山组宋家桥段；3—独山组鸡泡段；4—正断层；5—逆断层

矿区内矿化沿层间破碎带和主断裂的旁侧构造分布，矿体的大小和富集程度与构造的产状和发育程度有关，断裂组平行、交会、膨胀地段均是富矿体的产出部位。巴年矿化体顺层延伸可达 200 m 以上，矿化宽度一般 200~300 m，厚度 2~5 m，矿石品位 3%~5%，富矿可达 30%。矿石的矿物成分较简单，金属矿物主要为辉锑矿，次为黄铁矿；非金属矿物有碳酸盐（方解石、白云石）和石英。矿石结构主要有自形晶、半自形晶结构，其次为交代残余结构；矿石构造有浸染状、角砾状、块状、晶簇状及（网）脉状等。围岩蚀变以碳酸盐化、硅化为主，黄铁矿化次之。

4.2.1 矿区地质特征

(1)地层

矿区出露地层由老到新为中泥盆统帮寨组(D_2b)、独山组(D_2d),其中独山组(D_2d)根据不同岩性组合分为三段:鸡泡段(D_2d^1)、宋家桥段(D_2d^2)、鸡窝寨段(D_2d^3)。

帮寨组(D_2b):黄褐色、浅灰色中–厚层状石英砂岩,中上部常夹5~15 m白云质灰岩、白云岩的透镜体,底部夹铁质石英砂岩或铁质白云岩3~5层,厚90~110 m。

独山组(D_2d):由鸡泡段(D_2d^1)、宋家桥段(D_2d^2)、鸡窝寨段(D_2d^3)三段组成。根据各段岩性组合:鸡泡段(D_2d^1)分为上亚段(D_2d^{1-2})和下亚段(D_2d^{1-1});宋家桥段(D_2d^2)亦分为上亚段(D_2d^{2-2})与下亚段(D_2d^{2-1}),上亚段为矿区锑矿产出层位,可进一步分七个岩性小段组合;鸡窝寨段分为上亚段(D_2d^{3-2})与下亚段(D_2d^{3-1});

鸡泡段下亚段(D_2d^{1-1}):以灰、浅灰色中厚层灰岩夹泥灰岩(30~40 m)与黄灰色中粒石英砂岩、页岩(30~40 m)互层为主,顶部为灰黄色、紫黄色页岩、泥岩,此层地貌上常呈短陡坎与缓坡相间,厚90~100 m,与下伏帮寨组整合接触;

鸡泡段上亚段(D_2d^{1-2}):底部为数米厚的瘤状灰岩、泥灰岩,主体为浅灰色厚层–块状灰岩、白云质灰岩,顶部有1~2m的瘤状灰岩。此层地貌常呈悬崖,厚60~70 m;

宋家桥段下亚段(D_2d^{2-1}):浅灰、褐黄色中–厚层状石英砂岩,下部常夹少量黑色砂质泥岩、泥质砂岩,中上部局部见数米至10 m的灰岩透镜体。地貌上呈悬崖或陡坡,厚75~90 m;

宋家桥段上亚段(D_2d^{2-2}):为本矿区内的主要赋矿层位,其出露面积占矿区面积70%,依其岩性划为七个岩性小层:

第一分层(D_2d^{2-2a}):简称"一灰",灰色中厚层状灰岩,顶底部均为深灰–黑灰色薄层–中厚泥质灰岩、泥灰岩夹少量炭质页岩,部分地段顶部可见2~3 m的层间破碎带。厚50~70 m;

第二分层(D_2d^{2-2b}):简称"一砂",浅灰、褐黄色中细粒中厚层石英砂岩夹薄层钙质、泥质粉砂岩,顶可见3m左右的层间破碎带,此层为巴年矿段主要含矿层之一。厚30~50 m;

第三分层(D_2d^{2-2c}):简称"二灰",为浅灰色中厚层状灰岩夹灰黑色薄层泥质灰岩、泥灰岩,生物灰岩。底部偶见0~3 m厚的层间破碎带。此层为巴年矿段含矿层之一。厚20~40 m;

第四分层(D_2d^{2-2d})：简称"二砂"，为灰色中厚 – 厚层状细 – 中粒石英砂岩夹深灰色薄层泥质砂岩。底部为数 m 厚的深灰色薄层泥质粉砂岩，厚 20 ~ 50 m；

第五分层(D_2d^{2-2e})：简称"三灰"。上部灰色中 – 薄层状生物碎屑泥质灰岩，底部见厚 2 ~ 6 m 层间破碎带，为上王屯矿段重要含矿层之一；

第六分层(D_2d^{2-2f})：简称"三砂"，为深灰色中厚层状石英砂岩夹钙质、泥质粉砂岩，厚数 m 至 30 m，一般 10 m 左右；

第七分层(D_2d^{2-2g})：简称"四灰"，上部为生物碎屑灰岩、泥质灰岩，含大量苔藓虫、层孔虫、珊瑚和腕足类。中部有十余 m 厚的页岩，底部为白云岩、白云质灰岩，其中常见 3 ~ 5 m 厚的层间破碎带，为上王屯矿段中重要含矿层之一，厚 100 ~ 125 m；

鸡窝寨段下亚段(D_2d^{3-1})：为灰、暗灰、黄灰色生物泥灰岩、钙质泥岩、页岩、砂质页岩等互层；

鸡窝寨段上亚段(D_2d^{3-2})：为灰色中厚层状生物泥灰岩，向上为灰 – 深灰色中 – 厚层状致密灰岩，白云质灰岩，偶见含燧石结核。

(2)构造

矿区断裂构造发育(图 4 – 13)，由 NNW 向断裂组与 NE 向断裂组联合控制矿区整体构造格局。

1)切层断裂

NNW 向断裂组：为 NNW 向半坡断裂南沿组成部分，平面上由多条分支断裂组成，规模较大(由 SW→NE)展布有 F_{210}、F_{207}、F_{209}、F_{221}、F_{222}，断裂以高角度张性断裂形式出现(倾向 SW，倾角 70° ~ 72°)为主，挤压性质断裂少见，据资料显示，断裂力学性质复杂，具有多期叠加、改造特征。平面上几条断裂具有向 SE 收敛、NW 撒开特征，F_{207}、F_{209}、F_{221}、F_{222} 构成 SE、NW 端收敛的发辫状组合(图 4 – 13)。剖面上几条断裂产状相近，性质相同，构成典型的同向阶梯状断裂(图 4 – 14)。

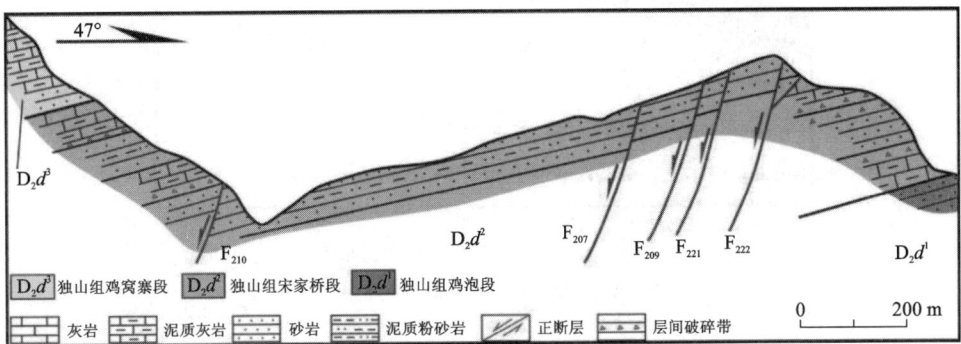

图 4 – 14 矿区构造剖面图

NE 向组：规模较大的为 F_{204}，断层整体走向 NE，局部 NEE，延伸约 3 km，断层倾向 SE，倾角 78°，为一条高角度张性断裂，对矿区 NNW 向断裂组起到破坏作用，根据其对 NNW 向组断裂的错动特征，断裂可能具有右行走滑特征。

2）层间破碎带

层间破碎带普遍发育，为巴年矿区主要构造特征之一，在矿区主要发育于独山组宋家桥段上亚段（$D_2 d^{2-2}$）两种不同岩性层接触界面上，一般出现形式是：灰岩、白云质灰岩、砂岩 – 层间破碎带 – 泥质灰岩、泥灰岩，宋家桥上亚段均为该岩性组合，层间破碎带是矿区锑矿富集的主要场所（图 4 – 15），矿体沿顺层剪切破碎带或层间剥离空间呈层状、似层状、透镜状产出，矿体的延伸方向明显受层间破碎带或层间剥离空间控制，而在层间滑动影响带旁侧的次级裂隙中亦有锑矿赋存。

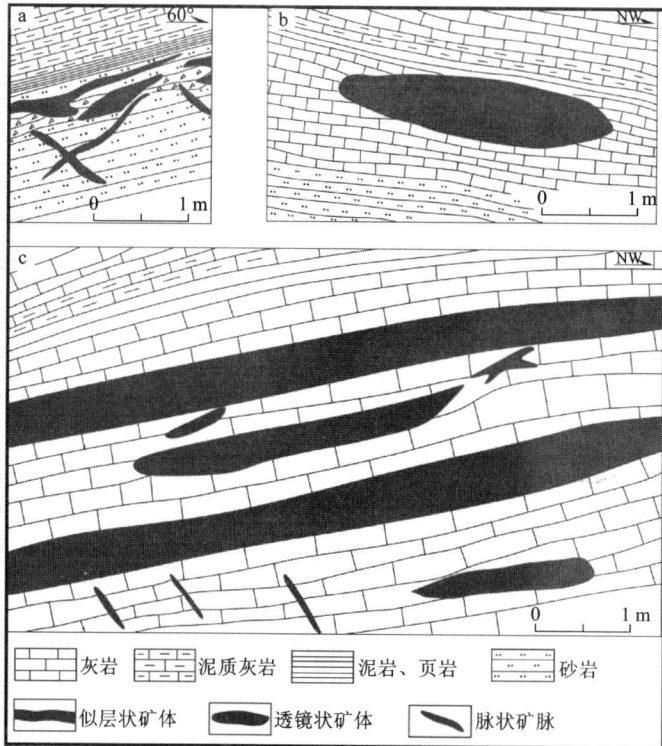

图 4 – 15 巴年锑矿矿体产出形态

a：据刘幼坪（1997）；b、c：据王学焜等（1994）

巴年锑矿坑道内（图 4 – 16），灰岩、白云质灰岩、砂岩 – 泥质灰岩、泥灰岩间顺层剪切明显，透镜体带发育，见透镜体旋转、拉长、叠加、包裹，顺层定向排列，透镜体旋转形成的 S - C 组构特征显著，指示顺层左行剪切。层间破碎带内岩石挤压破碎变形强烈，不同程度的破碎和局部加厚现象普遍，宏观上矿体赋存于顺层剪切形成的层间破碎带内，矿体具多层性（D_2d^{2-2a}、D_2d^{2-2b}、D_2d^{2-2c}、D_2d^{2-2e}、D_2d^{2-2g} 层间破碎带内均有不同规模的矿体产出），小尺度上锑矿体存在几种赋存形式：①呈脉状充填于层间破碎带内的次级裂隙内；②沿破碎带内角砾间呈放射状、不规则状、脉状；③沿层间破碎带旁侧能干层内次级裂隙面充填呈细脉状。

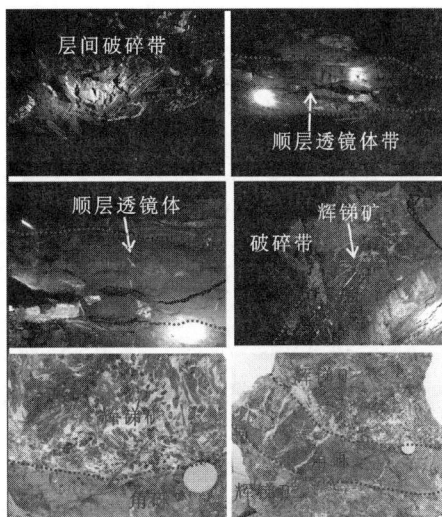

图 4 - 16　巴年锑矿层间破碎带与矿体赋存形态

4.2.2　矿体地质特征

目前已发现的矿体有三个，矿体主要特征如下：

Ⅰ矿体：为目前最大矿体，分布于矿区中部，呈似层状顺含矿层产出，倾向 180°，倾角 10°。是本区的主矿体，矿体长 640 m，倾向最大延伸 580 m，矿体厚度 1.60 ~ 3.90 m，平均 2.80 m，厚度变化系数 32%，属稳定厚度矿体，单样品位 1.07% ~ 5.31%，平均品位 2.56%。

Ⅱ矿体：矿体呈似层状顺层产出，倾向 180°，倾角 10°，矿体长 453 m，倾向最大延伸 240 m，厚度 1.70 ~ 3.10 m，平均厚度 2.18 m，厚度变化系数 30%，属稳定厚度矿体，单样品位 1.11% ~ 4.81%，平均品位 2.98%。

Ⅲ矿体：呈似层状沿层间破碎带产出，倾向 180°，倾角 10°，矿体 110 m，倾向最大延伸 60 m，厚度 1.40 ~ 3.00 m，平均厚度 2.17 m，厚度变化系数 38%，属稳定厚度矿体，单样品位 1.11% ~ 5.26%，平均品位 2.43%。

4.2.3　矿石特征

（1）矿石组成

巴年锑矿矿石组分简单，工业矿物仅有辉锑矿，其他金属矿物有黄铁矿、雄黄、雌黄等，脉石矿物有微晶石英、方解石、白云石、少量黏土矿物。氧化矿物有锑华、锑赭石和褐铁矿等。其中方解石是最主要的脉石矿物，其他矿物含量较少。方解石晶体大小悬殊，晶体形态多姿，主要有白色和粉色两种类型。

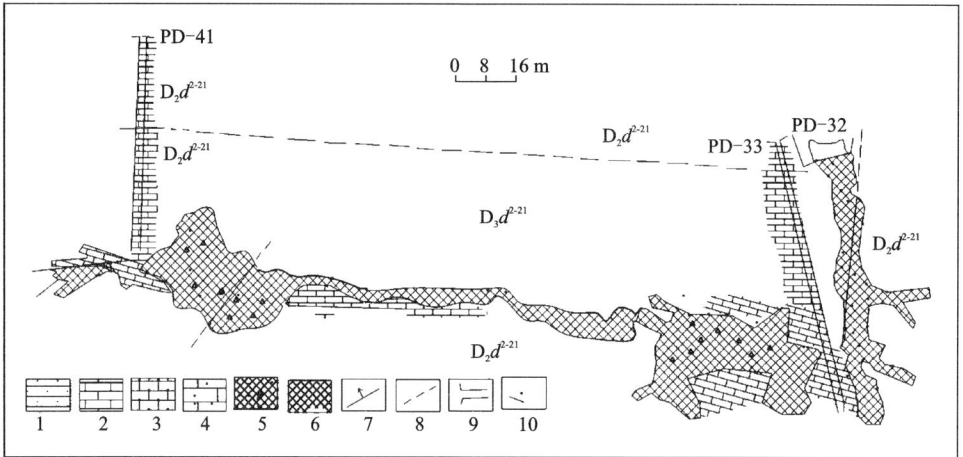

图4-17 独山巴年锑矿11号矿体坑道平面图

1—砂岩；2—灰岩；3—物灰岩；4—蚀变灰岩；5—层间破碎带矿体；6—层间矿体；7—断裂；8—推测断裂；9—民采坑道；10—取样位置

矿石矿物成分简单，有用矿物主要为辉锑矿（占95%以上），偶有雌黄、雄黄、辰砂及极少量的毒砂、黄铁矿、褐铁矿，脉石矿物为石英、方解石及少量黏土矿物等，其中辉锑矿多与方解石、石英、白云石共生。分述如下：

辉锑矿：灰黑色，黑色，金属光泽，在矿石中多呈自形、半自形放射状与细长柱状并充填于与之伴生的方解石溶蚀孔洞中，亦呈它形细粒浸染状充填于灰岩裂隙中。

方解石：分为两种来源，一种为热液充填来源于母岩中矿物，无色透明，白色，部分含杂质呈其他颜色，半自形-自形状，解理发育，常形成方解石晶簇。第二种为与辉锑矿伴生，其溶蚀孔洞常成为辉锑矿的充填空间；该类为灰岩的组成矿物，它形微晶。

毒砂：样品中含量极少或不含，呈自形粒状-半自形粒状，粒径一般在0.03~0.1 mm。

黄铁矿：淡黄色，常呈半自形-它形细粒浸染状，粒径一般为0.05~0.2 mm。

褐铁矿：黄褐色，主要为黄铁矿氧化所致，土状。

雌黄：柠檬黄色，呈片状、放射状，少量梳状。

雄黄：桔红色，呈致密粒状。

辰砂：呈细小的厚板状或棱面体形，颜色鲜红色与雄黄、雌黄混生在一起。

石英：呈它形、半自形粒状、品体较纯净。粒度一般在0.02~0.1 mm。

黏土矿物：成分主要为高岭土、蒙脱石，呈泥状和粉末状分布岩石中，薄片中较难确认，其粒度一般 <0.01 mm。

矿石的化学成分简单，有用组分仅有 Sb，变化幅度较大，0.72% ~21.56%，以 1% ~6% 最常见。未发现可供综合利用的有益伴生组分。有害组分 Bi、Pb。S、Hg、As、P 局部稍高，但均未达到可供综合利用或有害的程度。矿石的化学成份 Sb_2S_3、CaO、SiO_2、MgO、Al_2O_3、Fe_2O_3、FeS 及碳质等。

（2）矿石结构、构造及矿石类型

矿石矿物主要为辉锑矿，有自形 - 半自形结构，它形粒状结构，聚片双晶结构，生物结构等。

矿石构造有浸染状构造、角砾状构造、团块状构造、细脉状构造、晶簇状构造、生物构造等。其中以浸染状、角砾状构造最为常见。团块状、晶簇状构造者多为富矿石。矿石类型按矿石构造分为角砾状、浸染状、团块状、细脉状等，以角砾状矿石为主。矿石的工业类型，按其矿物成分划分，属碳酸盐 - 石英 - 辉锑矿矿石。

4.2.4　围岩蚀变

矿区围岩蚀变简单，主要沿切层断裂破碎带与层间破碎带进行，具有多期叠加特点，如早期形成的柱状、针状辉锑矿被后期热液交切改造，区内蚀变主要有方解石化、硅化、黄铁矿化，次为白云石化、炭化、重晶石化、黏土化等，其中方解石化、硅化与锑矿产出关系最为密切，现将矿区主要蚀变特征描述如下：

方解石化：主要呈脉状、网络状和团块状，广泛分布于围岩中，可分为早、中、晚三期。

早期：蚀变较强，呈脉状产出，普遍被期后构造活动破碎为方解石构造角砾，脉体中偶见少量细粒辉锑矿；

中期：蚀变强烈，多呈大脉状、团块状充填于层间破碎带中，脉体、团块中普遍含有柱状辉锑矿晶体；

晚期：蚀变较弱，多呈脉状、网脉状充填于岩石裂隙中，并穿插前期蚀变体，脉体中常见有浸染状辉锑矿；

硅化：沿层间破碎带发育较为强烈，可分为早晚两期。

早期硅化主要表现为构造角砾岩及其围岩普遍发生微 - 细晶硅化。灰岩、白云质灰岩等碳酸盐岩部分或全部被石英交代；石英砂岩的石英颗粒普遍发生次生加大，蚀变后的岩石颜色变为深灰 - 黑灰色。

晚期硅化主要表现为细脉状和网脉状石英充填于岩石裂隙中，颜色较浅。

黄铁矿化：一般中等至强烈，多呈微 - 细晶浸染状不均匀分布于岩石中。

4.2.5 地球化学特征

巴年锑矿区位于独山锑矿田的 Sb 高浓集中心，成矿元素有 Sb、Hg、As。成矿元素 Sb、Hg、As 在构造岩中特别富集，表明构造对成矿元素具有叠加改造富集的作用，同时 Sb、Hg、As 在其他岩性中具有石英砂岩 > 泥灰岩 > 灰岩 > 泥页岩，说明了元素对岩性具有选择性富集的规律。

（1）地层地球化学特征

矿区各地层 Sb、Hg、As 含量见表 4 – 6，从表中可以看出：①独山组宋家桥段（D_2d^2）元素含量普遍高于独山组鸡泡段（D_2d^1）与鸡窝寨段（D_2d^3），暗示宋家桥段可能为矿区锑矿初始矿源层；②宋家桥段七个小层中，以第一、第二、第四、第六小层元素含量最为突出，暗示元素的富集与岩性关系密切；③Sb 含量与 Hg、As 关系密切，呈正相关关系，即 Hg、As 含量高，则 Sb 含量亦较高。

表 4 – 6　元素在矿区不同岩性的分配表

岩性	统计量	元素含量（$\times 10^{-6}$）		
		Sb	Hg	As
灰岩	512	24.98	0.63	13.57
泥灰岩	140	29.69	0.89	17.63
石英砂岩	252	59.56	2.18	48.88
泥页岩	78	13.97	0.40	7.8
断层角砾岩	98	131.47	3.77	116.54
层间破碎角砾岩	226	1001.48	2.63	92.69

表 4 – 7　矿区各地层 Sb、Hg、As 含量特征（$\times 10^{-6}$）

分类	D_2d^{3-2}	D_2d^{3-1}	D_2d^{2-2g}	D_2d^{2-2f}	D_2d^{2-2e}	D_2d^{2-2d}	D_2d^{2-2c}	D_2d^{2-2b}	D_2d^{2-2a}	D_2d^{2-1}	D_2d^{1-2}	D_2d^{1-1}
Sb	7.26	14.23	18.32	57.33	12.11	41.92	17.93	78.41	89.74	21.53	10.28	8.64
Hg	0.40	0.42	0.50	1.85	0.44	2.05	0.40	3.56	1.05	0.99	0.43	0.53
As	3.05	7.18	13.21	29.93	9.88	34.78	11.46	61.02	41.63	53.67	17.60	24.96

注：数据来源于贵州有色三总队

（2）各类岩石地球化学特征

矿区各类岩石地球化学含量如表 4 – 8，从表中可以看出：①不同岩性其 Sb、Hg、As 含量存在明显差异，说明元素的富集对岩性具有选择性；②各岩性元素含

量呈现为砂岩 > 灰岩、泥灰岩 > 泥岩、页岩，这可能与不同岩性的渗透性有关；
③Sb 与 Hg、As 呈正相关关系。

表 4 - 8　各岩性 Sb、Hg、As 含量特征(×10^{-6})

分类	灰岩	泥灰岩	石英砂岩	泥岩、页岩
Sb	24.98	29.19	59.56	13.97
Hg	0.63	0.89	2.18	0.40
As	13.57	17.63	48.88	7.80

注：数据来源于贵州有色三总队

(3)构造地球化学特征

矿区元素地球化学特征显示，切层断裂带与层间破碎带内 Sb、Hg、As 异常显
著(表 4 - 9)，其中断裂带与层间破碎带 Sb 分别是矿区地层 Sb 的 5.8 倍与 14.8
倍；Hg 分别为 4 倍与 3 倍；As 分别为 3.6 倍与 4.7 倍，这些特征表明，断裂构造
是元素富集的首要条件，这是因为切层断裂破碎带或层间破碎带(或称顺层断裂
破碎带)岩石破碎变形强烈，构造热动力集中，有利于成矿元素的活化、迁移、富
集，而层间破碎带内成矿元素富集高于切层断裂破碎带，亦证明层间破碎带或层
间剥离空间是矿区最为主要的赋矿构造。

表 4 - 9　巴年锑矿区 Sb、Hg、As 元素分布特征

分类	元素含量(×10^{-6})		
	Sb	Hg	As
矿区地层	28.86	1.02	23.72
断裂构造	168.03	4.19	84.31
层间破碎带	427.6	3.44	111.3
独山矿田	6.85	0.58	17.12

(注：数据来源于贵州有色三总队)

(4)土壤地球化学异常特征

本区有中、强 Sb、As 异常和 Hg 异常，各元素异常中心分离，Sb、As 异常包
围 Hg 异常。异常以面状或其他不规则形状(港湾)分布。南北受 F_{204} 和 F_{211} 挟持，
东西受 F_{207} 和 F_{209} 断裂控制，异常面积约 0.6 km^2，主成矿元素 Sb 异常强度高(异
常平均值 155 ×10^{-6})，梯度变化明显(大于 17)，有多个浓集中心(最大值 4080

$\times 10^{-6}$)。其浓集中心预示着本区有 Sb、As 矿体的富集地段。

（5）岩石地球化学异常特征

岩石地球化学低缓 Sb 异常反映了矿床的矿化范围，原生晕在平面上呈椭圆状、等轴状等形态大面积分布。岩石地球化学低缓 Sb 异常在垂直断层方向由近及远相对富集顺序为 Hg - As - Sb（水平分布），平行于矿体厚度方向，由宽而窄的顺序为 Sb - As - Hg（垂直分布）。从图 4 - 18 中可以看出 Sb、As 内带裹紧矿体，中带圈出了矿化范围，而 Hg 在本区不明显，仅有局部高值区与矿体对应。

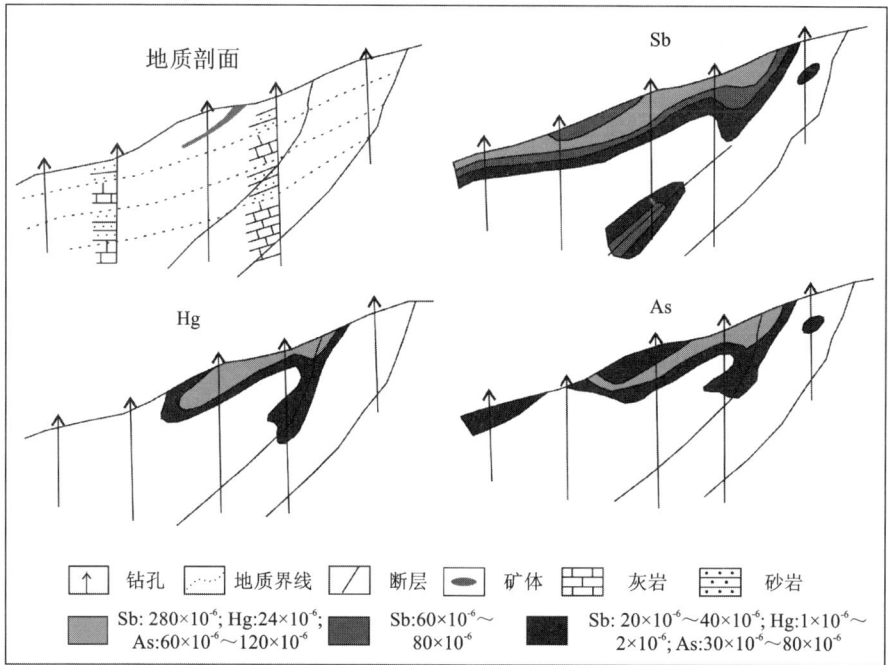

图 4 - 18　巴年锑矿 209 号地质地球化学剖面图

4.3　维寨锑矿床

4.3.1　矿区地质特征

（1）矿区地层

矿区内地层倾向变化不大，为一向南和南东倾的单斜构造，倾向 160°～170°，岩层倾角一般为 10°～25°。区内出露地层由新到老有：第四系（Q）、泥盆系下统丹林群（D_1dn）和志留系中–下统翁项群（$S_{1-2}wn$）。分述如下：

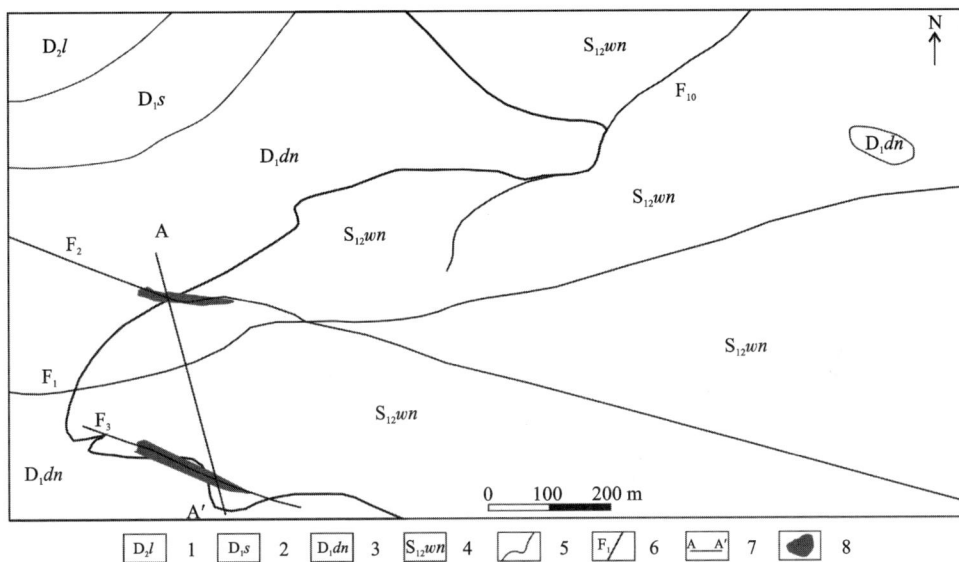

图 4–19 维寨锑矿床矿区地质简图

1—龙洞水组泥晶灰岩；2—舒家坪组含泥砂岩；3—丹林群泥质粉砂岩；4—翁项群壳相碎屑岩；5—地层界线；6—断层；7—勘探线位置；8—矿体

第四系（Q）：主要分布于坡麓及山谷洼地地带，由黄色黏土及岩石碎块组成的残坡积层。岩石碎块以砂岩及石英砂岩最为常见，块度大小不等，厚 0 ~ 20 m，一般 1 ~ 10 m。

丹林群（D_1dn）：浅灰、灰褐色中厚层中粒至细粒石英砂岩、砂岩，偶夹薄层粉砂岩和泥质砂岩，厚度 >400 m，未见顶。

志留系中–下统翁项群（$S_{1-2}wn$）：灰绿色薄层粉砂质黏土岩夹浅灰色薄至中层粉砂岩和泥质砂岩，厚度 >430 m，未见底。

（2）矿区构造

矿区内发育有 F_1、F_2 和 F_3 三条断层，断层构造以层间压扭性断裂为特征，并伴随断层两盘地层形成牵引褶曲，致使局部岩层倾角变陡；其主体构造线呈近东西向，因受到断层的影响，地层产状局部有所变化。断层特征叙述如下：

F_1：位于矿区中部，属逆断层，走向近东西向。区内出露长约 973 m，倾向 330° ~ 20°，倾角 57° ~ 79°，平均倾角 60°，南盘相对下降，北盘上升，断层破碎带宽 0.3 ~ 1.9 m，见方解石化、黄铁矿化、硅化等蚀变，方解石呈脉状充填于节理、裂隙中，该断层控制着维寨 Ⅰ、Ⅵ、Ⅶ号锑矿体的展布方向，为区内的主要含矿断层。

F₂：位于矿区中部，属正断层，走向北西西—南东东向。区内出露长约1000 m，倾向350°~55°，倾角54°~81°，平均倾角57°。南西盘相对上升，北东盘下降，断层破碎带宽0.2~0.8 m，见方解石化、黄铁矿化、硅化等蚀变，该断层控制着维寨Ⅲ、Ⅳ号锑矿体的展布方向，为区内的含矿断层。

F₃：位于矿区西部，F₁断层次级构造，为正断层，走向北西—南东向，走向长约160 m，倾向25°~30°，倾角61°~66°，平均倾角65°，南西盘相对上升，北东盘下降。破碎带宽0.2~0.5 m，见方解石化、黄铁矿化、硅化等蚀变，该断层控制着维寨Ⅱ、Ⅴ、Ⅶ号锑矿体的展布方向，为区内的含矿断层。

综上所述，矿区层间压扭性断裂构造较发育，破碎带内岩石较破碎，构造复杂程度属中等（见表4-10）。

区内未发现岩浆岩及区域变质岩。

表4-10　维寨锑矿断层特征一览表

断层编号	性质	长度/km	产状			备注
			走向	倾向/(°)	倾角/(°)	
F₁	逆断层	0.97	近 EW	330~20	57~79	区域性构造
F₂	正断层	1.00	NWW	350~55	54~81	
F₃	正断层	0.16	NW	25~30	61~66	

4.3.2　矿体地质特征

维寨矿床主要赋矿地层为丹林组（D_1d）及翁项组（$S_{1-2}wn$），其岩性主要为碎屑岩。矿区内发育有F₁、F₂和F₃三条断层，其主体构造线呈近东西向，断层构造以层间压扭性断裂为特征，并伴随断层两盘地层形成牵引褶曲，致使局部岩层倾角变陡，这三条断层控制了矿体分布。

根据探矿巷道及地表工程揭露，在工作区共圈出8个锑矿体，本次新圈定了Sb-Ⅱ、Sb-Ⅴ、Sb-Ⅵ、Sb-Ⅶ号4个矿体。矿体主要分布在F₁、F₂、F₃断层控制的矿区西部一带，其中以Sb-Ⅰ、Sb-Ⅴ、Sb-Ⅵ号矿体规模最大，其余矿体次之，采矿权标高范围内矿床平均品位4.41%。矿体特征分别叙述如下：

Sb-Ⅰ号锑矿体，为矿床内的主矿体，位于F₁含矿断裂带内，矿体形态：矿体长138 m，真厚0.80~1.14 m，平均1.01 m，厚度变化系数10%，厚度变化不大，稳定。矿石单样品2.33%~6.42%，矿体平均品位4.25%，品位变化系数为23%，Sb品位变化不大，有用组分分布均匀。矿体产状与断层产状基本一致，受

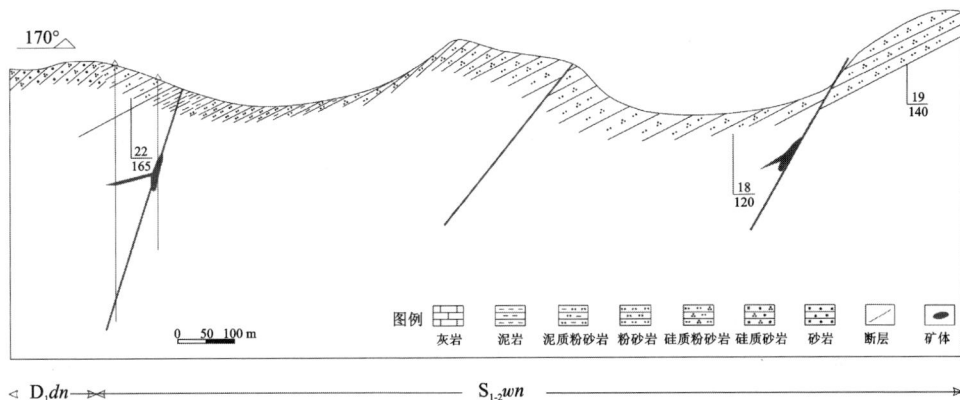

图 4 - 20　维寨锑矿床 A - A′勘探线剖面图

F_1 断层控制, 赋矿层位为丹林群(D_1dn)地层, 含矿岩石主要为石英砂岩及砂岩。走向近东西向, 倾向 330°~20°, 倾角 57°~79°, 平均倾角 60°, 矿体呈脉状、条带状沿断裂带充填富集, 沿走向逐渐尖灭, 该矿体。

$Sb - Ⅱ$ 号锑矿体, 位于矿区西部矿界附近, 由 PD706 控制。标高 664.72 m (该矿体位于采矿权标高 700~900 m 外), 埋深 140.28~189.28 m; 矿体形态: 矿体长 45 m, 真厚 1.26~1.94 m, 平均 1.59 m, 厚度变化系数 14%, 厚度变化较小, 稳定。矿石品位: 单样品位 2.33%~28.84%, 工程平均品位 3.75%~27.56%, 矿体平均品位 10.66%, 品位变化系数为 70%, Sb 品位变化较大, 有用组分分布较均匀。矿体产状受 F_3 断层次级构造控制, 产状与断层层间破碎带产状一致, 赋矿层位为丹林群(D_1dn)地层, 含矿岩石主要为砂岩。走向东西向, 倾向南, 平均倾角 14°, 矿体呈似层状沿断层层间破碎带充填富集。

$Sb - Ⅲ$ 号锑矿体, 位于 F_2 含矿断裂带内, 由 LD4、PD1 和 PD2 工程控制。标高 745~852 m, 埋深 0.0~89.2 m; 矿体形态: 矿体长 117 m, 真厚 0.93~1.41 m, 平均 1.18 m, 厚度变化系数 17%, 厚度变化较小, 稳定。矿石品位: 单样品位 3.25%~7.01%, 工程平均品位 3.74%~5.76%, 矿体平均品位 4.76%, 品位变化系数为 17%, Sb 品位变化不大, 有用组分分布均匀。矿体产状与断层产状基本一致, 受 F_2 断层控制, 赋矿层位为丹林群(D_1dn)地层, 含矿岩石主要为砂岩。走向北西—南东向, 倾向 350°~55°, 倾角 54°~81°, 平均倾角 57°, 矿体呈脉状、条带状沿断裂带充填富集。

$Sb - Ⅳ$ 号锑矿体, 位于 F_2 含矿断裂带中, 由 PD1 控制。矿体标高 723~763 m, 埋深 37.5~101.8 m; 矿体形态: 矿体长 64 m, 真厚 0.93~1.19 m, 平均

1.06 m，厚度变化系数10%，厚度变化较小，稳定。矿石品位：单样品位3.41%~5.38%，工程平均品位4.47%~5.03%，矿体平均品位4.72%，品位变化系数为5%，Sb品位变化较小，有用组分分布均匀。矿体产状与断层产状基本一致，受F_2断层控制，赋矿层位为丹林群（D_1dn）地层，含矿岩石主要为砂岩。走向北西—南东向，倾向350°~55°，倾角54°~81°，平均倾角57°，矿体呈脉状、条带状沿断裂带充填富集。

Sb–Ⅴ号锑矿体，位于矿区西部矿界附近，由PD770巷道控制。标高776~783 m，埋深27.0~111.0 m；矿体形态：矿体长126 m，真厚1.27~2.35 m，平均1.79 m，厚度变化系数23%，厚度变化较小，稳定。矿石品位：单样品位1.21%~21.11%，工程平均品位1.21%~12.55%，矿体平均品位4.83%，品位变化系数为57%，Sb品位变化较小，有用组分分布均匀。矿体受F_3断层次级构造控制，产状与断层层间破碎带产状一致，赋矿层位为丹林群（D_1dn）地层，含矿岩石主要为砂岩。走向南西—北东向，倾向近南，平均倾角12°，矿体呈似层状沿断层层间破碎带充填富集，该矿体为矿床内的主矿体。

Sb–Ⅵ号锑矿体，位于矿区中部，由ZK615、ZK717、ZK815控制。标高454~484 m（该矿体位于采矿权标高900~700 m范围外），埋深226~258 m；矿体形态：矿体长102 m，真厚1.07~2.82 m，平均2.05 m。厚度变化系数36%，厚度变化较小，稳定。矿石品位：单样品位0.61%~26.77%，工程平均品位5.05%~10.22%，矿体平均品位8.40%。品位变化系数为27%，Sb品位变化较小，有用组分分布均匀。矿体受F_1断层次级构造控制，产状与断层层间破碎带产状一致，赋矿层位为丹林群（D_1dn）、翁项群（$S_{1-2}wn$）地层，含矿岩石主要为砂岩。走向南西—北东向，倾向近南，平均倾角33°，矿体呈似层状沿断层层间破碎带充填富集，该矿体为矿床内的主矿体。

Sb–Ⅶ号锑矿体，位于矿区西部，由ZK302单工程控制。标高290~292 m（该矿体位于采矿权标高900~700 m范围外），埋深573~575 m；矿体形态：矿体长40 m，真厚1.55 m，矿体平均品位4.82%，矿体受F_3断层次级构造控制，产状与断层层间破碎带产状一致，赋矿层位为翁项群（$S_{1-2}wn$）地层，含矿岩石主要为砂岩、黏土质砂岩。走向北西—南东向，倾向160°~170°，平均倾角31°，矿体呈似层状沿断层层间破碎带充填富集。

Sb–Ⅷ号锑矿体，位于矿区中部，由BT4单工程控制。标高792~833 m，埋深0.00~26.00 m；矿体形态：矿体长26m，真厚1.20 m，矿体平均品位3.63%，矿体产状与断层产状基本一致，受F_1断层控制，赋矿层位为丹林群（D_1dn）地层，含矿岩石主要为砂岩。走向近东西向，倾向330°~20°，倾角57°~79°，平均倾角60°，矿体呈脉状、条带状沿断裂带充填富集。

4.3.3 矿石特征

（1）矿石矿物组成

维寨锑矿床矿石的矿物组分比较简单，以辉锑矿为主，次为锑华及锑赭石等，脉石矿物以石英为主，次为方解石、黄铁矿、少量白云石和极少量的黏土矿物等。

①辉锑矿：铅灰色，金属光泽，晶形以柱状为主，可见针状、板柱状、放射状、毛发状、星点状及不规则状晶形。常以集合体形式组成锑矿石。

②锑华、锑赭石：均为辉锑矿风化的产物，呈黄色、褐色、白色粉末状，局部见辉锑矿假象。

③石英：石英为矿石中最主要的脉石矿物。明显有两期：①沉积成岩期石英主要特征是生成石英碎屑外的次生加大边；②再造热液期石英以微细粒它形或隐晶质集合体产出，与辉锑矿共生，关系密切。

④方解石及白云石：二者皆为再造热液期产物，常以脉状、团块状出现，与辉锑矿共生，为次要脉石矿物。

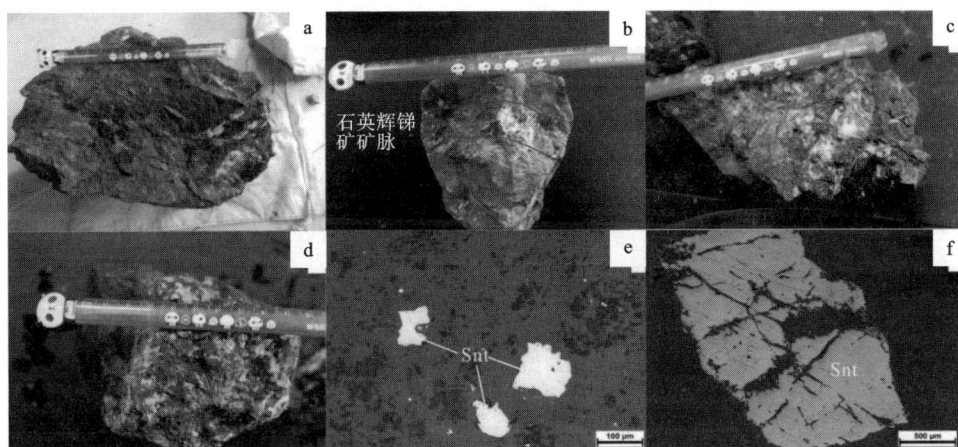

图 4 – 21　维寨锑矿床矿石组构特征

a—块状矿石；b—脉状矿石；c—角砾状矿石；d—放射状矿石；e—半自形 – 它形辉锑矿（ - ）；f—柱状辉锑矿（ - ）；Snt—辉锑矿

⑤黄铁矿：黄铁矿明显有两期：①沉积成岩期黄铁矿见于泥质粉砂岩中，沿微细节理分布，或产于石英砂岩杂基、岩屑颗粒及砂岩空隙中，呈星点状或立方晶体分布，与辉锑矿不共生。②热液期黄铁矿以五角十二面体、立方体多见。粒径 $0.05 \sim 0.1$ mm，呈脉状或浸染状集合体产出，还可见到黄铁矿胶结构造岩中的

角砾呈不规则脉状。黄铁矿在矿石中含量很少，且多分布在矿体边部，很少与辉锑矿在一起共生。经扫描电镜分析黄铁矿中含 Fe：45.14%～45.69%，S：54.31%～54.86%，单矿物黄铁矿中可含微量的金。

矿石化学组成：维寨锑矿化学组分主要为金属元素锑。Ⅰ号矿体品位为0.29%～7.88%，平均2.46%；Ⅱ号矿体品位为0.32%～9.93%，平均品位为3.68%；Ⅲ号矿体品位为1.16%～3.81%，平均品位为2.92%；全矿区锑品位为：0.27%～15.89%，平均3.20%。

（2）矿石结构

①自形－半自形结构　辉锑矿呈针状、柱状的自形－半自形晶嵌布在裂隙中。

②它形－半自形晶粒结构　矿石中既有半自形辉锑矿晶体，又有不规则粒状辉锑矿。

③交代结构、交代残余结构　镜下可见辉锑矿交代石英，方解石交代石英等形成的交代、交代残余结构。

（3）矿石构造

①脉状构造　辉锑矿充填于裂隙中形成脉状构造。主要分布于断层上、下盘及断层间影响带内。

②网脉状构造　辉锑矿充填于节理裂隙中，交叉呈网脉状。多分布生长在多期次活动构造带中。

③浸染状构造　辉锑矿呈细小颗粒，星散分布于脉石中，形成浸染状构造。按矿石中金属矿物的多少，可分为稀疏浸染状和稠密浸染状构造。

④放射状构造　辉锑矿以长柱状、针状或毛发状集合体呈放射状分布于微裂隙中，多半在矿体边缘出现，一般矿化较弱。

（4）矿石类型

①脉状矿石：由细脉或不规则网脉状辉锑矿组成的矿石。

②浸染状矿石：由浸染状或不规则网脉状的辉锑矿组成。

③星点状矿石：由呈细小星点状分布于脉石或蚀变岩中的辉锑矿组成。

不同的构造矿石类型分布具有一定规律性：脉状矿石主要分布在断裂带旁侧细小裂隙及节理发育地段，浸染状矿石分布在矿体边部，或矿体附近的矿化体中。

4.3.4　围岩蚀变

矿床围岩蚀变较简单，交代作用不明显，多属近矿围岩蚀变，主要有以下几种类型：

（1）硅化是维寨锑矿最主要的围岩蚀变类型，伴随浅色化或深色化，辉锑的近矿围岩为翁向群含泥质生物碎屑灰岩、含泥粉砂岩、含泥质砂岩等。SiO_2 含量较高，蚀变过程中，改造热液从断裂带进入两旁围岩形成似"次生石英岩"状蚀变岩；随着蚀变作用加强，富含 SiO_2 的改造热液可形成微细石英脉穿插、充填、再熔蚀交代构造岩；到晚期强烈的硅化可形成粗大的石英脉。硅化一般可分为两期，早期形成微细石英脉，晚期形成粗大的石英脉或团块，二期均与矿化关系密切。

（2）碳酸盐化：主要为方解石化，次为白云石化。以自形－半自形方解石交代、充填围岩及早期形成的构造岩，与锑矿化有关。白云石化少量，主要呈细脉充填于节理、裂隙中。

（3）黄铁矿化：可分为两期。早期呈立方体的黄铁矿晶体充填于裂隙中，聚集成脉状体，或星点状分布于围岩及断裂构造岩中，主要分布在矿体的中下部，晚期黄铁矿化以五角十二面体和立方体黄铁矿呈脉状穿插于构造岩及围岩中，分布在矿体中上部；两期黄铁矿均与辉锑矿化有关。黄铁矿化一般分布在矿体的边部、尖灭部位或矿体由贫变富地段，偶见黄铁矿与辉锑矿共生。黄铁矿化与锑矿化一般互为消长关系。

（4）绢云母化：主要发生在泥质岩、粉砂岩中，由黏土矿物重结晶而成鳞片状绢云母。此外，断裂带中的构造角砾岩普遍发生浅色化（浅白色），而在矿体附近则多发生深色化（黑色）。即矿化与深色化密切相关。

矿床的围岩蚀变分带不明显，通常在矿体富厚的构造岩中硅化强烈，出现白色石英脉体或块体。而在矿体尖灭部位和矿体的上下盘，以碳酸盐化较发育，黄铁矿化发育在矿体周围，与矿体有一定距离。

4.3.5　地球化学特征

（1）岩矿石元素组合特征

根据表 4 – 11，维寨锑矿床辉锑矿矿石样中 SiO_2 和 Al_2O_3 的平均含量相对较高，分别为 70.56% 和 9.94%，其他主量元素与巴年、半坡锑矿床平均含量相差不大（CaO 除外）。根据表 4 – 12，维寨辉锑矿矿石样中 Sb 元素平均含量 >85.69 $\times 10^{-6}$；XRF 测试 Sb 所得含量较高。与巴年、半坡锑矿床的辉锑矿矿石样相比，明显更富集 Hg、Pb、Zn、Mo 和 Cd 元素，平均含量分别为 6.60×10^{-6}、25.82×10^{-6}、63.81×10^{-6}、11.98×10^{-6} 和 3.32×10^{-6}。

表 4 – 11　维寨对比巴年、半坡锑矿床不同岩性中主量元素平均含量（10^{-6}）

矿床 – 矿石类型	样品数	SiO$_2$	Al$_2$O$_3$	Fe$_2$O$_3$	Na$_2$O	K$_2$O	CaO	MgO
维寨 – 辉锑矿矿石	6	70.56	9.94	2.90	0.19	2.34	2.19	1.15
巴年 – 辉锑矿矿石	8	63.17	3.67	2.20	0.13	0.69	12.02	2.02
半坡 – 辉锑矿矿石	18	70.54	3.74	1.02	0.11	0.65	2.37	0.85

表 4 – 12　维寨对比巴年、半坡锑矿床不同岩性中微量元素平均含量（10^{-6}）

矿床 – 矿石类型	样品数	Sb	Hg	As	Pb	Zn	Cu	Mo	Cd	Au	样品数	电 Sb	XRF 测 Sb
维寨 – 辉锑矿矿石	6	>85.69	6.60	62.21	25.82	63.81	21.17	11.98	3.32	5.88	6	3166.21	33828.00
巴年 – 辉锑矿矿石	8	>103.63	3.67	175.51	16.63	32.77	34.48	3.18	1.81	2.93	8	345.89	11757.50
半坡 – 辉锑矿矿石	18	>377.48	>2.30	24.55	12.14	14.59	38.73	4.74	<1.55	12.68	15	1640.57	31108.13

（2）土壤地球化学测量

前人在维寨锑矿 A 区开展 1 : 5000 断层带土壤地球化学测量及开展部分钻孔的岩石化探测量工作。比例尺均为 1 : 5000，测点网度 60 m × 20 m，测量面积 5.0 km^2。测线方向基本垂直被探查的地质体的走向，圈定了 3 个锑异常 4 个浓集中心，异常呈带状、扁豆状、椭圆状追踪牛硐断层及其旁侧断裂展布，浓集中心显著，浓度分带清晰，其中 I – Sb、Ⅳ – Sb 浓集中心已有锑矿体产出，为矿致异常，Ⅱ – Sb、Ⅲ – Sb 浓集中心牛硐控矿断裂分布。

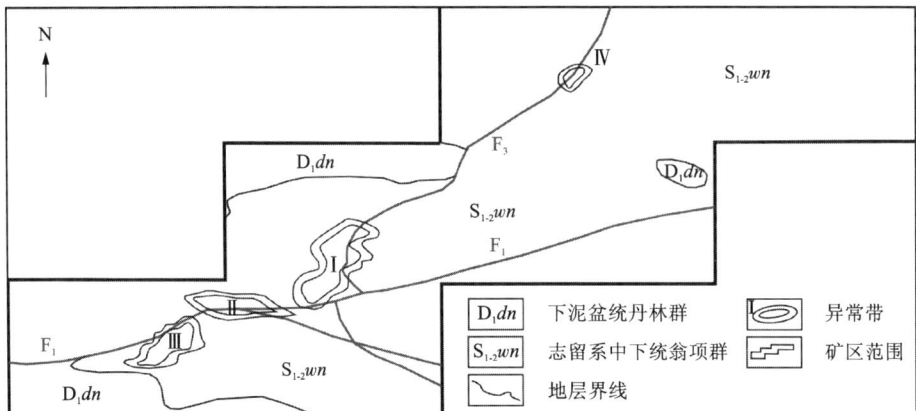

图 4 – 22　维寨锑矿 A 区土壤地球化学异常略图

综合分析各元素在地层中的分配及异常分布有如下特征：

(1)Sb 元素在靠近泥盆系丹林群地层($D_1 dn$)石英砂岩附近具有相对富集态势，而在志留系翁项群($S_{1-2} wn$)泥质粉砂岩、泥灰岩地层中则呈现均匀分布特点，由此说明区内元素分布受层位和岩性控制，石英砂岩是 Sb 元素富集的物质来源。

(2)异常展布受断裂控制明显。异常基本呈长带状、等轴状沿断裂带展布，在断裂构造带，其异常元素组分规模大，强度高，空间套合性好，浓集中心显著，浓度分带清晰，具高、大、全特点；远离断裂构造，异常则分布零星，规模小，强度弱。

第5章 成矿作用研究

5.1 成矿物质来源

据中国地质科学院在研究区采集地层地球化学样品分析可知(邓江, 2002), 本区的 Sb 元素在地层中浓集系数大于 1.5 的仅有下三叠统、中 – 下寒武统、上震旦统和下江群, 而赋矿地层志留系和中下泥盆统均为 0.05×10^{-6}, 低于上地壳丰度 0.2×10^{-6}, 显然围岩并非锑矿的主要成矿物质来源, 与以往的就地沉积改造的观点不一致。本次工作收集并测试分析 S、Pb、C – O、H – O、Rb – Sr 等同位素数据, 力求查明矿区成矿物质来源, 为探明本区成矿作用打下基础。

(1)S 同位素

表 5 – 1 中列出了矿田主要的矿床的硫同位素特征, 在区域上, 独山锑矿田从北至南(从半坡经甲拜至巴年), 辉锑矿的 $\delta^{34}S$ 值具有从正值过渡到负值的趋势(+5.2‰→ –3.7‰→ –4.4‰); 与辉锑矿共生的石英、方解石流体包裹体均一温度显示, 从半坡至巴年锑矿床, 成矿流体的温度有所降低, 可能反映了独山锑矿田成矿流体从北向南的运移方向。

表 5 – 1　独山锑矿带内代表性锑矿床辉锑矿硫同位素组成

矿床	赋矿层位	元素组合	$\delta^{34}S$(‰)		资料来源
			变化范围	平均值	
半坡	D_1	Sb	+ 3.4 – + 7.5	+ 5.2	崔银亮(39), 王学焜(32)
甲拜	D_2	Sb	– 9.2 – + 2.2	– 3.7	崔银亮(8)
巴年	D_2	Sb	– 6.3 – + 2.6	– 4.4	崔银亮(18), 王学焜(5), 沈能平(13)
蕊然沟	$S_{1-2}wn$	Sb	+ 3.7 – + 7.9	+ 6.6	崔银亮(11)

注: 资料来源中小括号里的数字为参加统计的样品数

众多研究成果表明, 热液矿床硫的来源可能有多种: ①$\delta^{34}S \approx 0$, 硫来自地幔和深部地壳, 硫同位素平均组成与陨石接近, 变化范围小, 塔式效应明显。②$\delta^{34}S \approx +20$‰; 硫来自大洋水和海水蒸发盐。③$\delta^{34}S$ 为较大的负值; 硫主要来自开放沉积条件下的细菌还原成因。④$\delta^{34}S$ = +5‰ ～ +15‰硫的来源比较复杂，多为混合来源。独山地区硫同位素 $\delta^{34}S$ 介于 -3.7‰ ～ +6.6‰，表明成矿流体中的硫来源比较复杂。

对比华南锑矿带内典型锑矿床和锑－金矿床辉锑矿的硫同位素组成（表5-2和图5-1），发现绝大多数矿床中辉锑矿的 $\delta^{34}S$ 值在 -10‰ ～ +10‰ 范围内变化。尤其值得注意的是，巴年锑矿床辉锑矿的硫同位素组成范围与那些硫源为岩浆岩的锑矿床（武宁驼背山、晴隆大厂、富源老厂）中辉锑矿及广西大厂锡多金属矿田中含锑硫化物的 $\delta^{34}S$ 值相近，指示了本区锑矿床成矿流体中的硫具岩浆硫源特征。此外，利用 Barnes 辉锑矿与 H_2S 的硫同位素分馏方程（$1000\ln\alpha_{Sb_2S_3 \cdot H_2S}$ = $-0.75 \times 10^6/T^2$）和流体包裹体均一温度（145℃），计算获得成矿流体中总硫的 $\delta^{34}S_{\Sigma S}$ 约为1.2‰，与地幔来源硫的同位素组成[(1.3 ± 3.8)‰]一致，进一步指示了独山地区的硫可能主要来源于深部。

表5-2　华南锑矿带内代表性锑矿床辉锑矿硫同位素组成(‰)

省份	序号	矿床	赋矿层位	元素组合	$\delta^{34}S$/‰ 变化范围	平均值	资料来源
广西	1	马雄	D_1	Sb	+3.6 ～ +7.7		杨春林(15)，袁万春等(?)
江西	2	驼背山	ϵ_3	Sb	-4.8 ～ -0.9	-3.4	高奉林(8)
贵州	3	巴年	D_2	Sb	-6.3 ～ +2.6	-4.4	崔银亮(18)，王学焜(5)，沈能平(13)
	4	半坡	D_1	Sb	+3.4 ～ +7.5	+5.2	崔银亮(39)，王学焜(32)
	5	甲拜	D_2	Sb	-9.2 ～ +2.2	-3.7	崔银亮(8)
	6	蕊然沟	S_{1-2}	Sb	+3.7 ～ +7.9	+6.6	崔银亮(11)
	7	晴隆大厂	P_1	Sb	-5.0 ～ +2.3		廖善友和胡涛(17)，陈代演(18)，刘文均(14)，叶造军，张国林(30)，格西(4)

续表 5 - 2

省份	序号	矿床	赋矿层位	元素组合	$\delta^{34}S/‰$ 变化范围	$\delta^{34}S/‰$ 平均值	资料来源
湖南	8	板溪	Pt_3	Sb – Au	+1.1 ~ +6.6		鲍振襄(18)，罗献林(18)
	9	符竹溪	Pt_3	Au – Sb	−7.3 ~ −3.6	−5.7	鲍振襄(2)，姚振凯(2)
	10	柑子园	O_1	Sb – Zn	+3.1 ~ +5.0	+3.7	鲍振襄(5)
	11	合心桥	Pt_2	Sb – Au	−0.7 ~ +1.5	+0.4	鲍振襄(2)
	12	龙山	Z_1	Sb – Au	−2.1 ~ +1.2	−0.4	罗献林(14)
	13	龙王江	Pt_3	Au – Sb – As	−12.0 ~ −2.2		鲍振襄(5)，鲍振襄(8)
	14	同心		Sb – Au	+0.2 ~ +2.4	+1.4	鲍振襄(5)
	15	沃溪	Pt_3	Au – Sb – W	−8.6 ~ +3.5		鲍振襄(20)，罗献林(5)，刘建明等(6)，鲍振襄等(25)，顾雪祥等(18)
	16	西冲	Pt_2	Au – Sb – W	−14.3 ~ +3.7		鲍振襄(7)，鲍振襄等(8)
	17	锡矿山	$D_3 – D_2$	Sb	−3.3 ~ +16.8		文国璋等（20），金景福等（127），陶琰等(387)
	18	小牛头寨	Z_2	Sb	+1.3 ~ +2.7	+1.9	罗献林(3)
	19	羊皮帽	$Pt_3 – Z$	Sb – Au	+0.6 ~ +5.2	+2.4	鲍振襄(6)
	20	渣滓溪	Pt_3	W – Sb	+4.2 ~ +11.8		鲍振襄(27)，鲍振襄(20)
云南	21	理达	ϵ_2	Sb	−7.5 ~ −2.0	−4.8	陈代演(2)
	22	富源老厂	P_2	Sb	−6.7 ~ −1.5	−3.3	陈代演(7)
	23	革当、九克等	D_1	Sb	+9.5 ~ +13.5	+11.9	陈代演(10)
	24	木利	D_1	Sb	−26.0 ~ +3.8		陈代演(13)，刘文均(9)，王林江(13)，格西(9)
	25	小锡板	D_1	Sb	+2.8 ~ +5.4	+4.1	陈代演(2)

注：资料来源中小括号里的数字为参加统计的样品数

（2）Pb 同位素

收集半坡和巴年辉锑矿样品的铅同位素组成并列于表 5 - 3。结果显示，辉锑矿铅同位素组成变化范围较窄：$^{206}Pb/^{204}Pb$ 为 18.561‰ ~ 19.593‰，平均

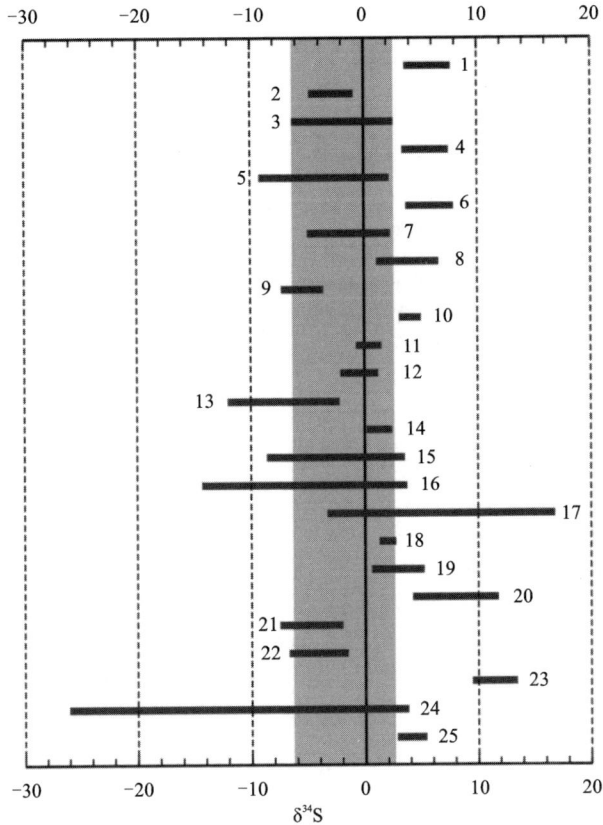

图 5 - 1　华南锑矿带内典型锑矿床中辉锑矿硫同位素组成对比

注：数字对应于表 5 - 2 中序号所代表的矿床

18.902‰；^{207}Pb/^{204}Pb 为 15.656‰ ~ 15.793‰，平均 15.730‰；^{208}Pb/^{204}Pb 为 38.573‰ ~ 39.828‰，平均 39.193‰。在 Zartman 和 Doe 铅构造模式图解中 （图 5 - 2a），巴年辉锑矿样品的铅同位素组成均位于上地壳和地幔的铅演化线之 间，表明辉锑矿中的铅主要来自上地壳与地幔的混合。独山矿田铅源区的（μ 值）^{238}U/^{204}Pb 变化范围为 9.58 ~ 9.75（平均 9.67），均大于地球正常 μ 值（9.58）， 具高放射成因壳源铅特征；其模式 Th/U 比值为 3.65 ~ 3.92（平均 3.81），绝大部 分低于全球上地壳平均值 3.88，但均大于中国大陆上地壳平均值 3.47；其 ^{232}Th/^{204}Pb（ω 值）变化范围为 36.68 ~ 39.38（平均 38.11），绝大部分高于地球正 常值（36.5），表明辉锑矿中的铅可能来自富铀 - 钍 - 铅源区。

　　根据朱炳泉等提出的公式，计算出巴年锑矿床矿石铅的同位素特征值 （表 5 - 3），其 V_1 和 V_2 值变化范围分别为 68.78 ~ 92.34（平均 80.80）和 57.69 ~

92.05（平均70.80），落入华南富钍铅与铀铅省的 V_1 和 V_2 值范围内（朱炳泉，1998）。其 $\Delta\beta$ 和 $\Delta\gamma$ 值的变化范围分别为24.60～28.91（平均26.63）和35.04～52.05（平均43.96），μ 值和 ω 值同样具有很宽的变化范围，样品线性分布特征不明显，为典型壳－幔混合铅，同样指示成矿物质的"多源性"。在矿石铅同位素的 $\Delta\gamma$－$\Delta\beta$ 成因分类图解（图5－2b）中，矿石铅落在上地壳源铅和上地壳与地幔混合的俯冲带岩浆作用铅范围内。这一特征与华南的区域性铅特征（壳源与壳幔俯冲带混合型铅）一致（朱炳泉，1998）。

表5－3　巴年锑矿床辉锑矿铅同位素组成及其特征值

矿床	样品号	$^{206}Pb/^{204}Pb/‰$	$^{207}Pb/^{204}Pb/‰$	$^{208}Pb/^{204}Pb/‰$	T /Ma	V_1	V_2	Th/U	μ	ω	$\Delta\beta$	$\Delta\gamma$
半坡	BP10	19.415	15.788	39.705	-327	89.21	92.05	3.77	9.74	37.92	30.15	65.41
	BP11	19.593	15.797	39.828	-448	92.34	90.61	3.73	9.75	37.56	30.74	68.71
	BP22	19.093	15.722	39.522	-177	75.66	76.82	3.84	9.64	38.28	25.84	60.5
	BP2－2－1	18.689	15.695	38.935	10	78.43	62.94	3.81	9.62	37.9	24.08	44.75
	BP2－3－2	18.69	15.656	38.913	133	77.92	62.35	3.79	9.58	37.44	21.54	44.16
	BP2－6－1	19.099	15.719	39.599	-186	86.42	76.19	3.87	9.63	38.51	25.65	62.57
	BP2－8－2	19.297	15.738	39.596	-307	77.40	86.35	3.78	9.65	37.65	26.89	62.49
	BP2－10－1	19.216	15.755	39.778	-224	80.30	80.75	3.89	9.69	38.92	28	67.37
巴年	DSW－2	18.914	15.764	38.766	8	80.12	77.39	3.65	9.73	36.68	28.58	40.21
	DSW－3	18.653	15.705	38.573	122	68.78	65.42	3.69	9.64	36.73	24.73	35.04
	BNS－1	18.561	15.704	38.862	187	73.39	57.69	3.85	9.65	38.40	24.67	42.79
	BNS－2	18.654	15.707	39.154	124	82.8	59.07	3.92	9.65	39.09	24.86	50.63
	BNS－3	18.654	15.703	39.15	119	82.71	59.02	3.92	9.64	39.04	24.60	50.52
	BNY－1	18.678	15.707	39.034	107	80.53	61.58	3.86	9.65	38.48	24.86	47.41
	BNY－2	18.642	15.726	38.902	156	76.43	61.71	3.83	9.69	38.32	26.10	43.86
	BNY－3	18.701	15.724	39.132	111	83.48	62	3.89	9.68	38.91	25.97	50.04
	BNY－4	18.743	15.766	39.207	133	86.36	64.17	3.91	9.75	39.38	28.71	52.05
	BPG－4	18.944	15.763	38.819	-15	82.17	78.25	3.65	9.73	36.72	28.52	41.64

注：参数使用 GeoKit 软件包计算，T 取 130 Ma。半坡数据来自肖宪国；巴年数据来自沈能平

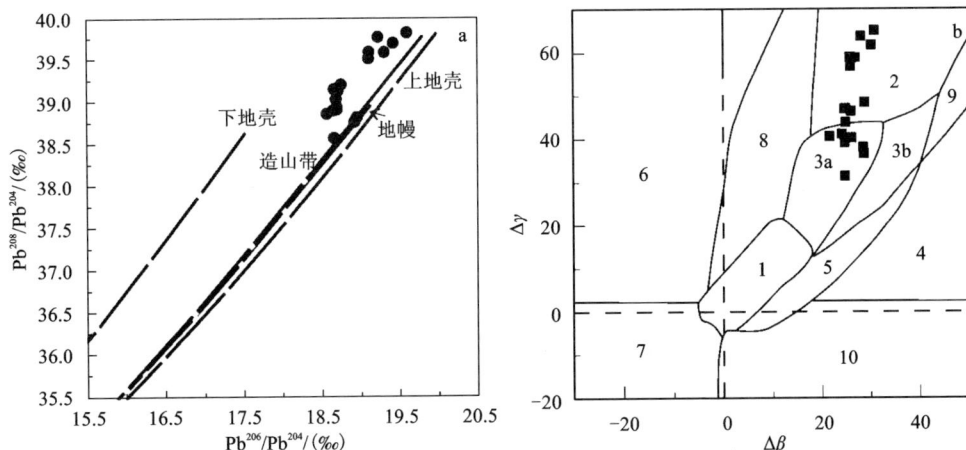

图 5 - 2　巴年锑矿床辉锑矿铅同位素的 Δγ - Δβ 成因分类图解(底图据朱炳泉等)

1—地幔源铅；2—上地壳源铅；3—上地壳与地幔混合的俯冲带铅(3a. 岩浆作用；3b. 沉积作用)；4—化学沉积型铅；5—海底热水作用铅；6—中深变质作用铅；7—深变质作用下地壳铅；8—造山带铅；9—古老页岩上地壳铅；10—退变质作用铅

（3）C - O 同位素

本次 C、O 同位素测试在贵州同微测试科技有限公司进行，使用仪器为 GasBench Ⅱ - IRMS, Delta V Advantage 检测器(美国 Thermo Fisher 公司)，测试对象为方解石单矿物。

分析方法：首先将碳酸盐样品加入反应瓶(Labco Exetainer, 12 mL)，密闭，用高纯 He 气(纯度 > 99.999%, 流速 100 mL/min)对样品瓶进行排空处理，去除瓶内空气对样品 C、O 同位素比值测定的影响。随后向每个顶空样品瓶中注入 7 ~8 滴无水磷酸(德国 Merk)，碳酸盐与磷酸在 75℃ 下反应 45 min 所释放出的 CO_2 会流经加热至 75℃ 的气相色谱柱而与其他杂质气体得到分离。分离后的 CO_2 由氦气带入 Delta V Advantage 同位素质谱仪进行检测。

$\delta^{13}C_{CaCO_3}$ 值以 PDB 国际标准作为参考标准，$\delta^{13}C_{CaCO_3}$ 值按以下公式计算：

$$\delta^{13}C \text{ 值}(\%) = \left[\frac{R(^{13}C/^{12}C_{sample})}{R(^{13}C/^{12}C_{VPDB})} - 1\right] \times 1000$$

式中，$R(^{13}C/^{12}C_{VPDB})$ 为国际标准物 VPDB(Vienna Peedee Belemnite)的碳同位素丰度比值。$\delta^{13}C_{CaCO_3}$ 值的分析精度为 ±0.2‰。

$\delta^{18}O_{CaCO_3}$ 值以 PDB 国际标准作为参考标准，$\delta^{18}O_{CaCO_3}$ 值按以下公式计算：

$$\delta^{13}O \text{ 值}(\%) = \left[\frac{R(^{18}O/^{16}O_{sample})}{R(^{18}O/^{16}O_{VPDB})} - 1\right] \times 1000$$

为了便于比较，O 同位素用 Friedman 等的平衡方程，$\delta^{18}O_{V-SMOW} = 1.03086 \times \delta^{18}O_{V-PDB} + 30.86$，转换成以 SMOW 标准表示，在表中列出独山锑矿田中主要锑矿床的 C、O 同位素组成。

样品的 $\delta^{13}C_{V-PDB}$ 值为 $-3.0‰ \sim -0.1‰$，平均值为 $-1.0‰$，$\delta^{18}O_{V-SMOW}$ 值为 $9.3‰ \sim 15.0‰$，平均值为 $12.2‰$。在自然界几个主要碳储库中，有机物的 $\delta^{13}C_{V-PDB}$ 平均值为 $-27‰$（Schidlowski M，1998），火成岩、岩浆系统的 $\delta^{13}C_{V-PDB}$ 值为 $-3‰ \sim -30‰$，地幔的 $\delta^{13}C_{V-PDB}$ 值为 $-7‰ \sim -5‰$，典型海相碳酸盐岩的 $\delta^{13}C_{V-PDB}$ 值为 $\pm 2‰$（Hoefs J，1997），且在成岩过程中基本保持不变（郑永飞，2000）。本区 $\delta^{13}C_{V-PDB}$ 值处于同时在火成岩、岩浆系统中，同时在 C、O 同位素图解中（图 5-3），部分样品点落在花岗岩区，部分样品落在靠近花岗区的位置，显示了方解石的形成与岩浆作用密切相关。C、O 同位素分馏主要受控于以下三个机理：CO_2 去气；流体混合；水岩反应（Zheng，1990；Zheng，1993）。从表 5-4 和图 5-3 中可以看出区内的 C、O 同位素值组成明显分成两个部分，所以可以推断流体混合的可能性较大，综合认为方解石的形成与岩浆作用有关，其来源具有混合来源。

表 5-4　独山锑矿田中主要锑矿床 C、O 同位素特征(‰)

序号	样品名	$\delta^{13}C_{V-PDB}$	$\delta^{18}O_{V-PDB}$	$\delta^{18}O_{V-SMOW}$	矿区	数据来源
1	BP01	-2.1	-17.3	13.1	半坡	本次工作
2	BP02	-2.9	-16.6	13.7		
3	BP03	-3.0	-15.4	15.0		
4	BP04	-1.6	-20.9	9.3		
5	BP05	-1.2	-20.7	9.5		
6	WZ11	-1.4	-20.8	9.4	维寨	
7	WZ12	-1.3	-20.7	9.6		
8	WZ13	-1.9	-17.0	13.3		
9	WZ14	-2.1	-16.9	13.4		
10	WZ15	-1.8	-17.2	13.2		
11	BN26	-0.9	-17.8	12.5	巴年	王加昇
12	BN9-2	-0.5	-17.4	12.9		
13	CW12	-0.1	-18.0	12.3		崔银亮
14	BN-02	0.1	-18.2	12.1		
15	INC2	-0.3	-16.7	13.6		

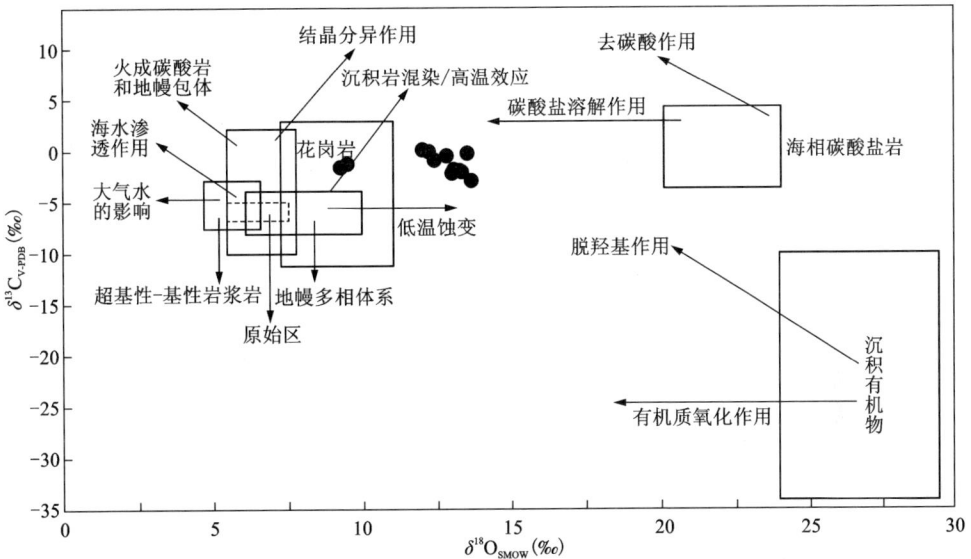

图 5-3 C、O 同位素图解(底图据周家喜,2012)

(4)H-O 同位素

从表 5-5 中可以看出本区脉石矿物(石英或方解石)δD_{V-SMOW} 为 $-82.8‰\sim$ $-41.5‰$,$\delta^{18}O_{V-SMOW}$ 为 $8.8‰\sim15.6‰$,均属于正常岩浆水的范围(Shepherd,1986;郑永飞,2000);石英的 $\delta^{18}O_{H_2O}$ 在利用 Clayton et al(1972)和 Blather et al (1975)提出的石英与水体系同位素平衡方程计算:

$$\delta^{18}O_Q - \delta^{18}O_{H_2O} \approx 3.65 \times 10^6/T^2 - 2.59 \times 10^3/T (适用于 T = 100\sim200℃)$$

其中 T 为成矿温度,计算结果为 $-5.88‰\sim-0.71‰$。

表 5-5 矿床氢、氧同位素组成分析结果

矿区	样品编号	矿物	δD_{V-SMOW} /‰	$\delta^{18}O_{V-SMOW}$ /‰	$\delta^{18}O_{H_2O}$ /‰	成矿温度 /℃	资料来源
半坡	大9	石英	-82.8	11.79	-0.20	180	俸月星,1993
	大8	石英	-71.6	11.46	-3.27	168	
	大12	方解石	-67	13.67	-0.32	140	
	半-7	方解石	-41.5	14.70	0.71	140	
	大4	方解石	-48.9	14.36	0.37	140	

续表 5 – 5

矿区	样品编号	矿物	δD_{V-SMOW} /‰	$\delta^{18}O_{V-SMOW}$ /‰	$\delta^{18}O_{H_2O}$ /‰	成矿温度 /℃	资料来源
巴年	INC6	方解石	– 56.3	13.61	– 0.46	140	王学焜，1994
	INC7	方解石	– 50.7	12.26	– 1.79	140	
	INC2	方解石	– 56.3	8.11	– 5.88	140	
	Bn2	方解石	– 56.4	12.07	– 1.92	140	
维寨		石英	– 68.9	11.49	– 3.09	180	
		石英	– 67.5	20.00	– 2.57	185	

在 $\delta D - \delta^{18}O_{H_2O}$ 图解(图 5 – 4a)中，所有样品点均落入岩浆水与大气降水的过渡带中。说明成矿流体主要来源于岩浆水与大气降水的混合。大垄铅锌矿床流体的氧同位素落在花岗岩与雨水的范围内(图 5 – 4b)，与 $\delta D - \delta^{18}O_{H_2O}$ 图解得出的结论一致。

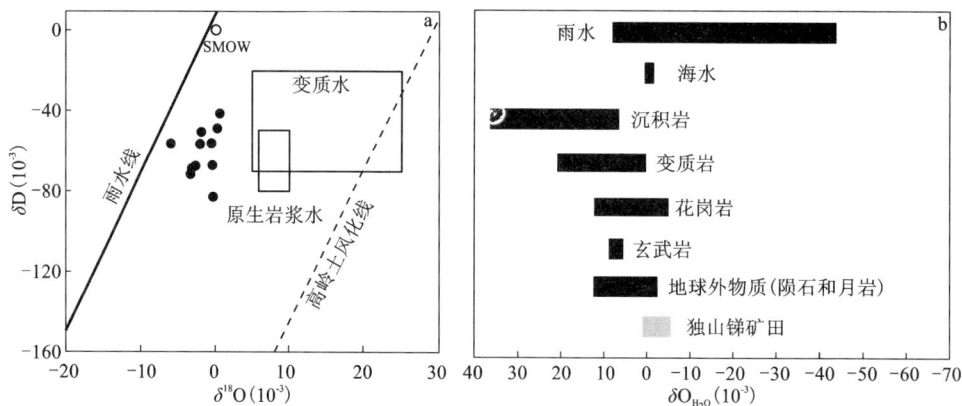

图 5 – 4　成矿流体的 $\delta D - \delta^{18}O_{H_2O}$ 图解(图 a，据 Sheppard，1986)和自然界不同地质体中氧同位素组成的变化范围解(图 b，据赖晓英，2010)

除了同位素特征以外，本区的一些证据也指示成矿物质来源具有深源的特征：一是通过本区的烂土断裂是三都断裂(深大断裂)在本区的延伸；二是深源物质的显示，据光谱分析资料，本区微量元素普遍含 V、Ti、Cr、Co、Mo 等深部元素和矿化剂元素 F、Cl，它们不属地壳元素和贯通元素，这也是深源的参考标志；三是据半坡锑矿床部分铅及构造蚀变岩石中的铅模式年龄小于 200 Ma，比围岩时代年轻，与成矿年龄接近，其铅源与燕山运动和构造热事件之深成作用有关，即从地幔(有一定水分、挥发分及许多金属等)的所谓"脱气作用",沿燕山运动活化深断裂形成一定数量含矿热气液由下而上运移与大气降水由上而下渗透汇合形成成矿溶液环流参加构造成矿作用,在地热增温和构造增温的热效应下,在构造动力驱使下,使其变成含矿热水溶液。

本区的成矿物质来源具有壳幔混合的特征,成矿流体来源于岩浆水与大气降水的混合,成矿作用与岩浆作用密切相关,虽然在本区内并未发现岩体的出露,但是从贵州省地质调查院重力及航磁推断地质构造图(图2-3)上,可以推断在矿区西南部有隐伏矿体的存在,同时物探(115、118、120)/(L107~L130)线三维 *YZ* 截面组合图中(图3-12)有向上隆起的高电阻率异常,推测半坡矿区下面有一隆起构造,其下部深处有低密度、高电阻率的隐伏岩体,结合重力异常和遥感资料认为本区深部有隐伏岩体的存在,能够为成矿提供物质和热源。

同时独山锑矿田的锑矿赋矿地层为志留系和泥盆系下统,其地层中含锑仅 0.05×10^{-6},远低于大陆上地壳丰度(0.2×10^{-6}),含矿地层对锑成矿作用主要起聚矿和容矿作用,其下伏地层下寒武统(浓集系数19.3)、上震旦统(浓集系数13.9)Sb 元素特别富集,可为独山锑矿成矿贡献物源。

综上认为本区成矿物质可能主要来自深部,具有壳幔混合的岩浆热液特征,同时下伏地层下寒武统、上震旦统可为独山锑矿成矿提供部分物源。

5.2　成矿流体特征

以独山锑矿床中的辉锑矿以及与成矿作用有关的石英、方解石中包裹体测定。流体包裹体显微测温工作在贵阳地球化学研究所包裹体实验室完成,仪器为英国产 Linkam THMSG-600 型冷热台,测温范围为 -196℃~600℃;30℃~600℃内测试精度为 ±1℃,-196℃~30℃内,测试精度为 ±0.1℃。在测温过程中,温度升降变化速率控制在5~10℃/min,在接近气相或液相消失前,温度变化速率控制在0.1~1℃/min。

区内包裹体以原生包裹体为主,同时也存在少量的次生及假次生包裹体。包裹体大小不一,主要处于3~8 μm,本次研究工作观测到最小原生包裹体为2 μm,最大的约12 μm。外形多为椭圆状、长条状、不规则,分布无规律,大部分呈孤立状分布。依据流体包裹体在室温下的相态特征,本区原生流体包裹体主要为气液两相水溶液包裹体(图5-5),可见极少量的纯液体包裹体和气液包裹体(由于数量太少,不做统计),大部分包裹体的充填度介于70%~85%,少数低于70%。本次测试所有包裹体最后都均一为水溶液相。

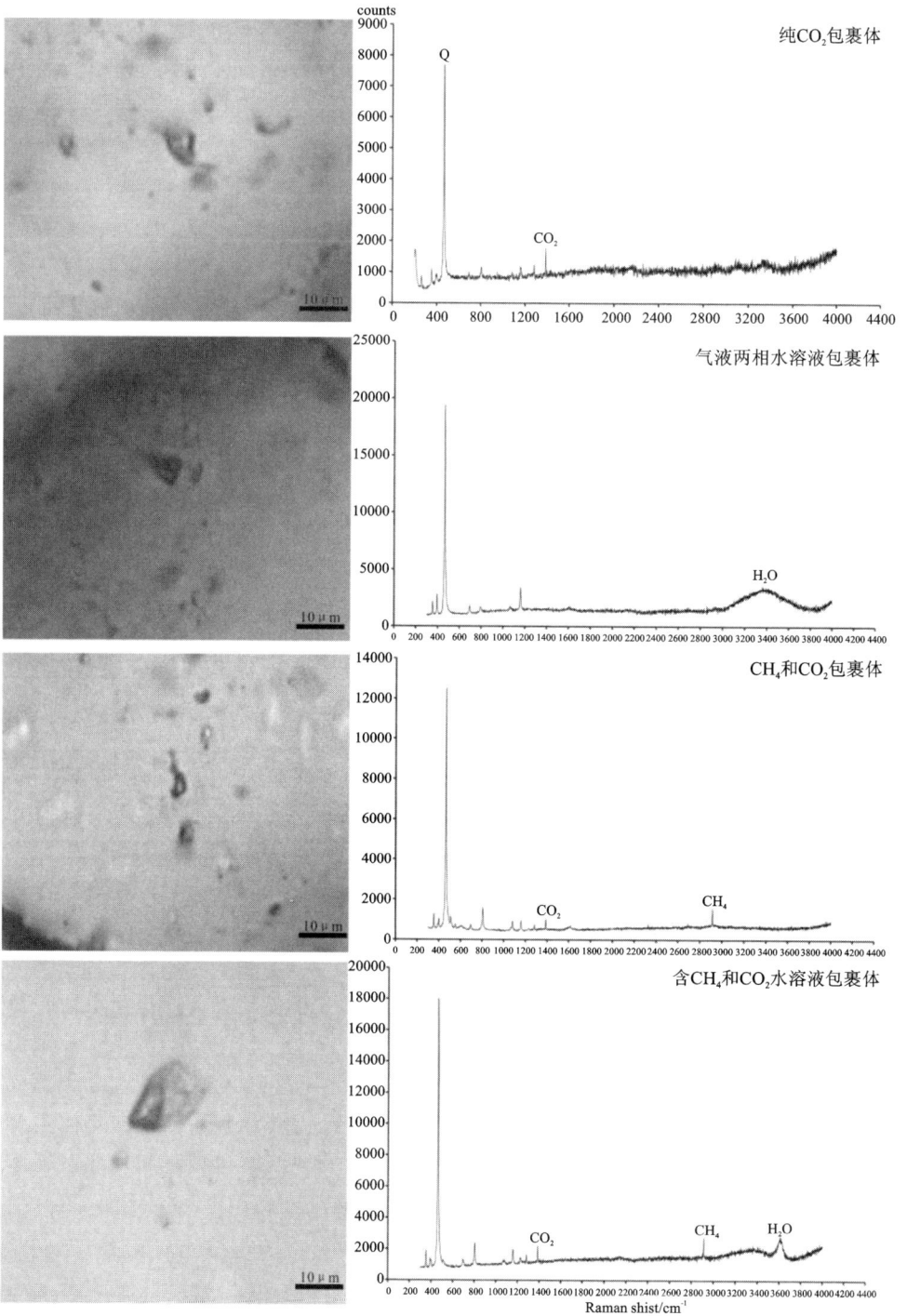

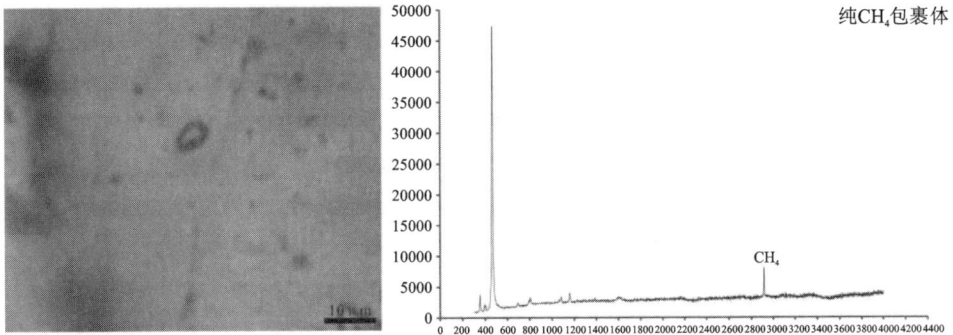

纯CH₄包裹体

图 5 - 5　包裹体的显微照片及拉曼成分图解

表 5 - 6　独山锑矿包体测温统计表

矿区	测定对象	均一温度/℃		盐度/%	
		范围	平均	范围	平均
半坡	辉锑矿	136 ~ 192	172	1.8 ~ 7.3	4.4
	石英	117 ~ 182	165		
	方解石	115 ~ 148	133		
巴年	辉锑矿	128 ~ 196	166	4.3 ~ 10.1	7.1
	石英	120 ~ 163	144		
	方解石	118 ~ 166	146		
维寨	辉锑矿	122 ~ 189	162	5.6 ~ 8.7	7.6
	石英	117 ~ 172	130		
贝达矿点	石英	120 ~ 163	145	3.6 ~ 7.6	5.5

通过研究发现本区流体具有如下特征

①本区成矿流体温度介于 $100 \sim 200℃$ ，成矿属低温类型；

②半坡矿床成矿温度平均值（165℃）大于其他三个矿床；

③在研究过程中未见多种类型包裹体共生的现象，因此利用包裹体测温换算压力有一定的偏差。采用经验公式（卢焕章等，1990）计算成矿压力：

$$p_1 = p_0 \times t_1 / t_0, \quad p_0 = 219 + 2620 \times w, \quad t_0 = 374 + 920 \times w$$

p_1 为成矿压力（10^5 Pa）；p_0 为初始压力（10^5 Pa）；t_1 为实测温度（℃）；t_0 为初始温度（℃）；w 为盐度（%）。

通过计算后半坡矿床为 66.6 MPa，贝达锑汞矿点为 68.3 MPa，巴年矿床为 45.0 MPa，维寨矿床为 59.4 MPa，表明矿田的成矿作用是较低压力条件下进行的。

④利用 FLINCOR 程序（Brown，1989），根据测温数据计算盐度和密度。通过计算得出成矿流体的密度值：半坡矿床 0.944 g/cm^3，贝达矿点为 0.958 g/cm^3，巴年矿床为 0.960 g/cm^3，维寨矿床为 0.976 g/cm^3，四者相近，具中等密度特征。

⑤成矿流体的盐度：辉锑矿、石英和方解石包裹体中盐度较低，半坡矿床石英中液体包裹体盐度范围 1.8～7.3 wt% NaCl equiv.，平均 4.4wt% NaCl equiv.，贝达锑汞矿点石英中液体包裹体范围为 3.6～7.6 wt% NaCl equiv.，平均 5.5wt% NaCl equiv.，巴年矿床方解石中液体包裹体盐度范围为 4.3～10.1wt% NaCl equiv.，平均 7.1wt% NaCl equiv.，维寨矿床为矿床辉锑矿中盐度为 5.6～8.7wt% NaCl equiv.，平均 7.6wt% NaCl equiv.，矿田矿石包裹体的盐度都比较低，具中低盐度特征。

⑥成矿流体氧逸度、酸碱度及氧化电位等估算值：半坡锑矿床氧逸度（fo_2）－48.69，酸碱度（pH）6.71，氧化电位（Eh）－2.95；巴年锑矿床氧逸度（fo_2）－51.85，酸碱度（pH）7.25，氧化电位（Eh）－2.31；维寨锑矿床氧逸度（fo_2）－56.43，酸碱度（pH）6.55，氧化电位（Eh）－2.46，这表明成矿溶液在中性范围内变化，矿床形成的氧逸度和氧化电位较低，即成矿作用在还原－弱氧化条件发生的。

⑦成矿流体的成分特征：从矿田流体包裹体成分测定说明，总体是 Ca^{2+}、Mg^{2+} 高，K^+、Na^+ 低，其变化趋势 $Ca^{2+} > Hg^{2+} > K^+ > Na^+$，阴离子主要以 SO_4^{2-} 为主，Cl^-、F^- 次之，其变化趋势为 $SO_4^{2-} > Cl^- > F^-$，反映出成矿流体是成分复杂的盐水溶液，但其盐度低。其中半坡锑矿床是 $Ca^{2+} - Mg^{2+} - (Na^+ - K^+) - SO_4^{2-}$ 型，巴年锑矿床是 $Ca^{2+} - Mg^{2+} - SO_4^{2-}$ 型，这表明巴年比半坡富 Ca^{2+}、Mg^{2-}、Ce^-、SO_4^{2-}、CO_2。

表 5-7　流体包裹体成分分析结果表（10^{-6}）

地区	样号	矿物	K^+	Na	Ca	Mg	Cl^-	F^-	SO_4^{2-}
半坡矿区	CD51	石英	0.005	0.016	0.005	0.001	0.03	痕	0.04
	CD25	石英	0.004	0.016	0.005	0.001	0.03	0.006	0.06
	INC-3	辉锑矿	0.208	0.040	0.20	0.24	0.196	0.408	
	INC-4	石英	2.045	0.050	1.190	0.335	0.050	0.025	0.175

续表 5 - 7

地区	样号	矿物	K⁺	Na	Ca	Mg	Cl⁻	F⁻	SO₄²⁻
巴年矿区	INC - 1	辉锑矿	0.167	0.033	133.90	1.783	0.033	0.016	
	INC - 2	方解石	0.206	0.343		2.852	0.057	3.949	0.683
甲拜矿区	DP1 - 03	闪锌矿	0.908	15.352	13.536	7.936	0.040	0.020	

综合认为本区成矿流体特征：包裹体以气液两相包裹体为主，成矿温度属于低温范畴，盐度主要集中于 3 ~ 8 (wt% NaCl equiv.)，成矿流体的密度均小于 1 g/cm³，说明在成矿流体演化过程中，岩浆热液流体起着主导作用(韩润生等，2007)；流体包裹体的 pH 和 Eh 研究表明：成矿流体处于中性(6.55 ~ 7.25)、还原 - 弱氧化条件的环境；成矿压力介于 37.2 ~ 83.0 MPa，平均为 49.8 MPa，采用静岩压力进行计算，得出成矿深度介于 1.38 ~ 3.07 km，平均深度为 1.88 km，成矿溶液属于 $H_2O - Ca^{2+} - Mg^{2+} - SO_4^{2-} (F^-、Cl^-) - CO_2$ 体系。

5.3　锑的迁移

据实验研究认为，Sb、Hg、As 等元素若以络合物形式存在于水体中，则有很高的溶解度，具很强的迁移能力，As、Sb、Hg 及 C 一般具较高的溶解或熔融活化度，即它们易活化而在溶液或熔体中迁移，在有利部位成矿。据包裹体成分的测定，成矿溶液中 SO_4^{2-} 含量较高，而 Cl^- 含量相对较低，成矿流体中的硫逸度也很高，故推断 Sb 从矿源层活化出后，主要以硫络合物和硫氢络合物形式迁移 ($HSbS^-$、$HSbS_2^-$、SbS_2^-、Sb_3S^{3-}、$Sb_2S_2^{2-}$ …)。实验地球化学研究证明，在温度高于 100℃ 时，热液中锑可呈锑烃络合物的形式迁移，实验研究表明，在含硫很高的热液中，锑以 $HSb_2S_4^-$ 的形式存在，热力学分析结果亦表明，在碱性硫化物溶液中，锑形成硫氢络合物和硫络合物，其络合物的稳定性较好。

成矿流体中的 pH 值，对络合物的存在形式及稳定性是非常重要的，一般认为成矿流体中的 pH 值从 6 ~ 9(10) 变化，但主要成矿作用 pH 为 7 ~ 8，即在中性或偏碱条件下成矿，在中性偏碱性条件下，有利于配位体 HS^- 的形成，当成矿流体与围岩发生酸性交代反应放出 H^+ 后，溶液中 HS^- 减少，进而引起络合物分解沉淀。本次研究表明，区内成矿流体处于中性(6.55 ~ 7.25)环境。

成矿流体在运移过程中，随温度降低，pH 值向中 - 偏碱性变化，流体中的低价硫浓度增加，其中氯络合物遭到破坏，便沉淀出硫化物。因此，溶液中 H_2S 的浓度是决定氯络合物发生沉淀的主要因素，氯络合物分解后，还会形成一些稳定的硫络合物，如硫氢络合物，在热液中迁移，当体系物化条件改变时，则引起络合物分解，也可沉淀出硫化物。

成矿过程中，有机质及细菌的作用是不可忽视的，如 Sb 可呈细分散硫化物，被有机物吸附，或以类质同象形式存在，赋存于高碳质的矿源岩。当成岩作用有机质被细菌分解出大量腐殖酸、CO_2、其他有机酸等，它们与水体中金属有很强的结合能力，能使金属硫化物分解，变成可溶性的腐殖酸或螯合物牢固地结合在腐殖酸中，同样，它亦能分解出造岩矿物中 Ca、Mg、K、Na、Si 等造岩元素进入沉积物水相，这样，在成岩压实脱水时，与成矿元素一起进入上覆水体，使成矿元素 Cu、Pb、Zn、Co、Ni、Ti、Hg、As、Sb、Au 等初步富集，此时，富含有机质的沉积物转变成黑色矿源层。半坡、巴年地区均有黑色层(称黑化层)，是富含锑质的，一些含炭质的生物群含锑也很高，也说明了有机质在成岩成矿过程中的重要作用。

综上认为，中性 – 弱碱性条件是锑矿成矿流体的稳定迁移条件，流体中的 Sb 以络合物形式迁移，其中络合物的具体种类与溶液中的总硫量、pH、Eh、温度等因素有关。本区流体盐度相对较低，且处于中性 – 弱碱性条件，液相成分中 Na^+ 含量较低，阴离子以 SO_4^{2-} 为主，表明本区成矿流体中的主要以 Sb – S 络合物和或水合硫化锑的形式迁移。

5.4 成矿时代

本次用于同位素定年的样品采自半坡铅锌矿床 595 中段采场中，属主成矿阶段的产物，6 件样品均为新鲜的辉锑矿矿石，测试单矿物纯度达到 98%。本次测试在天津地调中心实验测试室同位素超净实验室进行，采用 Thermo 公司的 ELEMENT 型号的同位素稀释等离子质谱(ID – ICP – SFMS)测铷锶的精确含量，调整待测元素的含量后，用 Thermo 公司的 NEPTUNE 型号的多接收等离子体质谱仪(MC – ICP – MS)测定同位素比值，将测试结果列于表，样品的 $^{87}Rb/^{86}Sr$ 和 $^{87}Sr/^{86}Sr$ 的变化范围分别为 0.2559 ~ 13.8567 和 0.70896 ~ 0.73817。测试仪器稳定，方法可靠。等时线年龄计算采用 Isoplot 软件，等时线回归计算时 $^{87}Rb/^{86}Sr$ 比值采用 2% 误差，$^{87}Sr/^{86}Sr$ 比值采用 0.03% 误差，样品一共测试 4 个点，所得到的 Rb – Sr 等时线年龄(图 5 – 6)为(189 ± 3.2 Ma)，计算获得的 $^{87}Sr/^{86}Sr$ 初始比值为 0.71435 ± 0.00042，属于燕山早期。

$^{87}Sr/^{86}Sr$ 是判断成岩矿物质来源的重要指标，在矿床地质研究中，常利用其来示踪成矿物质来源、岩浆流体、深源流体的壳幔混染作用(侯明兰等，2006)。从图 5 – 5 可以看出等时线年龄给出的初始同位素比值为 0.71435 ± 0.00042，小于大陆地壳锶同位素 $^{87}Sr/^{86}Sr$ 平均值 0.719(孙省利，2001)，而高于地幔 $^{87}Sr/^{86}Sr$ 的初始值 0.707(Faure G，1986)，显示成矿物质来源具有壳幔混合的特征。

表 5 - 8 Rb - Sr 同位素分析结果

样品号	Rb	Sr	$^{87}Rb/^{86}Sr$	$^{87}Sr/^{86}Sr$	误差(2σ)
KSD001	0.0919	1.0374	0.2559	0.70896	0.0003
KSD009	0.2478	0.2668	2.7084	0.71649	0.0003
KSD018	0.3913	0.0846	13.8567	0.73817	0.0003
KSD021	0.2648	0.0852	9.2543	0.73321	0.0003

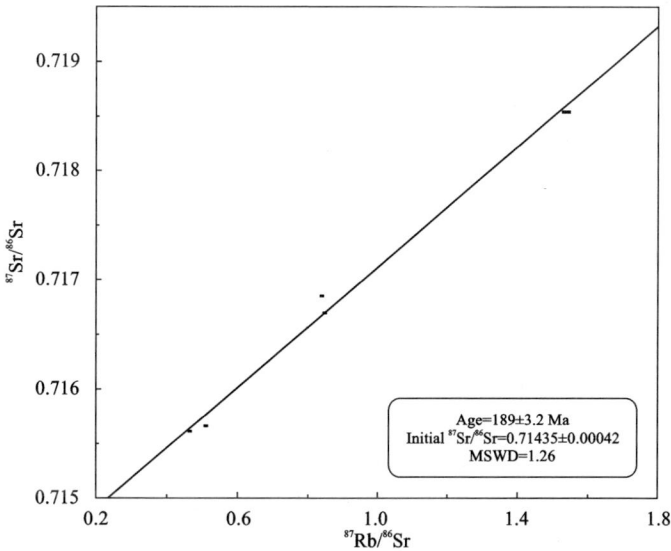

图 5 - 6 Rb - Sr 同位素等时线图

　　华南锑矿带主要的成矿作用集中于燕山期,本区是华南锑矿带的重要组成部分,而三都断裂石英 ESR 年龄测定结果表明其主要活动期为燕山 - 喜山期,且主要在燕山中晚期盆山转换期(72 ~ 142 Ma)活动最为强烈,作用本区主要控矿断裂的烂土断层是三都断裂在本区的延伸。同时,本次研究测试与矿体伴生的石英的 Rb - Sr 等时线年龄(图 5 -6)为 189 ± 3.2 Ma,而肖宪国和王加昇获得半坡锑矿床和巴年矿床成矿年龄分别为 130.5 ± 3.2 Ma(MSWD = 0.3)、126.4 ± 2.7 Ma 及 128.2 ± 3.2 Ma。从野外实际调查发现,本区的矿体具有多期多阶段的特点,因此本次测试以及肖宪国和王加昇得到的成矿年龄指示成矿作用某一阶段的时间。结合前人根据贵州区域构造及其演化特征,认定黔东南地区的构造格局,直至燕山运动才定型(杭家华,1992)的结论,综合认为本区的成矿时代为燕山期。

5.5 矿床成因

研究区大地构造位置处于扬子陆块的西南缘与江南复合造山带雪峰山隆起的嵌接部、区域性的地球化学(铅同位素)急变带通过研究区、并与太行山－武陵地重力梯度带吻合、具大规模的低温元素地球化学块体, Sb 块体异常区域内有形成大型矿集区的地质、地球物理和地球化学条件。同时成矿时代的研究表明独山锑矿田应为同期成矿作用的产物, 且成矿时代集中在 130 Ma 左右, 与华南锑矿带燕山期晚阶段成矿作用时代对应。前面关于本区构造演化提到本区中晚燕山期(135~52 Ma), 区内处于拉张－走滑环境, 因此认为本区锑矿床的成矿环境属于拉张－走滑环境。

综合矿床地质地球化学研究表明, 本区锑矿床具有如下基本特征(表5-9), 认为本区矿床属于可能与岩浆热液有关的充填型低温热液矿床。

表5-9　本区主要典型矿床基本特征

矿床		半坡	巴年	维寨
含矿层位		下泥盆统丹林组	中泥盆统独山组	丹林组、翁项群
含矿建造		碎屑岩	碳酸盐岩与碎屑岩	碎屑岩
成矿构造		断裂 (半巴断裂北段)	断裂及层间构造 (半巴断裂南段)	断裂(牛硐断层)
成矿环境		拉张－走滑	拉张－走滑	拉张－走滑
成矿方式		热液充填型	热液充填型	热液充填型
矿体特征	形态产状	陡倾斜大脉为主, 兼有似层状	顺层的层状似层状 为主、兼有脉状	陡倾斜大脉为主, 兼有似层状
	矿石组成	辉锑矿为主、脉石为 方解石、次为石英	辉锑矿为主、脉石有 石英, 次为方解石	辉锑矿为主、脉石有 石英, 次为方解石
	矿石组构	块状、脉状、 角砾状、晶簇状	浸染状、块状、 角砾状、晶簇状	块状、脉状、 角砾状、晶簇状
	矿石特征	单一型锑矿石	单一型锑矿石	单一型锑矿石
围岩蚀变		硅化为主, 次有黄铁 矿化及方解石化	方解石化为主, 次有硅化、黄铁矿化	硅化为主, 次有黄铁 矿化及方解石化
成矿温度(℃)		144~165(150)	118~173(145)	117~189(142)
盐度(NaClwt%)		4.4	7.1	5.5

续表 5 – 9

矿床	半坡	巴年	维寨
成矿压力(MPa)	66.6	45.0	59.4
流体包裹体成分	$Ca - Mg - (Na^+ - K^+) - SO_4^{2-}$ 型	$Ca^{2+} - Mg^{2+} - SO_4^{2-}$ 型	
成矿流体来源	岩浆水与大气降水混合	岩浆水与大气降水混合	岩浆水与大气降水混合
成矿溶液性质	弱酸(pH = 4.7)	弱酸(pH = 7.3)	弱酸(pH = 6.2)
矿床成矿时代	燕山期	燕山期	燕山期
成矿物质来源	具有壳幔混合的深部岩浆特征		

5.6 成矿模式

在总结前人资料的基础上,初步提出本区的成矿模式(图 5 – 7):燕山中晚期,区域处于拉张 – 走滑环境,矿区构造活动强烈,同时引发区域大规模流体运移,含矿流体沿断裂带上升,与围岩发生反应形成硅化、碳酸盐化和黄铁矿化等各种蚀变,并不断与沿断裂带下渗的大气降水混合,造成溶液的物理化学条件发生改变,使络合物搬运的锑等成矿元素,变得不稳定,随着时间的推移,成矿流体沿断裂带及层间断裂运移,由于物理化学条件的改变造成的流体酸化,成矿流体迁移中成矿元素的络合物被破坏,在温度、压力环境发生急剧变化的断裂破碎带、层间破碎带、剥离空间析出沉积,从而形成半坡式陡脉状、巴年式整合型以及维寨式混合型矿床。

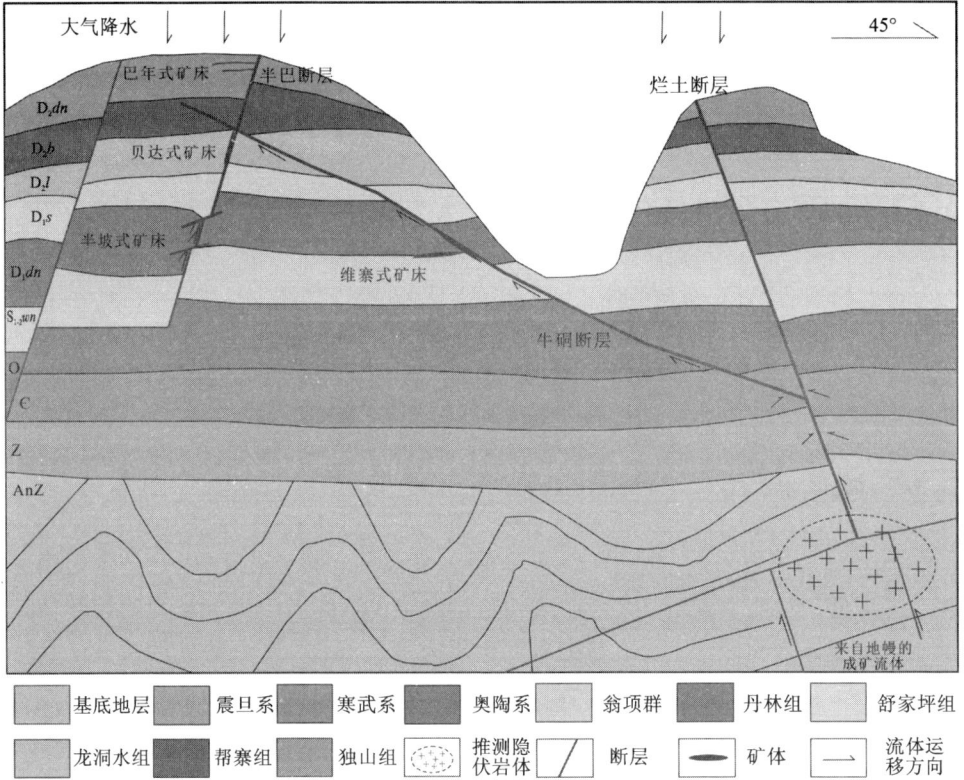

图 5-7 独山地区锑矿成矿模式简图

第6章 控矿因素及成矿规律

6.1 主要控矿因素

6.1.1 地层岩性因素

矿田内脉状锑矿体多赋存于巨厚的脆性石英砂岩中(如丹林组),适宜的岩性组合是脆性石英砂岩中间孔隙度低的薄层状砂质泥岩、页岩、泥质砂岩,形成"储、盖"的结构。层状–似层状锑矿体常产于硅质碎屑岩与碳酸盐岩接触界面的层间破碎带或剥离空间,辉锑矿多产在孔隙度较大的硅质碎屑岩中。地层岩性控矿表现为一是锑矿主要赋存于碎屑岩中,成矿对硅酸盐岩类围岩存在偏爱性;二是砂岩、石英砂岩等能干性强的硬脆性岩石,在构造作用下能够产生大规模的断裂和裂隙等空间,充填脉状矿体,如半坡锑矿床;在砂岩与碳酸盐岩能干性差异明显的岩石互层,应力集中时,往往沿能干性差的软弱面发生层间滑动,形成构造破碎带和层间剥离构造,为成矿物质提供了良好的运移通道和聚集空间,形成了层状、似层状整合型锑矿床及其明显的多层成矿特点,如巴年锑矿床。

6.1.2 构造因素

(1)构造分级控矿

区内主干断裂根据规模可以分为Ⅰ、Ⅱ、Ⅲ级,多为兼有走滑性质的张性断裂。Ⅰ级构造不仅形成地垒骨架,同时也是独山锑矿田的东西边界,并与Ⅱ级构造构成地垒及之上的"菱形"地块,联合控制了矿田的分布;矿田内锑矿、硫铁矿、铅锌及化探异常带主要分布于"菱形"构造上Ⅱ级与Ⅲ级构造断裂彼此相互交切形成的"棋盘格式"结点附近;具工业价值的锑矿床与构想蚀变带,其赋存则受共轭的半巴断裂和牛硐断裂控制,发育于走滑–张裂形成的分支复合、尖灭再现、侧列重现组成的"发辫状构造"断裂带中(图3–9);而沿控矿断裂带有连续或断续的构造热液蚀变带,次级切层断裂、层间破碎对锑矿体的富集就位起着直接控制作用。

(2)构造控矿特征

根据矿体与不同级别、不同性质构造的相互关系和控矿断裂的产状,研究区控矿构造分为三种类型：①切层断裂控矿，表现为矿体沿切层断裂破碎带及旁侧影响带呈脉状、透镜状产出，矿体延伸方向和倾向受切层断裂控制明显，脉状、透镜状矿体产状与切层断层产状一致或呈小角度交切，区内半坡与维寨锑矿、蕊然沟与摆略矿点属此类；②顺层（层间破碎带）断裂控矿，表现为矿体沿顺层剪切破碎带或层间剥离空间呈层状、似层状产出，矿体的延伸方向明显受层间破碎带或层间剥离空间控制，区内巴年、王屯、高寨锑矿与甲拜、贝达锑矿点属此类；③多类型联合控矿，表现为矿体沿切层断层破碎带与层间破碎带或层间剥离空间联合产出，矿体呈脉状、似层状，两种类型的构造某种意义上来说，在剖面上构成断坡（切层）-断坪（顺层）组合，往往在断裂交汇部位（即转折端）因岩石破碎变形强烈，有利于厚大矿体的产出，矿田已发现矿床点几乎均具有两种类型联合控矿的体现，如半坡锑矿沿主切层控矿断裂旁侧次级层间破碎带内见透镜状、似层状矿体产出；巴年锑矿除层间破碎带形成层状、似层状矿体外，沿切层断裂破碎带亦有脉状矿体产出（如 F_{210}）。

（3）断裂产状形态控矿

产状形态包括走向、倾角及分支复合状况。走向的变化一方面是体现不同构造应力作用的叠加、构造作用力的复杂化，可形成较大的容矿场所；另一方面可形成相对较封闭的环境，使矿液不至于过度逸散而成矿。半坡矿区对比表现明显，主要含矿断层 F_{1-1} 在 9 号勘探线以北呈北北西向，以南则变成近南北向，直 8 号勘探线以南（PD38 坑），复又恢复北北西向，平面上呈反"S"形。主要富矿体位于两个弧形之间的 0~3 号勘探线地段 PD38 坑即沿断层呈弧形掘进，至恢复原北北西走向后矿化即明显减弱。断层倾角的变化导致断面凹凸起伏，从而影响其赋矿性。当倾角由陡变缓时，断面凹陷，倾角由缓变陡时，则断面凸起，凹陷部位对赋矿有利。在半坡 F_{1-1} 垂直纵向构造等直线图上，有两个明显的凹陷部位：一个在 0~5 号勘探线处，另一个在 13~17 号勘探线处，两处恰也是矿区中富矿所在。矿脉的分支复合对其赋矿性也有影响。分支过多，矿液分散，相对矿化减弱，半坡矿区 4 号勘探线以南出现数条分支断层后，6~8 号线的矿化显然减弱。支断裂与主断裂"入"字形复合部位附近一般利于赋矿。

（4）构造控矿模式

燕山期前的广西运动、独山抬升等构造运动；使独山锑矿田受多期次构造活动改造、叠加，发育大规模垂直的张性裂隙，同时形成一系列同向规模较大的高角度区域正断层、断裂裂陷带，为成矿准备了条件，印支-燕山运动矿田分布范围受到近水平挤压形成隔槽式褶皱雏形，燕山期构造转换斜向滑动，发生以左行为主的逆时针-张裂运动，形成了地垒及近东西向、北西向等主要控矿构造，同时进一步追踪和改造早期形成的张性裂隙，与大断裂复合贯通，形成了一系列的滑脱空间、层间破碎带和揉皱等，成矿流体在燕山期构造（岩浆?）热动力作用的强烈驱动下沿断裂上升并与下渗的溶液汇合，在温度、压力、环境发生急剧变化的断裂破碎带、层间破碎带、剥离空间富积保存下来，形成切层断裂控矿、顺层断裂控矿以及多类型联合控矿的控矿模式。

6.2 成矿规律

成矿作用研究表明，本区成矿物质主要来自深部的岩浆热液，其具有壳幔混合的特征（源），区内的断裂构造是成矿热液运移的通道（移），同时矿体主要赋存于走滑－张裂形成的分支复合、尖灭再现、侧列重现组成的"发辫状构造"断裂带中，脆性石英砂岩中间夹有可塑性较好的页岩，形成"储、盖"的结构。在此基础上，总结了本区的成矿规律：

（1）空间上，区内锑矿床发育于桂中台陷与黔南台陷区过渡带，区域性的地球化学（铅同位素）急变带中，同时松桃—独山深断裂通过本区，且有多次活动，有利于动力，热流量，以及矿质叠加成矿等作用，使锑矿区处于 Sb 的高值地球化学背景区内。

（2）时间上，对于区内矿床的年代学研究，有关学者（王加昇，2012；肖宪国，2014）通过方解石的 Sm－Nd 法测年分别得出半坡锑矿床以及巴年锑矿床的成矿年龄为 130.5±3.0 Ma 和 128.2±3.2 Ma。通过野外地质调查发现本区锑矿床具有相似的矿化特征，其赋存状态也大多相同，且都受到相同的区域构造条件制约，矿床、矿体的控矿构造相似，只是矿体赋存于不同时代围岩中，而这些围岩的岩性都是碎屑岩，因此可以推测出本区锑矿床的成矿时代大致为燕山晚期。

（3）层位上，从区域上看，独山锑矿主要产于泥盆纪地层，个别矿点产于志留纪地层，但就具体矿床（点）而言，各个矿床的赋矿层位都是固定的，如蕊然沟锑矿点，矿化主要发生在志留系翁项群的泥质砂岩、粉砂岩和泥质岩中；半坡锑矿床，矿体赋存于下泥盆统丹林组碎屑岩中；贝达锑汞矿点，矿化主要发生在中泥盆统龙洞水组碳酸盐岩与邦寨组碎屑岩接触界面上，巴年锑矿床，矿体却富存于中泥盆统独山组宋家桥段地层。独山锑矿田锑矿分布在广西运动与独山抬升形成的不整合面附近的地层内，主要矿化层位在其界面附近与广西运动与独山抬升之间的地层中（如广西运动造成的不整合面——志留系翁项群上部、泥盆系丹林组底部，独山抬升形成的不整合面——独山组上部，鸡窝寨组底部），且主要分布于碎屑岩地层中。

（4）岩性控矿上，独山锑矿田中主要锑矿床均受特殊岩性组合控制。这种特殊岩性组合分为两类，一是脆性岩石类，以 D_1dn 为典型代表，主要岩性为石英砂岩；另一是软硬相间岩石类，以 D_2d^2 为代表，岩性为碎屑岩与碳酸盐岩相互交替。两类岩性组合严格地限制了区域内的锑矿床分布。厚－中厚层状细粒石英砂岩夹薄层状砂质泥岩、页岩、泥质砂岩层是最有利的成矿岩性组合。细粒石英砂岩孔隙度高、渗透性好，有利于矿液的运移和沉积富集，形成良好的富集空间；而岩层中的薄层状砂质泥岩、页岩、泥质砂岩层，微粒结构、孔隙度低、透水性差，在层状细粒石英砂岩层上下形成一不透水隔挡屏蔽层，将矿液局限在一定的空间内，矿质不易扩展流失。同样，中－厚层状中粒石英砂岩与碳酸盐岩交互层亦是有利的成矿岩性组合，石英砂岩孔隙度高、渗透性好，有利于矿液的运移和富集沉淀；而碳酸盐岩透水性相对差、孔隙度相对小，多起隔挡屏蔽作用。

（5）控矿构造上，独山锑矿田内几个典型矿床的矿体主要产于断裂或者断裂旁侧的影响带上，其断控特征极其明显。区内断裂活动使矿液运移、富集和沉淀，特别是切割深、规模大的断裂，使分散于地层中的水或含矿流体在断裂系统中汇聚，同时，断裂提供的通道又有利于水的循环运移，将含矿质的流体沿断裂循环运移到各级控矿构造中，起到一种导液的控矿作用。前人研究成果表明，矿田构造具有逐级控矿特征，其中I级区域断裂为导矿构造，为成矿流体运移提供良好通道，控制着矿田的分布；II级断裂为配矿构造，控制矿田内矿床（点）的空间分布；III级断裂为容矿构造，直接控制了矿体的分布、形态、规模、产状等。由于独山锑矿田在大地构造上位于江南古陆西缘与上扬子准地台的交接带，构造变动强烈为成矿作用提供了巨大的力源、热源、水源、矿源；在区域构造上，东西两侧独山断裂、烂土断裂控制了矿田位置；矿田内褶皱、断裂构造，特别是断裂发育，而且断裂性质上的多变和活动期次上的继承和叠加，不仅直接控制着矿（气）液的运移方向（导矿）和提供成矿空间（容矿或充矿），更重要的是导致成矿物理化学条件（温度、压力、浓度、pH值等）的改变，在有利环境中形成工业矿体。具体半坡锑矿的构造热动力成矿作用强烈彻底，矿质集中主要表现为所有矿体均分布于断裂带内及影响带中，形成充填脉状大矿体；巴年锑矿床，主要赋存在层间破碎带内似层状、面状中小矿体，除少量断裂矿外，主要与层间构造成（控）矿作用有关。

（6）矿床发育特点上，区内锑矿床分布呈丛聚性发育特点，深部流体大规模运移，并在有利位置就地沉淀形成矿床和矿体，走滑拉分过程中形成的一系列等距排列流体排泄中心成为成矿作用发生的极佳场所，从而形成了大量矿床（点）。

（7）矿体发育特点上，在张扭性断层中，蚀变程度高，则矿体规模大，矿石品位高；在层间破碎带中，则矿体产出相对分散，且规模小，矿石品位相对低；在控矿断层中及附近矿化富集程度高，远离则减弱或无矿化。

（8）矿化标志上，硅化和碳酸盐化是重要矿化标志，硅化和碳酸盐化作用可以增加碎屑岩的孔隙度和渗透率，从而更有利于成矿流体在地层中迁移和萃取成矿所需的物质，研究区各矿床（点）均出现硅化和碳酸盐化围岩蚀变。

（9）成矿物理化学条件：根据成矿流体性质的测定，具下列特点：本区成矿流体为一种中低盐度的热水溶液,pH 值在弱酸 – 弱碱近中性范围内变化,成矿时介质温度、压力和氧化还原电位均较低,即成矿作用是在还原 – 弱氧化条件下发生的。

综前所述,独山锑矿田各矿床(点)在成因上受共同的构造、地层层位、岩性岩相等诸多因素的制约,其中尤以构造占有独特的地位。

第7章 矿床勘查技术优化组合评价体系

7.1 勘查技术方法的适用性研究与优选原则

7.1.1 勘查技术方法的适用性研究

（1）影响地表地质工作和探矿工程的自然因素和政策因素

独山地处贵州南端，为山区台地，境内地形起伏，地势陡峻，地形破碎，河流深切，悬崖峭壁林立，为侵蚀剥蚀强烈切割的中山、低中山山地地貌，除河谷和凹地有洪积、冲积和崩积物覆盖外，其他地段岩石露头总体出露较好，利于地表地质测量工作，而陡峭的地形和不厚的土壤层，有利于探矿坑道和探槽浅井施工，发育的水系溪沟有利于重砂测量。但研究区位于都柳江源头区，很大部分属于生态红线范围，生态敏感度高，加之贵州省自然资源厅有文件明确规定不提倡用坑探，探矿坑道和探槽浅井施工等对地表景观生态破坏严重的工程，浅表宜采用浅钻、深部宜采用岩芯定向钻探组合代替轻重型探矿山地工程。同时，由于区内许多河流已被污染，重砂测量不宜开展，陡峭的地形和茂密的植被，也加大了地表地质工作的难度。

（2）地球化学景观

独山沟谷纵横，水系溪沟发育，主要属于以峰丛洼地为特征的南方岩溶景观区—黔南低山岩溶景观区（图7－1）。气候表现为中亚热带温润季风性气候，气候温和、降水充沛、无霜期长，景观地球化学特征以化学风化、物理风化、生物风化作用为主，表生风化作用强烈，成壤活动较好，残坡积物较发育，土壤多为砖红壤且剖面有明显的淋溶淀积层，多数元素在次生作用中富集，元素表生地球化学活性较强，利于主成矿元素Sb迁移。沟谷发育，地表水为中－弱酸性，以富铝铁型风化壳为主，细砂粉砂等水系沉积物在回水处与河卵石后分布，能有效开展水系沉积物测量和土壤地球化学测量。但由于20世纪80—90年代对该区大范围的采选活动，选厂多建在矿区内的河溪旁侧，且废渣尾矿直接排放到河流中，许多河流已被污染，水系沉积物测量已无意义。

（3）物探施工的自然条件

物探工作环境属于深山区，山顶标高多在1200～1500 m，相对高差一般为

300～500 m，山高谷深，地形破碎，地形切割强烈，植被茂盛，沟谷众多，以矗立的陡坡悬崖和峰丛为特征，出露岩石为灰岩、白云岩等碳酸盐岩和砂岩、石英砂岩等碎屑岩。小河沟多，水流不大，对物探施工无影响。区内 5—9 月为雨季，雷雨交加，洪水暴涨，不利于开展物探工作，其余时间适宜开展物探工作。

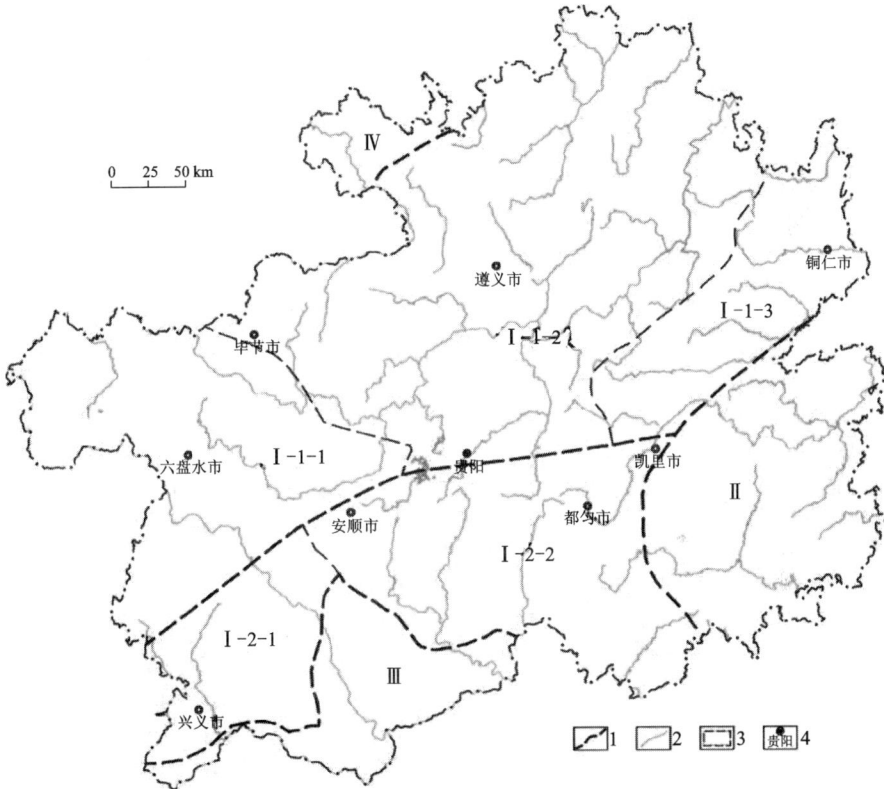

图 7-1 贵州省景观地球化学场分区示意图

Ⅰ-1-1—黔西北低中山岩溶景观区；Ⅰ-2-1—黔西南中低山岩溶景观区；Ⅰ-1-2—黔北中低山岩溶景观区；Ⅰ-2-2—黔南低山岩溶景观区；Ⅰ-1-3—黔东北低山丘陵岩溶景观区；Ⅱ—黔东南浅变质岩低山丘陵景观区；Ⅲ—右江碎屑岩低山丘陵景观区；Ⅳ—四川盆地边缘低山丘陵景观区；1—分区界线；2—水系；3—省界范围；4—地名

区内居民点较少，有硬化路到达工区；工区距城区较远，除半坡锑矿及选矿厂有工业生产用电外，其他矿山的矿洞、坑道处于停产状态，地表仅有民用电线，高压线、信号塔离测区较远，工区地表电磁干扰相对较少。

本区不适合采用对地形要求比较高的激电中梯、地震、重力勘探等方法；而锑矿石无磁性、无放射性，故排除磁法、放射性勘探两种方法。鉴于以上原因，本次物探选用能够带地形反演的、探测深度大的可控源音频大地电磁测深、大地电磁测深、频谱激电测深三种方法进行组合勘探。

MT 数据最高频率为 340 Hz，根据经验公式，取频率等于 340 Hz 则最小深度约为 356 m，故其反演结果存在一定的盲区，在浅部精度不如 CSAMT 法。MT 法主要是探测大尺度的电性结构和构造，即判定断层在深部的延伸具有较高的可靠性。

（4）影响遥感效果的自然因素

区域遥感影像总体显示为中低山丘陵－喀斯特岩溶地貌，出露地层主要是泥盆系、志留系和石炭系，岩性主要为灰岩、砂岩和泥质岩系等沉积岩，由于位处都柳江源头和深山区，近 20 年封山育林致植被发育较好，直接影响了遥感可解译程度。以灰岩为主的中泥盆统独山组鸡窝寨段（D_2d^3）、以页岩等泥质岩系为主的志留系具有较好的影像标志；而区内主要赋矿地层下泥盆统丹林组（D_1dn）与舒家坪组（D_1s）均为相似的石英砂岩和泥质岩系、舒家坪组（D_1s）与中泥盆统独山组（D_2d）和帮寨组（D_2b）有相似的碎屑岩组合，大部分地段的影像特征不明显，区内不同时代地层岩性组合相似，且植被覆盖广泛，含矿地层岩性的遥感地质可解译程度较低。区内另一个醒目的特征是主干断裂独山断裂、烂土断裂、河沟断裂和银坡断裂总体遥感影像特征明显，可解译程度较高；而主含矿断裂 NNW—NW 向半巴断裂与 NE—NNE 向牛硐断裂，由于含矿断裂两盘不同时代地层岩性组合相似，且植被覆盖广泛，断裂构造的遥感地质可解译程度较低。

硅化是本区锑矿最重要、量普遍的主要蚀变类型，区内含矿地层丹林组地层为石英砂岩和砂岩等，含硅较高，硅化蚀变信息被淹没在地层的高背景中，硅化蚀变信息不能有效提前；断裂中局部有黏土化和碳酸盐化发育，部分断裂也有黄铁铁化和羟基遥感信息，但因本区碳酸盐岩和碎屑岩交替出现，加之中泥盆统帮寨组和北部的丹林组地层含铁质较高，硅化、碳酸盐化、黄铁铁化等近矿蚀变的信息有效提取的难度较大。

从本次和以往本区所做遥感地质工作来看，1/5 万与 1/2.5 万解译从宏观上可以区分碳酸盐岩为主的地层和以碎屑岩为主的地层，进一步修正核实已解译有一定规模的区域性断裂，同时对前人圈定的断裂进行判读评价，发现了半坡附近的新立环形构造，部分硅化、黄铁矿化和羟基遥感信息与含矿构造有一定的重合度，遥感中小比例尺的遥感地质对矿田确定找矿远景区有一定的作用。1/1 万遥感工作，因含矿构造的影像特征不甚明显可解译程度低，矿化蚀变信息的有效提前较困难，目前所做遥感地质工作对矿床（区）找矿作用不明显。

7.1.2 技术方法优选的原则

（1）有效性与经济性相统一的原则；

（2）先进性与适用性协调一致的原则；

（3）重视方法技术实施的时序和时效的原则；

（4）技术方法的使用方便、快捷，便于实施单位推广的原则。

7.2 矿田找矿靶区优选技术组合与勘查模型

利用区域成矿构造、遥感、地球物理、地球化学等综合资料，进行独山锑矿田找矿靶区优选技术组合。

7.2.1 方法有效性评价

（1）成矿构造调查与研究

通过收集资料和野外构造观察研究，认识到锑矿田处于扬子陆块与江南复合造山带雪峰山隆起的嵌接部、地球化学急变带和区域重力梯度过渡带上，具有边缘成矿的大地构造和物化条件；赋矿地层为受"独山抬升"运动影响的地层，锑成矿活跃期与构造活动期、区域岩浆活动期有耦合关系，均主要发生在燕山期；矿田主要成矿构造以地垒为基本构造样式，以左行走滑－正张为特征，成矿动力学背景为伸展机制；锑矿田分布于独山地垒上，主要锑矿带受共轭的半巴和牛硐断裂控制，锑矿床沿其上"棋盘格式"构造的结点分布，主要矿床就位于发辫状构造中，矿体充填于断裂带及其旁侧层间构造带和次级构造中。成矿构造研究可有效地深化对锑矿床形成与分布规律，以及锑矿体产出、就位机制的认识，是有效的找矿方法。

（2）地球物理方法

1/20 万区域重力和航磁资料表明，研究区布格重力异常处在全国大兴安岭—太行山重力梯级带南段与地台区宽缓重力异常的过渡带上，区内为重力场变化较缓的负重力异常，锑矿田分布在磁异常相对平缓或陡缓交变带，整装勘查物探工作电阻率断面半坡锑矿附近深部有隆起，结合重力与航磁资料，推测深部有低密度、高电阻率的隐伏岩体。

整装勘查物探成果结合本次物探工作成果可知，研究区锑矿石极化率（3.6）明显大于围岩（小于 1.5），频谱激电测深法能够发现高极化率的锑矿体，同时锑矿围岩（独山组宋家桥段砂岩、舒家坪组砂岩、丹林群砂岩）电阻率值分别为 1254 $\Omega \cdot m$、1733 $\Omega \cdot m$、2935 $\Omega \cdot m$，而含锑地质体－硅化蚀变体的电阻率平均值为 4570 $\Omega \cdot m$，两者有着明显的电阻率差异。综上，本区含锑地质体与围岩电阻率与极化率存在明显差异，选用 CSAMT、MT、SIP 三种电阻率物探方法找锑具物性前提。

整装勘查时研究区针对半巴断裂做过 1/2.5 万可控源大地电磁测深扫面，其测网沿长方向 150°，与半巴断裂带一致，对物探工作区 300 m 标高电阻率等深切片等值线平面图,结合构造圈定了 4 个条带状高阻异常带,异常带与区内主要控矿断裂——半巴断裂与甲拜断裂吻合较好,单个异常呈串珠状,追踪含矿断裂分布,并与矿体对应较好,异常规模与矿化强度呈正相关关系,异常验证钻孔见矿,说明该方法在该区有较好的找矿效果。

(3)地球化学方法

水系沉积物测量:根据收集到的 1/20 万独山锑矿田锑地球化学(水系沉积物)平面图,独山锑矿田锑地球化学异常分布范围与独山地垒构造范围重叠,异常呈不规则面状分布,异常外带 SE、NW、NE、SW 分别受烂土断裂、独山断裂、紫林山断裂和银坡断裂所围限,异常中带和内带反映了矿床(矿点、矿化点)矿化蚀变范围,其长轴方向与主控矿构造的延伸方向一致,显示其找矿成果有效。

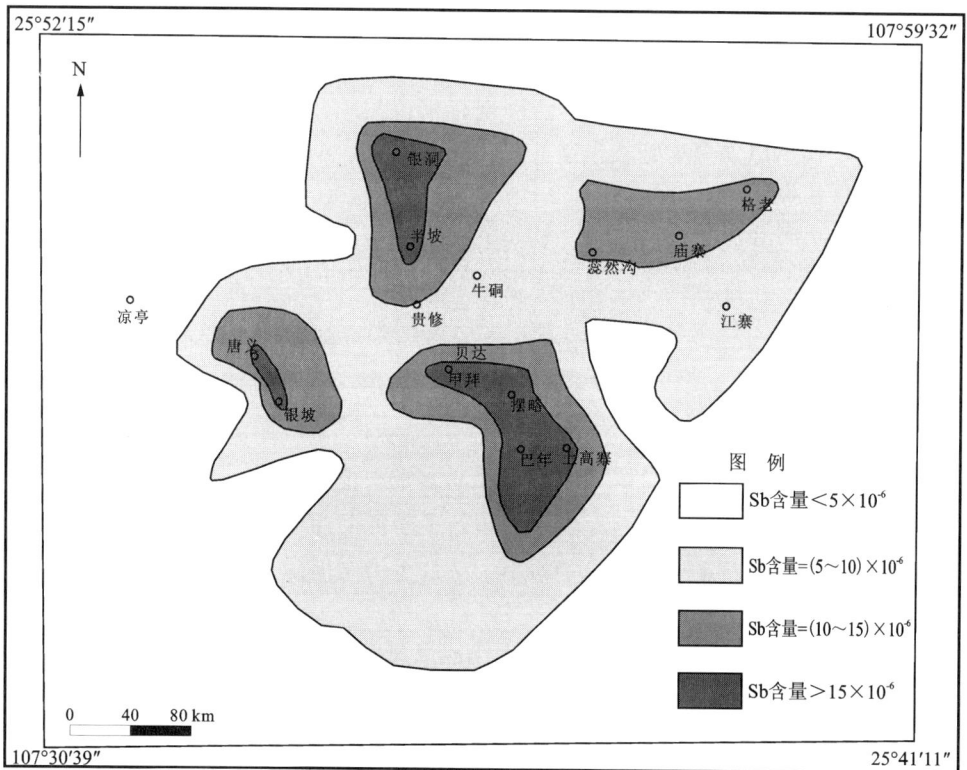

图 7-2　水系沉积地球化学平面图

构造地球化学调查与研究:区内曾做过构造地球化学调查工作,成果显示 Sb、Hg 元素组合异常呈带状、串珠状沿矿田内主要断裂走向分布,断裂交汇部位异常区强度高、规模大并有矿床或矿(化)点产出,异常峰值区往往是地表矿(化)

体出露部位，表明了构造成晕与成矿在空间上的同一性。按各断裂构造中元素的异常强度、富集系数由大至小的变化，可列出半巴→牛峒→烂土→银坡→河沟→马尾沟→独山断裂，此即为矿田寻找锑矿的有利断裂序列，与实际勘查的各断层矿化强度相同。构造地球化学研究是有效的找矿方法。

（4）遥感资料的解译与蚀变信息的提取

1/5 万与 1/2.5 万解译从宏观上可以区分以碳酸盐岩为主的地层和以碎屑岩为主的地层，进一步修正核实已解译有一定规模的区域性断裂，同时对前人圈定的断裂进行判读评价，发现了半坡附近的新立环形构造，部分硅化、黄铁矿化和羟基遥感信息与含矿构造有一定的重合度，遥感地质对矿田确定找矿远景区有一定的作用。

（5）GIS 地理信息系统

提取地、物、化、遥等勘查方法获得的基础地质要素和成矿信息，利用计算机 GIS 地理信息系统进行融合与分析，确定找矿靶区。

7.2.2　矿田找矿靶区勘查技术组合优选与勘查模型

（1）矿田找矿靶区优选勘查技术组合

由前文可知，对前人的地、物、化、遥和矿床勘查成果二次开发是基础，地质找矿方法中成矿构造调查与研究是重要的找矿方法，地球物理勘查中电阻率（主要是 CSAMT 测量）探测方法有物性前提、找矿效果和验证成果显示其有效性，地球化学勘查中水系沉积物测量成果和构造地球化学调查成果可以确定找矿靶区和成矿有利地段，遥感资料解译的断裂和环形构造与提取的硅化、黄铁矿化和羟基蚀变信息，与地质、化探成果结合后有一定的辅助找矿作用。因此，矿田找矿靶区优选勘查技术组合以地质找矿成果二次开发、成矿构造调查与研究、电阻率（主要是 CSAMT 测量）探测方法、水系沉积物测量成果和构造地球化学调查成果分析为主，辅以遥感资料解译与信息提取。

（2）矿田找矿靶区勘查模型

①勘查原则："三定一辅一融合"勘查组合确定找矿靶区，即地质定性、化探定向、物探定深、遥感辅助、GIS 平台融合。

地质定性：对前人勘查成果资料二次开发提取成矿信息，结合 1/5 万成矿构造调查与研究，确定成矿有利构造，判断找矿潜力。

化探定向：通过 1/5 万 ~1/20 万水系沉积物测量成果分析，对矿田地球化学异常进行分类排序，圈定找矿区块，明确找矿方向。

物探定深：通过 1/5 万 ~1/2.5 万可控源音频大地测深扫面，确定矿化蚀变体响应的地球物理异常体往深部的变化情况，推测深部成矿前景。

遥感辅助：通过 1/5 万 ~1/2.5 万遥感解译对前人填出的断裂进行判读评价，

发现环形构造，提取硅化、黄铁矿化和羟基遥感信息，结合含矿构造和化探异常，辅助圈定矿化蚀变区。

GIS平台融合：将获得的地质要素和成矿信息，利用计算机GIS地理信息系统进行融合与分析，评价找矿前景。

②勘查技术流程归纳如下图：

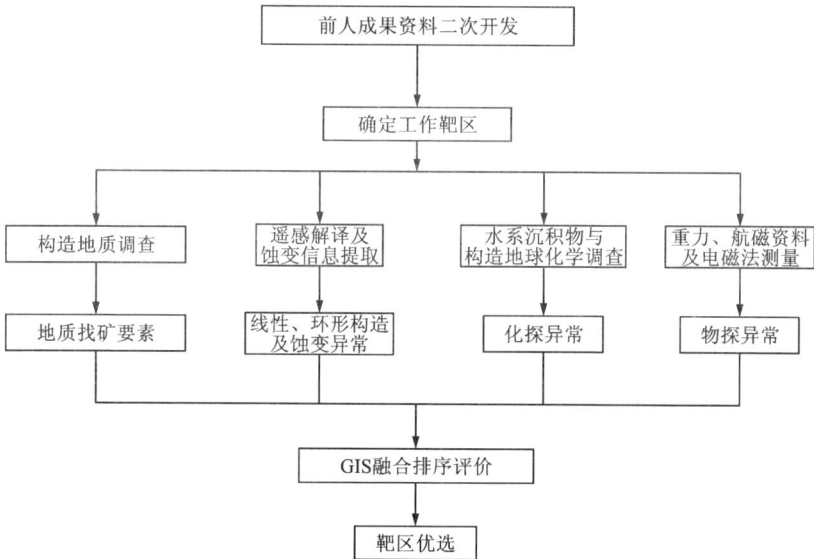

```
            ┌──────────────────────┐
            │   前人成果资料二次开发    │
            └──────────┬───────────┘
                       │
            ┌──────────┴───────────┐
            │      确定工作靶区        │
            └──────────┬───────────┘
       ┌──────┬────────┼────────┬──────┐
 ┌─────────┐ ┌─────────┐ ┌─────────┐ ┌─────────┐
 │构造地质调查│ │遥感解译及 │ │水系沉积物与│ │重力、航磁资料│
 │         │ │蚀变信息提取│ │构造地球化学│ │及电磁法测量 │
 └────┬────┘ └────┬────┘ │  调查   │ └────┬────┘
      │           │      └────┬────┘      │
 ┌─────────┐ ┌─────────┐ ┌─────────┐ ┌─────────┐
 │地质找矿要素│ │线性、环形构造│ │ 化探异常  │ │ 物探异常  │
 │         │ │及蚀变异常  │ │         │ │         │
 └────┬────┘ └────┬────┘ └────┬────┘ └────┬────┘
      └──────┴────────┼────────┴──────┘
            ┌──────────┴───────────┐
            │    GIS融合排序评价      │
            └──────────┬───────────┘
                 ┌─────┴─────┐
                 │  靶区优选   │
                 └───────────┘
```

图 7 – 3　找矿靶区勘查流程图

7.3　矿床三维勘查技术方法优化组合

7.3.1　矿床勘查

定义为地表二维矿化区、矿（化）体分布范围的确定，结合剖面矿（化）体深度探测，综合确定矿（化）体在立体三维空间的分布，指导勘查工程部署。

7.3.2　研究矿床的选择

遵循重要性和代表性原则选择断裂型半坡锑矿、整合型巴年锑矿和混合型蕊然沟 – 维寨锑矿三类典型矿床作为本书进行锑矿勘查技术试验与研究的对象，选择有效的勘查技术建立该地区锑矿床的勘查技术组合。

7.3.3　勘查方法手段筛选

根据本次研究的上述适用性和目的,本区可以选用的勘查方法和技术为地质方法、物探方法、化探方法:

地质方法:地表地质工作采用地质填图,覆盖区用浅钻揭露,深部采用岩芯定向钻探控制的方法。

物探方法:由于本次最大勘测深度超过 1500 m,结合适宜性,选择可控源音频大地电磁测深、大地电磁测深和频谱激电测深三种方法进行组合勘探。

化探方法:开发利用以往水系沉积物等化探工作成果,现行可用构造地球化学和土壤地球化学测量,包括在土壤中热释汞、烃类、电导率、地电化学、野外用 X 荧光快速测定及构造叠加晕研究等。

7.4　断裂型陡倾斜脉状锑矿——半坡锑矿床勘查技术

7.4.1　矿区地质概况

矿床位于独山鼻状凸起向南西倾伏端近轴部偏西部位,矿体形成于半坡断裂组 F_1(NNW 向展布半坡—巴年断裂北段),矿体大而集中,以陡倾斜大脉产出为主要特征,探明锑金属储量 14.96 万 t,为大型交错型脉状锑矿床。

(1)矿床地质特征

矿区出露地层单一,主要为中、下泥盆统,呈南北向分布,倾向南西,倾角 5°~17°,单斜地层。其中下泥盆统丹林组(D_1dn)为主要赋矿围岩,其岩性主要为石英砂岩、石英岩状砂岩,厚度大于 500 m。

构造以断裂构造为主,褶皱构造不发育。断裂构造以 NNW 向半坡断裂组(F_1)为主,是矿区最主要的赋矿断裂,同时有 NNE 及 EW 向断裂产出。F_1 主含矿断裂由 2~3 或更多的近乎平行的断裂组成发辫状复杂断裂带,形成沿走向倾伏、沿倾向斜列的分支复合、尖灭再现和隐伏侧伏等样式,主要呈陡倾斜大脉状于 F_1 断裂带内及其影响带丹林组厚层石英砂岩中地层产出,次为在断裂间及其上下盘节理发育地段形成密集网脉型和顺层网脉状——透镜状型矿体。

(2)矿体特征

1986 年,贵州有色三总队提交的半坡锑矿床勘探报告中表明已探明矿体 9 个,其中Ⅰ号矿体规模最大,占总储量的 77%。2009 年,矿山在执行全国危机矿山接替资源找矿勘查项目过程中,在矿区深部发现并控制了 4 个矿体,为原Ⅰ、Ⅱ、Ⅴ号矿体深部延伸部分。矿体沿走向连续至断续分布,走向长在 268.46~786.06 m,倾向延伸在 197.34~334.48 m。贵州省有色地勘局在整装勘查见矿标高降到 165 m。

（3）地球化学特征

赋矿地层 D_1dn 组含 Sb 量达 446×10^{-6}，元素组合为 Hg、As、Sb、Mo、Pb，矿石中元素组合是 Sb、As、Hg、Mo 作为找矿指示元素。构造地球化学异常与构造影响带范围基本一致，也与矿（化）体范围相吻合，沿断裂分布，依断裂带宽度而膨缩、长短而延伸，显示构造变动 - 地化异常 - 矿化体同步的特征矿石特征。

（4）矿石特征

①矿石矿物组成

矿石的矿物组分比较简单，工业矿物以辉锑矿为主，次为锑华及锑赭石等，其他矿石矿物有黄铁矿、雄黄、雌黄等，脉石矿物以石英为主，次为方解石、少量白云石和极少量的黏土矿物等。

②矿石结构、构造

矿石结构为自形、半自形结构、它形 - 半自形晶粒结构、交代结构、交代残余结构、聚片双晶结构、生物结构。

矿石构造为致密块状构造、脉状构造、网脉状构造、角砾状构造、浸染状构造、放射状构造、晶簇状构造、星点状构造、虫管状构造。

（5）围岩蚀变

半坡锑矿床围岩蚀变较简单，围岩蚀变较弱，主要以低温热液蚀变为主，普遍发育有硅化和黄铁矿化。

（6）矿化规律和控矿条件

①矿体在平面上均分布于断裂破碎带及旁侧碎裂岩、层间构造带中并严格受其控制，且具有集束性产出特点。一般情况下，断裂破碎带厚度越大，越有利于矿体赋存产出。

②脉状矿体受北西向走滑兼张性断裂破碎带控制明显，在石英砂岩中产出，明显受围岩的能干性和岩性控制，能干性越强，矿体越富集。

③矿化垂向上的总体分布规律是：从地表到深部，矿体分支复合、尖灭再现的现象明显，浅表地段断层倾角大于 70°一般无工业矿体，资源接替勘查在矿区 300 ~ 500 m 深产状平缓处矿化变弱，矿体一般在断层产状陡缓变化地段较富厚，似有矿体在断坡与断坪过渡带增厚富集的趋势。

④矿化与围岩蚀变关系密切，硅化及黄铁矿化与区内成矿关系最为密切，构造岩中硅化强烈发育的地方往往是富矿相对产出的部位。

就矿床三维空间产出形态而言，矿体的厚富部位位于半坡背斜与断层相交叉的部位，表明断层和褶皱变形可能对成矿都有贡献。但是赋矿岩层产状都较平缓，含矿岩石只发生碎裂（角砾岩化）和裂隙化，没有呈现出明显的塑性变形特征，表明成矿过程中并没有发生大规模的褶皱缩短作用。

7.4.2　技术方法的选择

根据上述技术方法选择的原则,结合矿床基本地质特征和主要控矿因素,在该矿区进行了聚矿构造及构造地球化学,土壤地球化学剖面,吸附烃,吸附相态 Hg,电吸附 Sb、Bi、As,可控源音频大地电磁测深(CSAMT),大地电磁测深(MT),频谱激电测深(SIP)等多方法遥感解译和蚀变信息提取等地、物、化、遥勘查技术实验、优化及研究。

7.4.3　技术方法的有效性试验及应用效果

(一)地表矿化区、矿(化)体勘查技术

(1)构造地质专项研究

半坡锑矿床受伸展走滑发辫状集束构造型样式控制,矿体主要受 NW 向 F_1 断裂组控制,主要沿断裂带及次级分支断裂、受断裂影响的旁侧裂隙和层间构造带分布,主要呈大脉状产于能干性强的下泥盆统丹林组石英砂岩中,矿体的富集与断裂构造带和破碎带的宽窄、断裂产状的陡缓密切相关,对断裂构造等主要控矿地质因素的专项研究,对预测矿体分布、物化探异常的综合评价、指导找矿勘查工作起主导作用。

半坡锑矿床围岩蚀变较简单,交代作用不明显,多属近矿围岩蚀变,硅化、碳酸盐化、黄铁矿化较普遍,有重晶石化、绢云母化和碳化发育但不普遍,围岩蚀变分带不明显,通常在矿体富厚的构造岩中硅化强烈,出现白色石英脉体或块体,黄铁矿化发育在矿体周围,碳酸盐化在矿体尖灭部位和矿体的上下盘较发育,蚀变组合和硅化强度指示锑矿化强度,可指导探矿工程定位、施工。

(2)构造(岩石)地球化学和水系沉积物地球化学测量研究

为圈定矿(化)体分布,开展了岩石地球化学剖面和水系沉积物地球化学测量(图 7 - 4)。比例尺前者 1/2000,后者 1/1 万。据贵州有色物化探总队(1985)研究,锑元素在半坡断裂角砾岩中含量高达 2425×10^{-6},近矿蚀变岩中为 318×10^{-6},而在未破碎无蚀变的石英砂岩为 10×10^{-6};从剖面图(图 7 - 5)中亦可看出其在含矿断层中 Sb、Hg 和 Mo 元素异常集中,往两侧岩石则迅速降低的特点,反映出成矿元素迁移和扩散晕分布受断裂控制的特征。

半坡矿床 Sb、As、Hg、Mo 作为找矿指示元素,Sb 与 Hg、As 均呈正相关,突出特点是富 Mo,SiO_2 与 Sb 矿化强度是正相关,这与强硅化近矿围岩蚀变标志吻合。构造地球化学异常沿断裂分布,与构造蚀变带范围基本一致,也与矿(化)体范围相吻合,依断裂蚀变带宽度而膨缩、长短而延伸,显示构造变动 - 地化异常 - 矿化体同步的特征,水系沉积物异常形态与构造地球化学异常相似,在流长方向上较长,中心位置对应于半坡锑矿。表 7 - 1 反映出评价地表锑矿的地球化学指标:

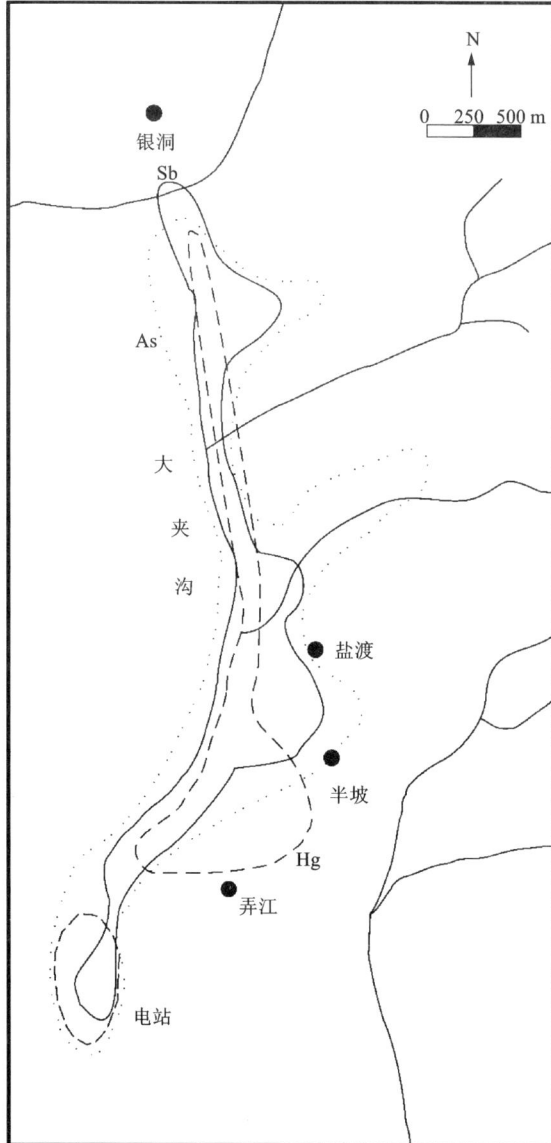

图 7 – 4 半坡锑矿床 Sb、Hg、As 岩石地球化学异常图

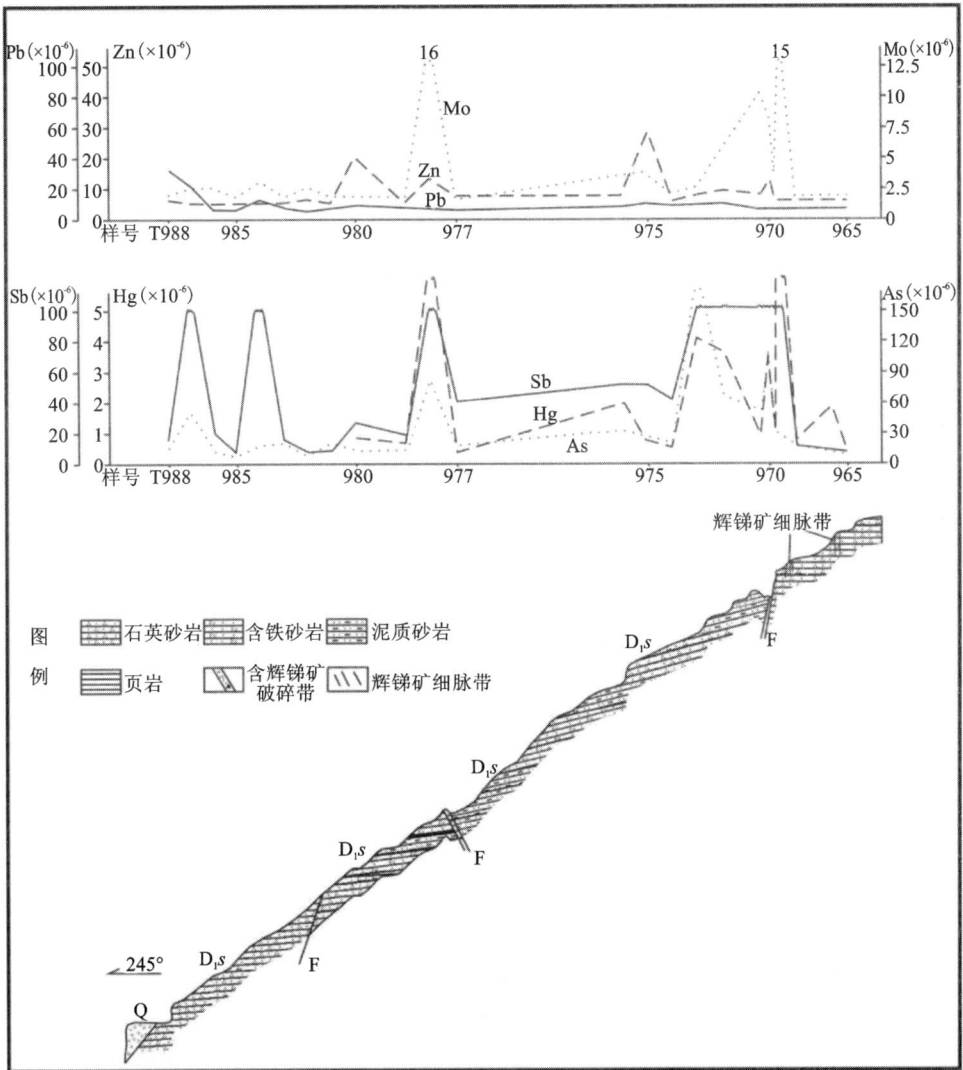

图 7 - 5　半坡锑矿 A101 地质化探剖面图

表 7 - 1　不同介质中 Sb 元素异常在评价矿化程度的指标表

评价指标	矿体异常（内带）			矿化蚀变体异常（中带）			构造蚀变带异常（外带）		
	水系	土壤	构岩	水系	土壤	构岩	水系	土壤	构岩
Sb 均值（$\times 10^{-6}$）	>150	>250	>700	30 ~ 150	100 ~ 250	100 ~ 700	<30	<100	30 ~ 100
Sb 衬度值	>10	>5		2 ~ 10	3 ~ 5			<5	

续表 7 - 1

评价指标	矿体异常（内带）			矿化蚀变体异常（中带）			构造蚀变带异常（外带）		
	水系	土壤	构岩	水系	土壤	构岩	水系	土壤	构岩
$(Sb \times Mo)/$ $(Pb \times Zn)$			>2.5		5~10	>2.5		<5	>2.5
$(Sb \times Mo)/$ $(Hg \times As)$			>100			>100			>100
模向分带	Sb > Hg > Mo > As			Sb、Hg、As 晕相当			Hg、As 晕 > Sb 晕		

（3）地球物理测量

整装勘查可控源大地电磁测深扫面，半坡异常分布于 111~121 线，半坡锑矿位于 L111~L119 线 120~125 点高阻异常区中部。中高阻异常体（1600~3000 Ω·m）连续分布，异常体集中突出，体现了异常规模与矿化强度呈正相关关系，异常验证钻孔在 L118 线见矿，说明该方法在该区有较好的找矿效果（图 3 - 14）。

（二）剖面矿（化）体分布及深度的勘查技术

（1）方法有效性试验

在已知 L116 线剖面开展化探大比例尺的吸附相态 Hg、吸附烃、电吸附、次生晕剖面测量，吸附烃、吸附相态 Hg、电吸附目前工程控制矿体深度已达 600 m，为探测大于 1000 m 空间成矿性，还做了物探可控源音频大地电磁测深（CSAMT）、大地电磁测深（MT）、频谱激电测深（SIP）试验。

①地球化学勘查各方法技术参数

在半坡锑矿区 L116 线共布设 4 条化探剖面，L116 线长度 1600 m、方位角 60°，起止点号为 1000~2650 m，点距 25 m，分别土壤地球化学剖面、吸附烃剖面、电吸附剖面、野外快速 XRF 测量四种化探方法：

a. 土壤地球化学剖面

B 层取样，点距 25 m，加工 <120 目，分析项目 Ag、Cu、Pb、Zn、As、Sb、Bi、Hg、Mo 及吸附相态 Hg 等 10 项。

b. 吸附烃剖面

B 层取样，点距 25 m，加工至 40~60 目，分析项目甲烷、乙烷、丙烷、异丁烷、正丁烷、异戊烷、正戊烷、乙烯和丙烯等 9 项有机组分。

c. 电吸附剖面

取样布置同次生晕，点距 25 m，加工至 80~120 目，分析项目 As、Sb、Bi、Hg 等 4 项。

d. 野外快速 XRF（X 荧光光谱法）测量

取样布置同次生晕，点距 25 m，加工 80 ~ 120 目，分析项目 Sb。

②地球物理勘查各方法技术参数

在半坡锑矿区 L116 线共布设 3 条物探剖面，L116 线长度 1600 m、方位角 60°，起止点号为 1000 ~ 2650 m，点距 50 m。分别做可控源音频大地电磁测深法（CSAMT）、大地电磁测深法（MT）和（频谱激电测深法）SIP 三种物探方法，选用 CSAMT 查明 1500 m 以内的电性及构造特征，选用 MT 查明 1500 m 以下的电性及构造特征，选用 SIP 对前面两种方法推断解释的电阻率异常进行解剖，用激电四参数判定其是否为矿致异常。另外在整装勘查时做了 L1 可控源音频大地电磁测深试验剖面，点距 100 m。

a. 可控源音频大地电磁测深（简称 CSAMT）

CSAMT 法是一种以人工控制发射水平电偶源来代替天然场源的频率域电磁法，CSAMT 法的探测深度大致为：

$$h = 356 \sqrt{\rho / f}$$

上式 h 为探测深度；f 为频率；ρ 为电阻率（又称为卡尼亚电阻率），可见介质的电阻率越高，工作频率越低，探测的深度越大。

本次发射偶极 AB 距离为 2000 m，收发距为 18 km，测量极距为 50 m，频率范围为 0.125 ~ 9600 Hz（图 7 - 6）。

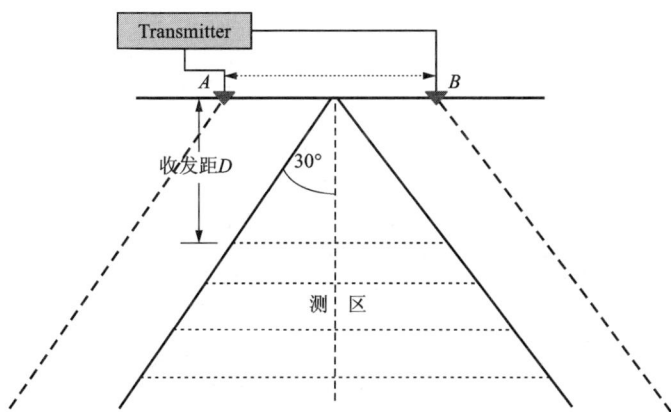

图 7 - 6 CSAMT 野外工作布置示意图

本次 CSAMT 测量使用的仪器主要是加拿大凤凰公司生产的新一代网络化多功能电法仪 V8；其采用 GPS 卫星同步，每道 24 位 A/D 转换，不受地域限制高精度叠加、扫频，垂向分辨率和勘探精度高（图 7 - 7）。

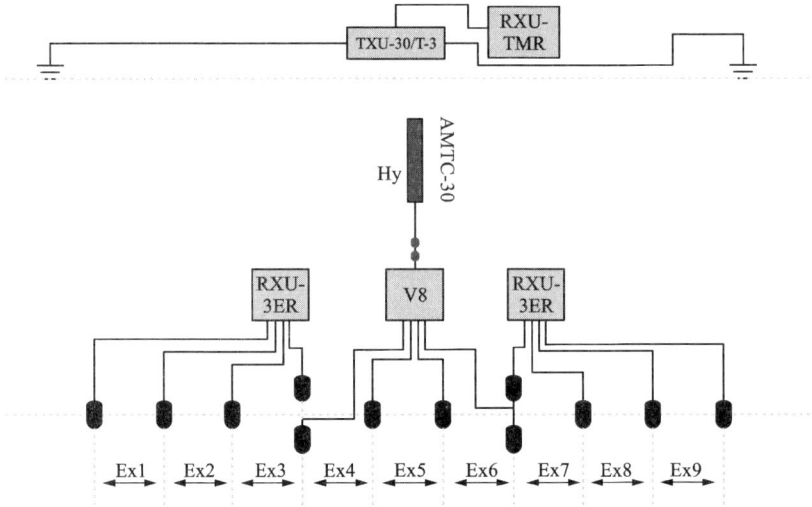

图 7 - 7   CSAMT 野外极罐布极方式示意图

b. 大地电磁测深

大地电磁测深(MT)是一种被动源的电磁探测技术,采集的是由天然变化的电磁场而引起的地下介质的感应信号,这种方法不受高阻层的屏蔽作用影响,对高导异常体的反应灵敏。本次大地电磁测深(MT)采集的频率范围为 0.01 ~ 10400 Hz, AMT 探测深度的范围可以从地表到地下数公里。视电阻率定义如下:

$$\rho_a = \frac{1}{\omega\mu} \left| \frac{E_s}{H_s} \right|$$

式中:E_x 为地面电场实测值,E_y 为地面磁场实测值。

磁场传感器的布置采用森林罗盘、水平尺等工具保证用于施工的仪器工作正常。以测线为 Y 方向,采集数据即为 TM 模式,四个电极以大号点为东,遵循东南西北的原则布置。测量采用不极化电极,野外工作开始前完成仪器的标定及一致性试验。

MT 数据采集使用由加拿大凤凰公司生产的地球物理电磁法综合测量系统(V8 - 6R 系统)。

c. 频谱激电磁测深

复电阻率(CR)法是一种高密度剖面测深方法,它采用电偶源的多道偶极 - 偶极排列,扫频观测径向电场的振幅 - 相位频谱,借以勘查地下矿藏。CR 法测得的频谱包含了由电极化性引起的激电谱(SIP),可用数学物理模型 Cole - Cole 模型和 Cole - Brown 模型反演拟合分离,并求解出多个 SIP 谱参数。本次数据处理工作中使用传统 SIP 谱中的视几何电阻率 ρ_S 参数、视充电率 m_S 参数、视时间常数 τ_S 参数和视频率相关系数 C_S，这些参数可以从多个视角和侧面反映地下异常体的导电和电极化性质，可以对异常的物质属性和空间形态做出较准确的判断（图 7 - 8）。

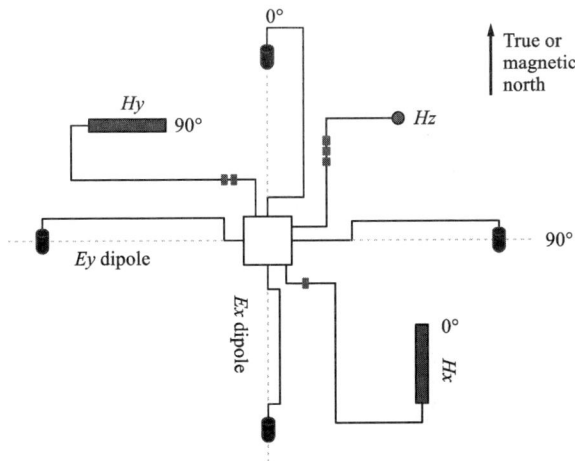

图 7 - 8　大地电磁测深野外采集示意图

本次频谱激电测深装置采用偶极 - 偶极装置，每个排列观测 9 道，采用三道跑极方式进行滚动测量，每次观测频点 27 个。间隔系数根据各勘探地段目标体埋深进行调整，范围为 15 ~ 24。接收偶极的电极采用固体不极化电极。

频谱激电测深观测仪器采用加拿大凤凰公司生产的 V8 - 2000 型电法工作站的 SIP 模块。

7.4.4　方法有效性评价

（一）常规地球化学方法

（1）土壤地球化学晕

已知矿体剖面 L116 线剖面土壤地球化学晕异常特征：对该剖面 25 个微量元素分析后上图，Sb、Hg、Mo、As、Zn、Cr、Ba 元素在已知矿段有异常反映，以 Sb、Hg、Mo、As、Zn 的异常最明显，异常曲线形态与矿化强度、埋深有较好的对应关系。在剖面东段矿化体出露部位具明显的 Sb、Hg、Mo、As 异常，此类元素异常曲线形态有向西逐渐减弱的趋势，反映该段曲线形态高低与矿化强度和埋深同步。在物探预测深部有找矿前景的地段上方地表土壤，Sb、Hg、Mo、As 元素有低缓异常突起，可能显示了深部矿体在地表的反映。Cr、Ba 元素异常范围较大，主要是反映了构造蚀变带；Cu、Pb、Ni、Co、Ni、Li、Sr、V、Cd、Co、Bi、V、Sn、K、Ti、Mn、F、P 呈锯齿状曲线，无明显的异常反映；Au、Ag 含量元素因低于检出线未上图(图 7 - 9)。

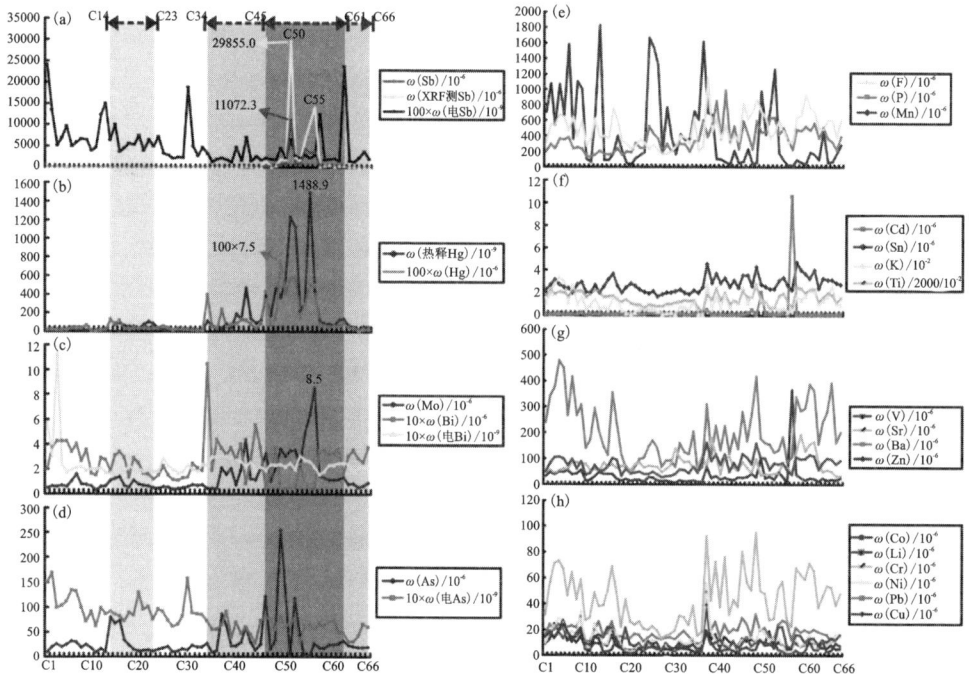

图 7 - 9　L116 线剖面微量元素图

（2）岩石地球化学晕

已知矿体剖面 A101 剖面岩石地球化学异常特征：在以往分析的 Pb、Zn、Sb、Hg、As、Mo 元素中，剖面异常曲线 Sb、Hg、As、Mo 高低起伏基本同步相伴产出，异常在地表已见锑矿化蚀变构造带集中突出，异常范围与围岩矿化蚀变范围一致，对其他断裂构造也有明显异常反映，表现出热液活动受断裂构造控制的特点；Zn 元素异常曲线较缓但与构造相对应，铅含量曲线平缓，与锑成矿相关性不大。岩石地球化学 Sb、Hg、As、Mo 组合异常可作为指示锑矿化体和构造的示矿元素。

（二）非常规地球化学方法

已知矿体剖面 L116 线上做了热释汞、吸附烃、电吸附、XRF 分析 Sb 方法试验。

（1）热释汞：在 L116 剖面线东段 C34→C66 半坡断裂构造矿化蚀变体出露部

位具明显的热释汞高值富集区，且曲线形态向西逐渐减弱，反映该段曲线形态高低与矿体矿化强度和埋深同步，热释汞在矿体上部异常明显，与矿体的规模、贫富有一定的相关性，且热释汞与化探分析 Hg 相比，热释汞测量由于测试精度达到 10^{-9}，相比常规测试提高了 3 个数量级，在断层或其附近处热释汞的峰值相对更明显，起到了强化异常的作用，从而增加了样品中 Sb、Hg 的差异性，在物探预测深部有找矿前景的地段上方（点 C14→C23）表现出异常富集现象，应是下方隐伏矿体的反映。热释汞可作为重要的示矿标志。

（2）吸附烃：本次分析的吸附烃为甲烷、乙烷、丙烷、异丁烷、正丁烷、异戊烷、正戊烷、乙烯和丙烯，甲烷、丙烷、乙烯吸附烃具有相似的剖面曲线形态，其东段锯齿峰状峰部区与半坡构造矿化蚀变带吻合，与矿体对应较好；在物探预测有埋深较大的西段有异常反映，说明甲烷、丙烷、乙烯吸附烃有反映深部矿体的趋向。其他组分的含量曲线跳跃变化无规律，示矿性较弱。

（3）土壤电吸附：已知矿体 L116 剖面线土壤电吸附异常特征：在土壤样中做了 Sb、Ag、Bi 电吸附分析，Sb 在矿体上有异常（图 7 - 10），西段异常与预测深部平面位置相吻合，说明该方法能更有效指示该类型锑矿体和隐伏矿体。Ag、Bi 元素地电曲线跳跃变化无规律。

（4）野外快速分析（XRF）：X 光斑的聚集既强化了矿化的显示度，也对矿化部分增强了矿与非矿的差异，常规分析的 Sb 与野外快速 XRF 分析 Sb 的丰度变化具有高度一致的异常趋势，加之该方法经济性、方便性和即时性俱佳，故 XRF 测试在该区域锑矿找矿工作中有很好的应用前景。

（二）物探

（1）1 号试验剖面：1 号试验剖面与半坡锑矿区物探测线 L114 邻近并平行。该试验剖面 CSAMT 测深反演成果图视电阻率等值线层次变化分明，整体上随着深度的增加，视电阻率逐步增大，在半坡地段深部沿半坡断层及上下盘（对应点位在 120 ~ 126）丹林组和舒家坪组地层，出现自上而下的陡倾斜形态的高阻异常带（视电阻率在 1600 ~ 3000 Ω·m），与断层上、下盘分布的硅化蚀变体分布范围吻合，且与 ZK23 - 10（点位 122.26，见矿深度 242 ~ 258 m）孔、ZK27 - 6（点位 123.2，见矿深度 93 ~ 99 m）孔基本一致，CSAMT 测深对锑矿含矿带主要赋存在半坡断层（F_1），赋矿地层层位为丹林组和舒家坪组（$D_1dn + D_1s$），与围岩硅化蚀变关系密切（图 7 - 11）。

（2）半坡 L116 剖面：图 7 - 12（左）为整装勘查 100 m 点距的 CSAMT 物探反演图，图 7 - 12（右）为本次物探 50 m 点距的 CSAMT 物探反演图。对比左右两幅图可知，两种点距剖面图上 1 - 2 - 3 号相对高阻圈闭、1 - 2 号低阻圈闭形态对应较好，由于 100 m 点距的物探剖面跨过了一些异常及静态效应影响，造成异常中心有一定的移位。整体上 50 m 点距物探剖面在反映本区的电性特征的精细程度

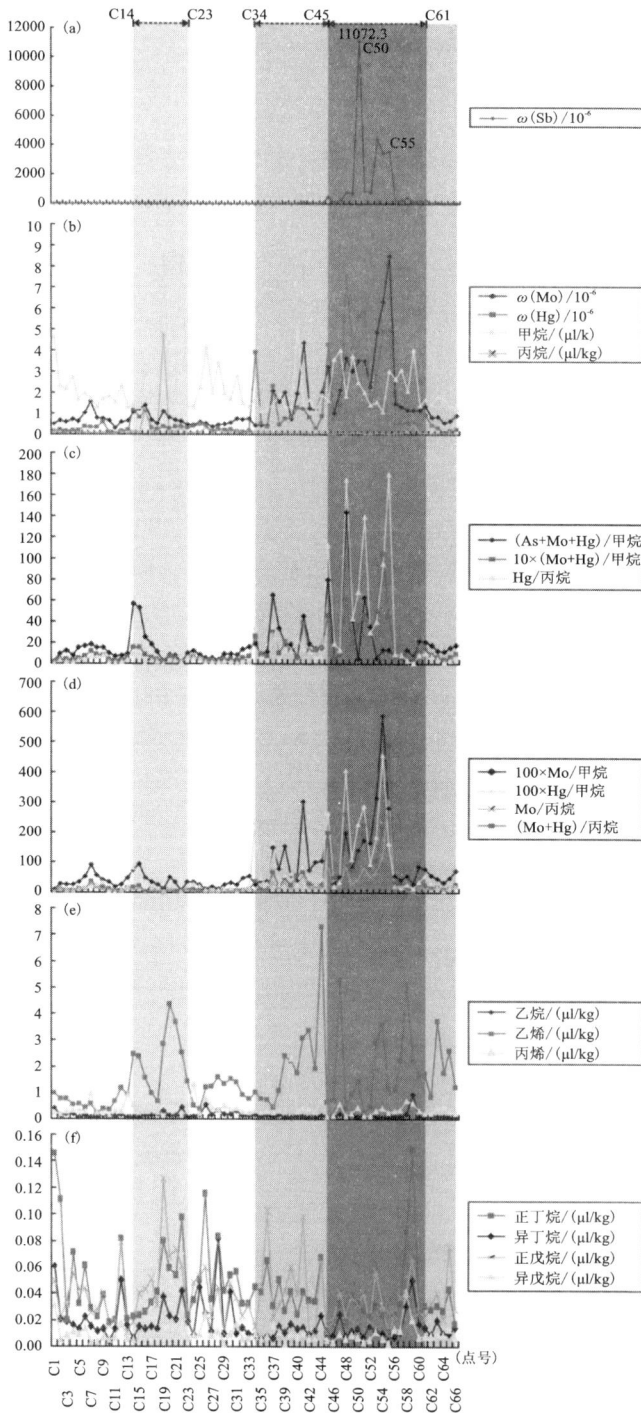

图 7 - 10　L116 线土壤吸附烃曲线图

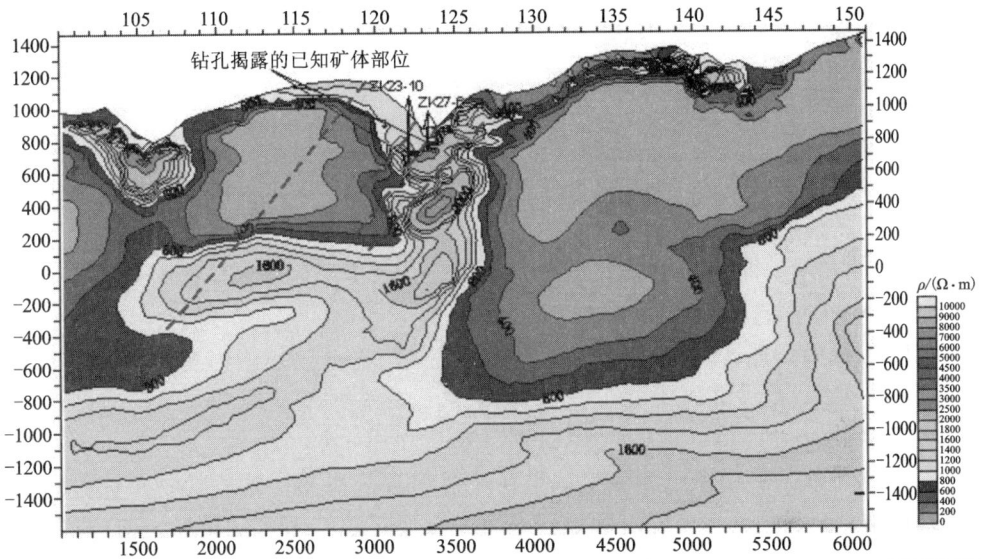

图 7 – 11　L1 试验剖面 CSAMT 测深反演成果图

较好，近场效应影响较小。把已知矿体投到物探剖面上可知，矿体产出位置为与半坡断层交切的高电阻隆起异常，矿体位置电阻率为 3000 Ω·m 左右，与物性标本测量结果一致。

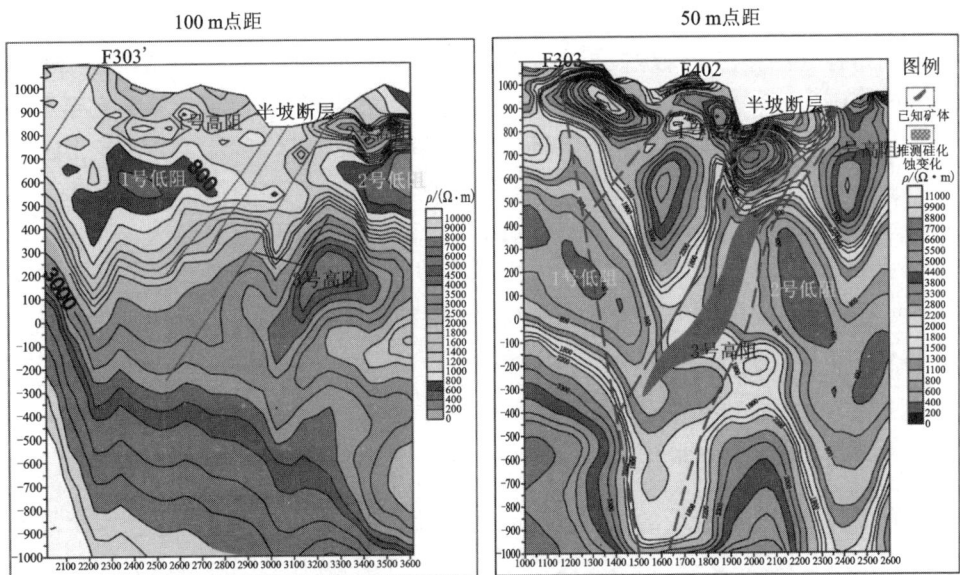

图 7 – 12　L116 线 CSAMT 测深 100～50 m 点距成果对比图

另外，50 m 点距剖面能够清晰地反映半坡断层往深部的延伸情况，重新解译后 F_{303} 断裂从 100 m 点距倾向南西转为 50 m 点距倾向北东，F_{303} 断层在 MT 反演成果图也有反映。

综合试验剖面、整装勘查资料及 L116 线结果认为，电磁测深法能够解释断层的产状及延伸，半坡断裂型陡脉状锑脉床在物探断面上表现为沿半坡断层（F_1）分布的相对高阻部位，能够划分电阻率界面，区分矿体与围岩的电阻率差异，矿体的物探响应较好，说明可控源大地电磁测深法在独山测区找锑矿是有效的，可能达到间接找矿的目的。

MT：据前所述，根据 MT 反演结果，大号端附近 F 断层皆为深大断裂。整体来说断层 F_{402}、半坡断层皆被断层 F_{303} 阻断。另在一维反演图和二维反演图浅部明显存在，其性质与可控源大地电磁测深解译结果一致。

SIP：本次的频谱激电测深工作是在通过综合分析第一阶段的物探资料和前期地质资料后，在认为成矿有利地段布置的。通过总结本区频谱激电测深资料，认为区内识别致矿异常的依据是中高电阻率（硅化蚀变带及砂岩）、低充电率（锑矿矿体）、低时间常数（<10 s）和低频率相关系数（<0.4），这四个参数与异常体的地球物理电性特征及矿体结构构造相关。图 7 - 13 为本次频谱激电实测成果。

结合已有 3 - 3'、5 - 5'勘探线及钻孔资料所发现的矿体和频谱激电测深资料，根据前已述及的矿致地球物理参数可大致推测矿体延展情况如图 7 - 13 中实线区域，矿体沿半坡断层往深部产出，分布于丹林组地层和翁项群地层内。

7.4.5 方法有效性验证及应用效果

贵州省有色和核工业地质局对整装勘查物探扫面成果，结合成矿地质条件，对半坡锑矿深边部找矿靶位进行了定位预测，认为半坡锑矿位于区域重力异常低值区及重力剩余异常负值区，半巴断裂与隆起顶部交切，CSAMT 测量有向上隆起的高电阻率异常，在 L118 线 117 号深部有封闭高阻区并相间反映断裂的相对低阻区，推测高阻体为沿断裂及两侧的硅化蚀变体，是找矿的有利地段。据此认识布置了钻孔 WZK118 - 1 进行验证，设计深度 800 m，因受钻机能力所限终孔深度 698 m，结果该钻孔在深 695～697 m 发现了隐伏富锑矿（标高约 164～166 m 附近见 1.12 m 的辉锑矿），矿芯辉锑矿最高品位 35.05%，综合品位 16.02%，验证取得成功，实现了在该区运用物探方法寻找深部隐伏矿突破。

7.4.6 有效勘查技术组合

通过对半坡矿区开展的大比例尺地质填图、物探和化探工作，结合本次进行的方法技术有效性试验和钻探验证，初步建立了受断裂控制的陡倾斜大脉状锑矿床的三维地物化综合勘查技术组合。

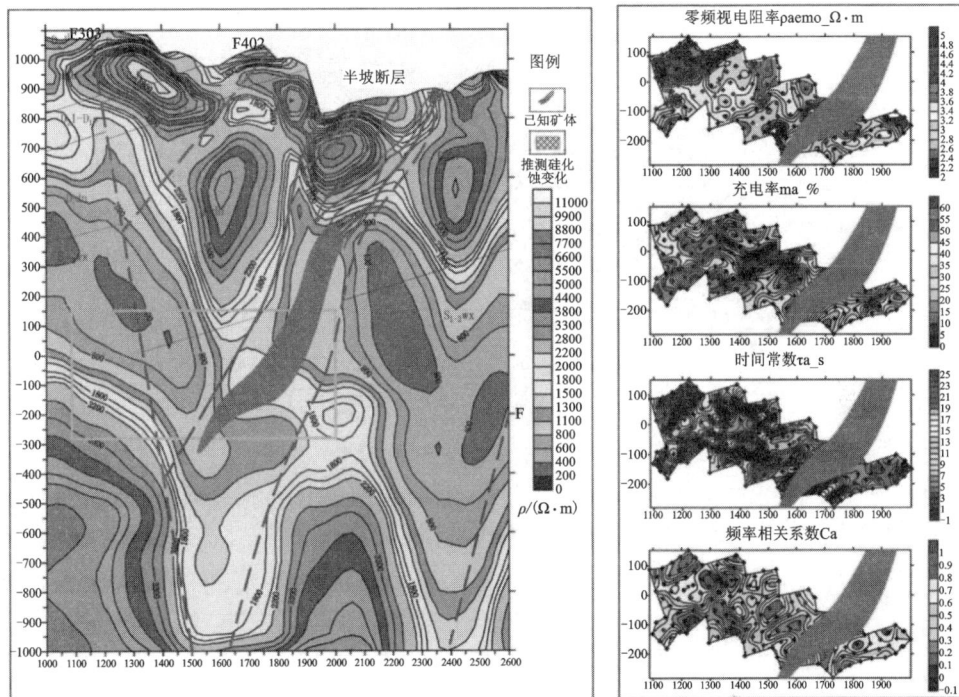

图 7 - 13　独山半坡 L116 线 CSAMT(左)与 SIP(右)成果对比图

(1)地表平面可用中大比例尺地质填图、水系沉积物与岩石地球化学测量和可控源音频大地电磁测深测量,结合主要控矿构造蚀变因素综合分析可有效地圈定矿化区,土壤吸附相态汞、电吸附 Sb、吸附烃(甲烷、丙烷、乙烯)异常结合构造地球化学(Sb、Hg、Mo、As、Zn、Cr、Ba)组合异常可较准确圈定矿化蚀变体、矿体分布,野外快速分析(XRF)Sb 可快速经济地确定浅表 Sb 异常范围。

(2)在矿化分布区物探 CSAMT 剖面用于勘查 1500 m 以内浅锑矿勘查(矿致异常的响应特征为断层破碎带内电阻率横向上两边低阻区域夹持的高阻区域、纵向上浅部为高低阻接触区域及电阻率凹陷区域),MT 则可有效反映 1500 m 以下构造情况并与 CSAMT 相互印证,SIP(频谱激电)在电磁法推断的高阻区域发现高极化率异常体即矿体,结合土壤剖面吸附相态汞、吸附烃(甲烷、丙烷、乙烯)和电吸附 Sb 可较好圈定深部矿化体剖面二维分布。

(3)上述(1)(2)结合,可较好地探测矿(化)体三维立体空间分布。

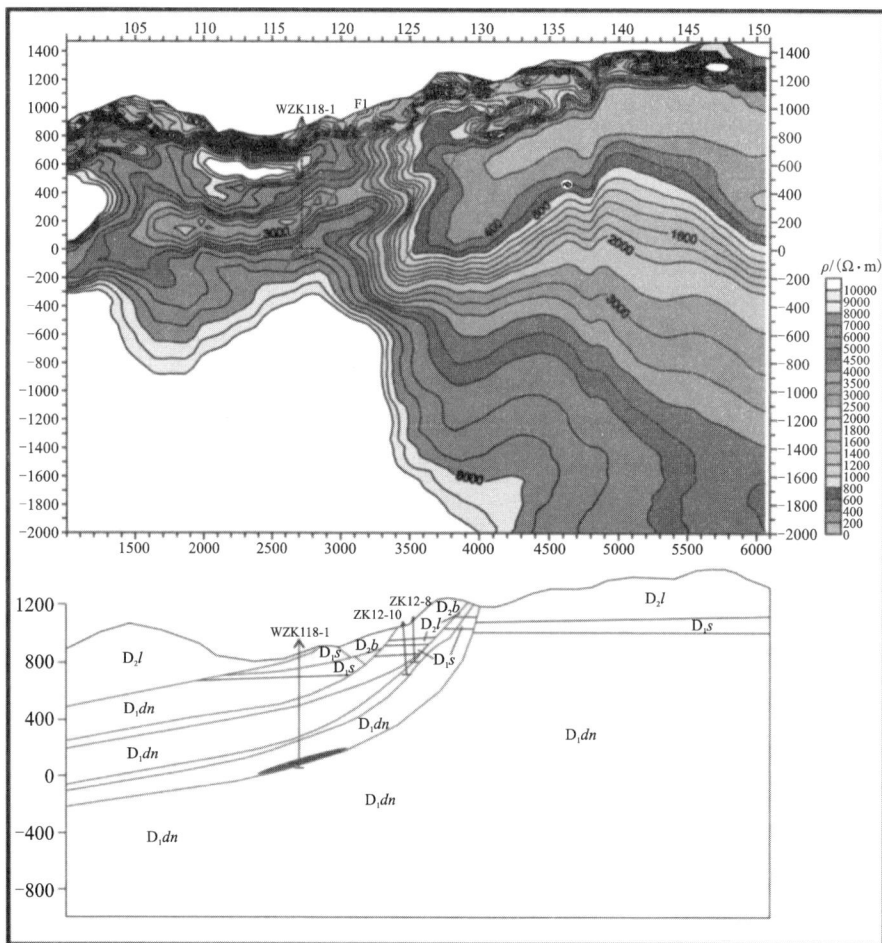

图 7 – 14　L118 线 CSAMT 测深反演成果及解释图

7.5　整合型似层状、透镜状——巴年锑矿床勘查技术

7.5.1　矿区地质概况及巴年矿床地质特征

巴年锑矿床是独山锑矿田内代表性锑矿床之一，其位于环"江南古陆"南西端。矿区出露地层主要为中泥盆统独山组（D_2d）浅海相碳酸盐岩和碎屑岩，与下伏地层中泥盆统邦寨组（D_2b）为整合接触。按岩性不同，独山组自下而上可划分为三段：鸡泡段（D_2d^1）、宋家桥段（D_2d^2）和鸡窝寨段（D_2d^3）。其中的宋家桥段按

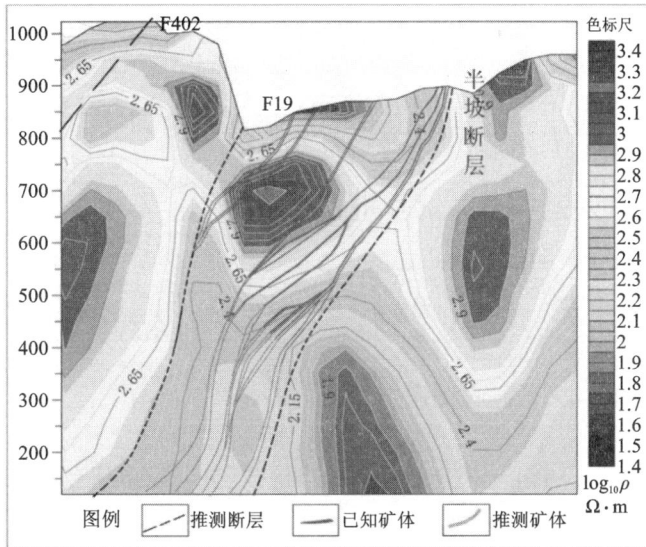

图 7 – 15 半坡式锑矿物探勘查模型

其岩性组合特征又可分为上、下两个亚段：下亚段（D_2d^{2-1}）为中至厚层中粒石英砂岩夹薄层泥质灰岩或灰岩透镜体；上亚段（D_2d^{2-2}）以碳酸盐岩与碎屑岩互层，是巴年锑矿的主要赋矿层位。矿区内未见岩浆岩出露。半巴断裂、打鱼河断裂是矿区的主要控矿构造。主断裂的旁侧构造和层间破碎带为容矿构造。矿体的大小和富集程度与构造的产状和发育程度有关，断裂组平行、交汇、膨胀地段，均是富矿体的产出部位。

　　巴年锑矿床矿化范围大、矿体小、变化较大，与围岩界线大多为突变关系。矿区虽其多层赋矿特点，但在垂向上很少有矿体重叠出现。每个矿化体包含若干矿体，矿体呈似层状、透镜状等缓倾斜顺层产出，与岩层产状一致，倾向南西，倾角 10°～20°。矿体规模大小不一，小者长十几米甚至几米，大者四五十米，百米以上者较为罕见。矿化体一般多为一二百米长，大者可达五六百米，但连续性差。矿石的矿物成分较简单，金属矿物主要为辉锑矿，次为黄铁矿，此外近地表有少量锑的氧化物（锑华、锑赭石等）；非金属矿物有碳酸盐（方解石、白云石）和石英。矿石中广泛发育结晶、交代成因的组构特征：矿石结构主要有自形晶、半自形晶结构，其次为交代残余结构；矿石构造有浸染状、角砾状、块状、晶簇状及（网）脉状等。围岩蚀变以碳酸盐化、硅化为主，黄铁矿化、炭化次之。

7.5.2 技术方法的选择

前人在该区已做过 1/1 万地质测量及构造地球化学、土壤地球化学测量和探矿工程施工，整装勘查时做了可控源音频大地电磁测深（CSAMT）剖面试验和扫面，本次的遥感解译与蚀变信息提取已覆盖矿区。

7.5.3 技术方法的有效性试验及应用效果

（一）地表矿区、矿化体勘查技术

面上已做过中大比例尺地质测量、构造地球化学与土壤地球化学测量和可控源音频大地电磁测深扫面。

（1）可控源音频大地电磁测深扫面

整装勘查时可控源音频大地电磁测深扫面覆盖巴年矿区。摆略－巴年成矿高阻异常带内有摆略、王屯、高寨 3 个矿点和巴年 1 号锑矿体和巴年 2 号锑矿体，物探中高阻异常圈闭有 4 个（编号 I—IV），I—IV 号中高阻圈闭异常沿巴年断层呈北北西向呈串珠状排列，II、III 号圈闭异常和边缘对应巴年 1 号锑矿体和巴年 2 号锑矿体，说明中高阻圈闭与锑矿位置套合较好，可控源音频大地电磁测深是有效的物探找矿方法。

（2）土壤地球化学测量

巴年矿区 1979 年贵州省有色物化探总队做过 1/1 万土壤地球化学测量，网度 100 m×20 m。异常主要为 Sb、Hg、As 组合异常，三元素异常中心分离，As、Sb 包围 Hg 异常，异常呈不规则面状分布，南北受 F_{204} 和 F_{211} 挟持，东西受 F_{207} 和 F_{209} 断裂控制，异常面积约 0.6 km^2，主成矿元素 Sb 异常强度高（异常平均值 155 ×10^{-6}），梯度变化明显（大于 17），有多个浓集中心（最大值 4080×10^{-6}），异常范围内多个钻孔见矿，异常浓集中心亦是浅表部均见矿，说明土壤地球化学测量是巴年锑矿的有效找矿方法。

（二）剖面矿（化）体分布及深度的勘查技术

（1）地球化学剖面勘查技术

从巴年地质化探综合剖面（图 7－16）可看出，岩石地球化学异常（原生晕）与土壤地球化学异常（次生晕），Sb、Hg、As、Mo 元素有明显的异常，异常总体为东强西弱的特征，即 F_{209} 断裂东侧及旁侧为 Sb、Hg、As 元素高值区，且三种元素含量曲线同步消长，Mo 元素形成高值。

（2）地球物理剖面勘查技术

整装勘查时施测了 2 号试验剖面，2 号试验剖面与巴年矿区物探测线 L146 邻近并平行，试验方法为 CSAMT 测深。从该剖面纵向上看，视电阻率等值线层次变化分明，整体上随着深度的增加，视电阻率逐步增大；横向上看，在巴年地段

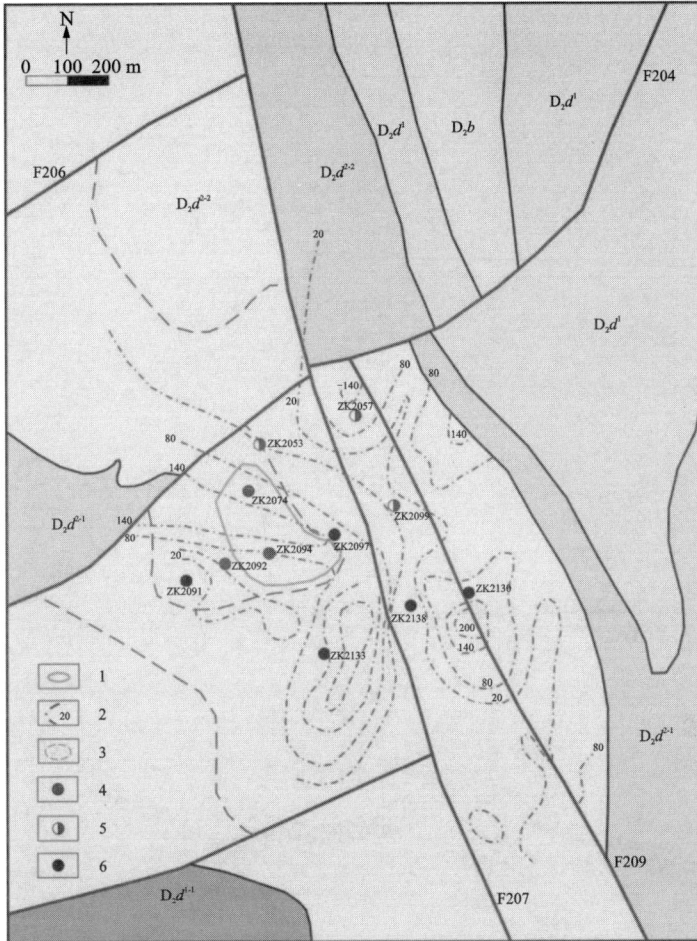

图 7 – 16　巴年土壤地球化学异常平面图

1—Au 异常；2—Sb 异常；3—As 异常；4—见矿钻孔；5—见矿化钻孔；6—未见矿钻孔

深部发现在点位 117～125 和点位 127～131 出现陡倾斜的高阻异常带，前者与半巴断层及上、下盘对应，后者与巴年背斜对应。已知矿体呈似层状分布在 118～125 之间中泥盆统宋家桥段灰岩所夹砂岩层间构造中，矿体埋深大都在 100 m 内，巴年地段 117～125 之间浅部出现与地层和坡向顺层分布的相对高阻异常带（800～1200 Ω·m），异常高值沿层呈团块状分布，与坑道揭露的点位在 120～125、高程 680～700 m 段的锑矿化硅质蚀变岩体分布范围吻合，说明物探异常对锑矿化蚀变的响应较好（图 7 – 17、图 7 – 18）。

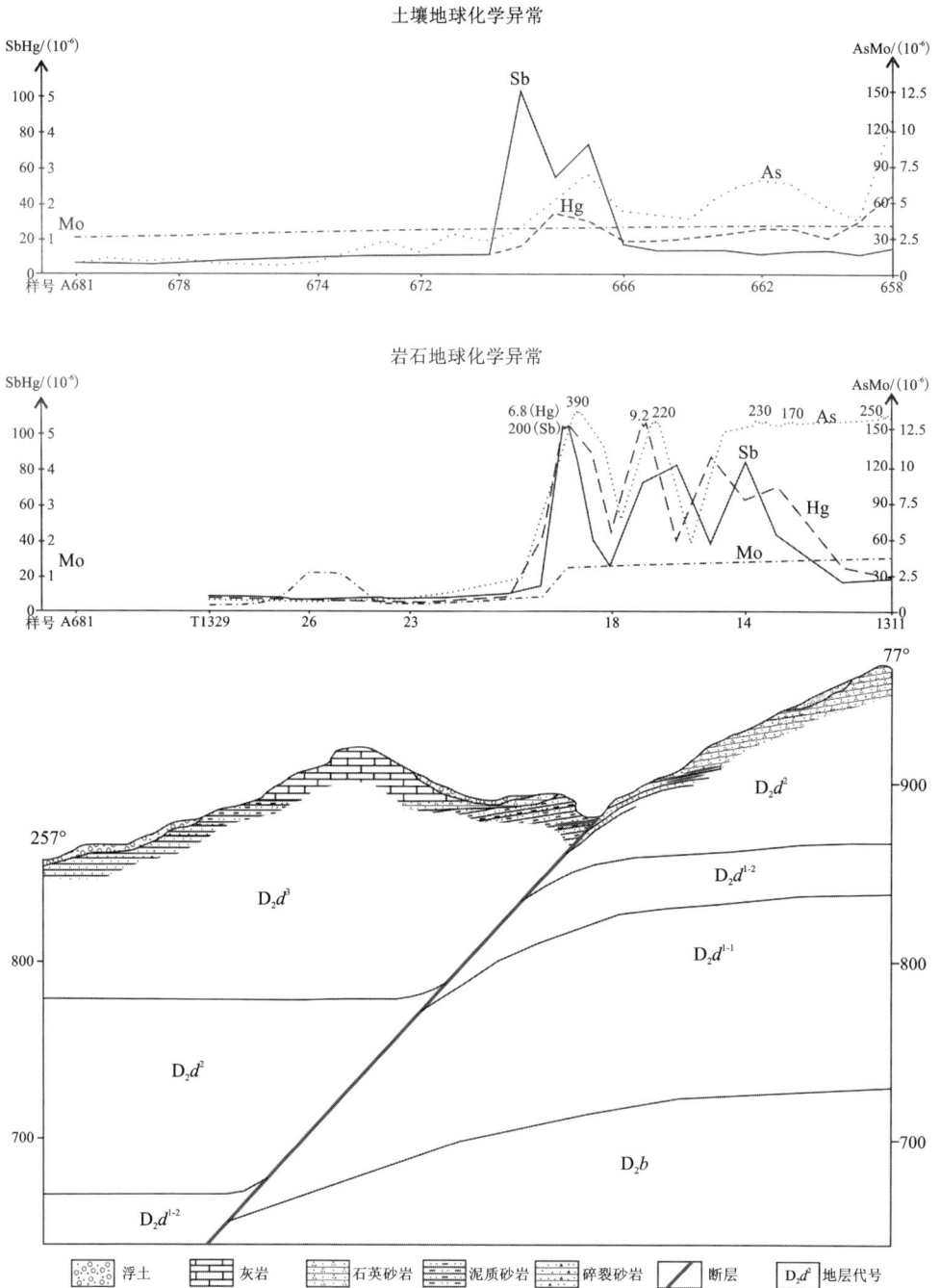

图 7 - 17　巴年锑矿地质化探综合剖面图

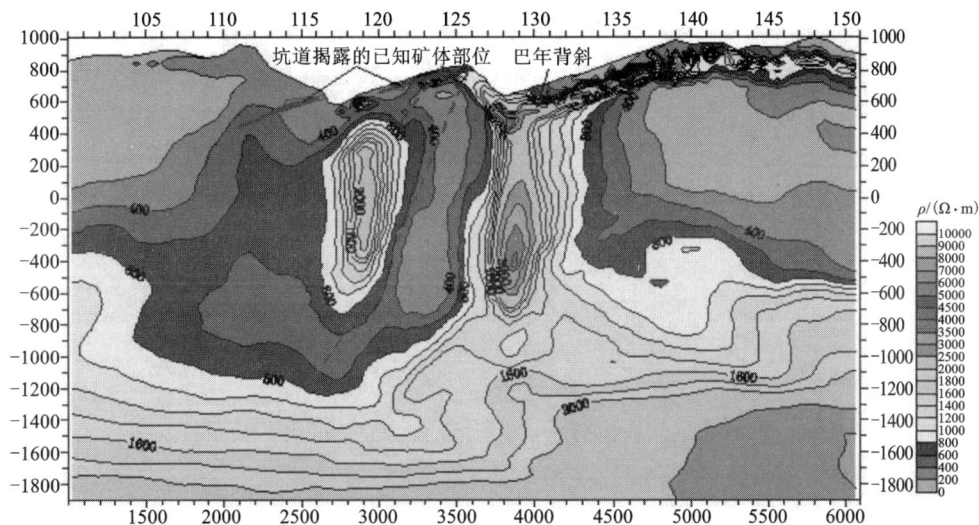

图 7 – 18　L2 试验剖面 CSAMT 测深反演成果图

7.5.4　巴年整合型锑矿有效勘查技术组合

通过对巴年矿区开展的大比例尺地质填图、物探和化探工作总结，结合本次进行构造地质调查和矿床地球化学工作，初步建立了受层间构造控制的缓倾斜整合型锑矿床的三维地物化综合勘查技术组合。

（1）地表平面可用中大比例尺地质填图、土壤地球化学测量和可控源音频大地电磁测深测量，结合主要控矿构造蚀变因素综合分析可有效圈定矿化区，结合地质地球化学综合剖面岩石、土壤（Sb、Hg、Mo、As）组合异常可较准确圈定矿化蚀变体、矿体分布。

（2）在矿化分布区用物探 CSAMT 剖面用于勘查 1500 m 以浅锑矿勘查（矿体物探异常响应特征为宋家桥地层和巴年断层破碎带内的高电阻率团块异常中的串珠状相对低阻区）。

（3）上述（1）（2）结合，可较好地探测矿（化）体三维立体空间分布（图 7 – 19）。

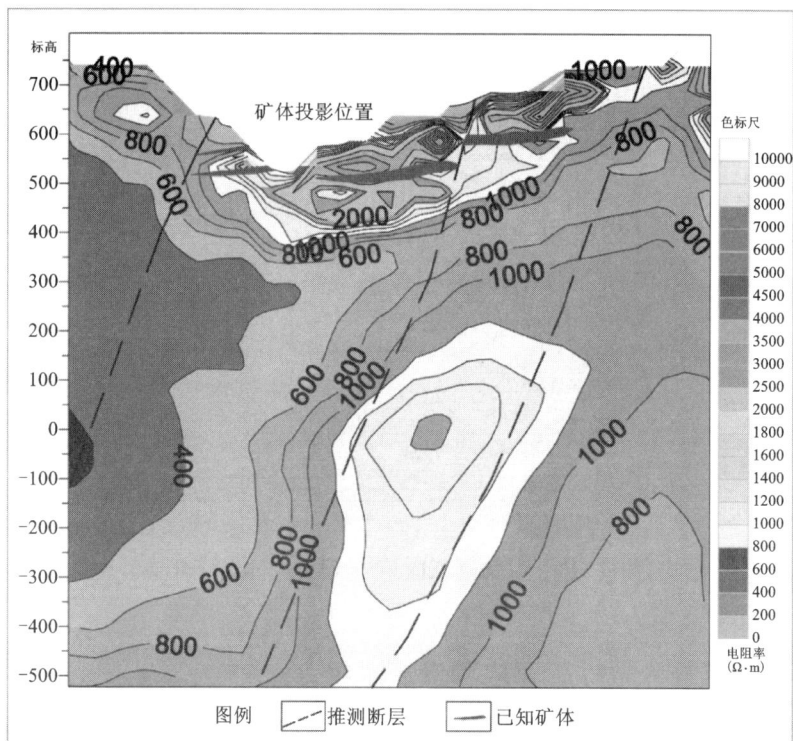

图 7 - 19　巴年式锑矿物探勘查模型

7.6　混合型——维寨(蕊然沟)锑矿勘查技术组合

7.6.1　维寨矿床地质特征

维寨锑矿处于独山锑矿田南段，独山断裂和烂土断裂之间。区域内出露地层主要是泥盆系及志留系地层，岩性以砂岩及黏土岩为主；含矿岩性以砂岩为主。矿区内地层倾向变化不大，为一向南和南东倾的单斜构造，倾向 160°~170°，岩层倾角一般 10°~25°。区内出露地层由新到老有：第四系(Q)、泥盆系中统龙洞水组(D_2l)、下统舒家坪组(D_1s)和丹林群(D_1dn)以及志留系中—下统翁项群($S_{1-2}wn$)。第四系(Q)主要为由黄色黏土及岩石碎块组成的残坡积层。龙洞水组(D_2l)中上部主要为泥晶灰岩、生物碎屑灰岩夹少量白云质灰岩和红色含铁质砂岩，底部一般为深灰色含泥质砂岩夹泥质粉砂岩；舒家坪组(D_1s)主要为薄至中厚层状含泥砂岩夹薄层泥质粉砂岩；丹林群（D_1dn）主要为中厚层中粒至细粒石英砂岩、砂岩，偶夹薄层粉砂岩和泥质砂岩；中下志留统皆残缺不全，合称为翁项群（$S_{1-2}wn$），为一套地台型沉积的壳相碎屑岩为主夹少量碳酸盐岩。丹林群（D_1dn）及翁项群（$S_{1-2}wn$）为本区的主要赋矿地层，含矿岩石主要为石英砂岩及砂岩。矿区内发育有 F_1、F_2 和 F_3 三条断层，其主体构造线呈近东西向，断层构造以层间压扭性断裂为特征，并伴随断层两盘地层形成牵引褶曲，致使局部岩层倾角变陡，这三条断层控制了矿体分布。

矿体主要以充填形式赋存在断层破碎带中以及断裂两侧的层间裂隙及节理中，矿体整体产状与断裂一致（以脉状为主，局部有透镜状、似层状形式存在），走向近东西，倾向 NNW，矿体一般沿倾向延深具膨胀收缩、尖灭再现，沿走向方向呈连续至断续分布，自东向西具收缩、尖灭、膨大、收缩的不规则形态特征。矿物组成简单，金属矿物以辉锑矿为主，同时含有少量的锑华、黄铁矿，脉石矿物以石英为主，其次为方解石、白云石等。矿石构造主要为致密块状和脉状，同时可见角砾状构造、浸染状构造、晶簇状构造和放射状构造。矿石结构主要为自形、半自形结构和半自形 - 它形粒状结构。围岩蚀变主要有硅化、碳酸盐化及黄铁矿化。

7.6.2　技术方法的有效性试验及应用效果

（一）地表矿区、矿化体勘查技术

面上已做过中大比例尺地质测量、土壤地球化学测量。

土壤地球化学测量：中国建筑材料工业地质勘查中心贵州总队为配合贵州省独山县维寨锑矿接替资源勘查找矿工作，在维寨锑矿 A 区开展 1/5000 断层带土壤地球化学测量及开展部分钻孔的岩石化探测量工作。比例尺均为 1/5000，测点网度 60 m×20 m，测量面积 5.0 km²。测线方向基本垂直被探查的地质体的走向，圈定了 3 个锑异常 4 个浓集中心，异常呈带状、扁豆状、椭圆状追踪牛硐断层及其旁侧断裂展布，浓集中心显著，浓度分带清晰，其中 I - Sb、IV - Sb 浓集中心已有锑矿体产出，为矿致异常，II - Sb、III - Sb 浓集中心牛硐控矿断裂分布，为有望异常。异常浓集中心通过槽探揭露发现地表有锑矿化，表明土壤地球化学测量是本区锑矿的有效找矿方法。

（二）剖面矿（化）体分布及深度的勘查技术

（1）地球化学剖面勘查技术

收集贵州建材总队资料，修编了 90 线勘探线地球化学断面（图 7 - 20）。断面图中显示 Sb 元素异常带反映构造矿化蚀变带范围，并随断层陡缓同步变化，异常高值区沿含矿断裂展布，反映了异常与含矿构造的吻合性。说明化探方法可有效地用于维寨锑矿的深部找矿。

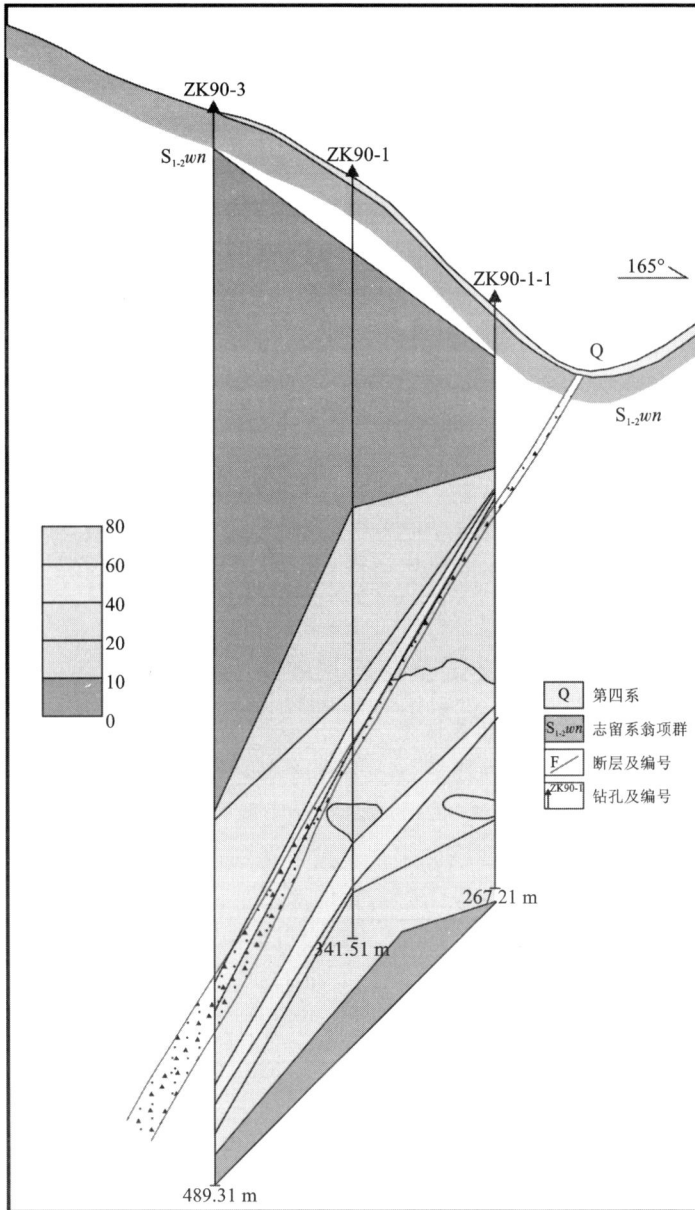

图 7 – 20　维寨锑矿 90 号勘探线化探剖面图

（2）地球物理剖面勘查技术

本次在已知矿体上施测了维寨 L1 物探试验剖面，开展可控源音频大地电磁

测深和大地电磁测深两种物探方法试验。剖面长 1600 m，点距 50 m。

从可控源音频大地电磁测深二维反演电阻率等值线图可看出，电阻率整体上呈横向分块、纵向分层的电性特征，横向上由于断层错动引起地层上升或下降、反演图上体现为电阻率不连续、梯度变化大等特点。在剖面 2000 ~ 2350 m 段、标高 450 ~ 600 m 地段，翁项群地层及牛硐断裂破碎交接部位，为高阻中的低阻（纵向）、低阻中的高阻（横向）地带，该地带中 ZK615 孔 237.6 ~ 241.8 m 见层间构造带型锑矿，ZK717 孔孔深 225.9 ~ 228.6 m 牛硐断裂带见断裂型陡脉状锑矿，异常的分布形态与范围与矿体吻合。根据 MT 反演结果，牛硐断裂为深大断裂，并在 MT 反演图上断层 F_1、牛硐断裂的夹持区域，即点 1400 至 2200、标高 50 m 至 550 m 区域，为高阻中的低阻（纵向）、低阻中的高阻（横向），该部位为锑矿产出位置，在 F_1 断层 200 ~ 400 m 标高和 F_2 断层 250 ~ 350 m 标高也有相似物探特征地段。

7.6.3　维寨混合型锑矿有效勘查技术组合

通过对巴年矿区开展的大比例尺地质填图、化探工作总结，结合本次进行构造地质调查和物探 MT 与 CSAMT 试验，初步建立了受断裂构造及其旁侧层间构造控制的混合型锑矿床的三维地物化综合勘查技术组合（图 7 – 21）。

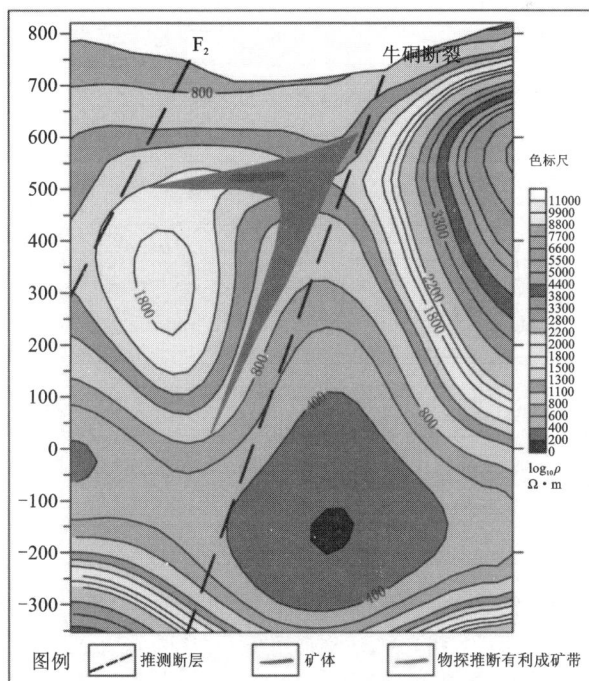

图 7 – 21　维寨式锑矿地物化综合勘查模型

（1）地表平面可用中大比例尺地质填图、土壤地球化学测量可有效地圈定矿化区，结合主要控矿构造蚀变因素综合分析可圈定矿化蚀变体、矿体分布。

（2）在矿化分布区用物探 CSAMT 剖面并与 MT 物探方法相互印证，结合勘探线化探剖面图，可对 1500 m 以内浅锑矿进行有效勘查（矿体物探异常响应特征为牛硐断裂破碎带内的高低阻突变区域、透镜状的电阻率异常团块和高低阻电性分界面层状中高阻异常带）。

（3）上述（1）（2）结合，可较好的探测矿（化）体三维立体空间分布。

7.7 独山锑矿床勘查模型

通过对独山锑矿田具有代表性的半坡断裂型陡倾斜脉状锑矿、巴年整合型缓倾斜条带状、透镜状锑矿，维寨（蕊然沟）混合型锑矿的地质、物化探方法有效性评价，初步建立了碎屑岩型锑矿的有效勘查方法技术组合。独山锑矿是我国的碎屑岩型锑矿的典型矿床，所以建立简单有效的勘查技术组合，对今后找矿勘查工作有重要指导意义。

7.7.1 矿床勘查的一般性程序

首先进行大比例扫面勘查优选找矿靶区，其次进行地物化多方法剖面测量圈定矿化蚀变构造带、矿化体的空间定位和确定探矿工程布设，最后进行工程施工探获资源量（图 7 - 22）。

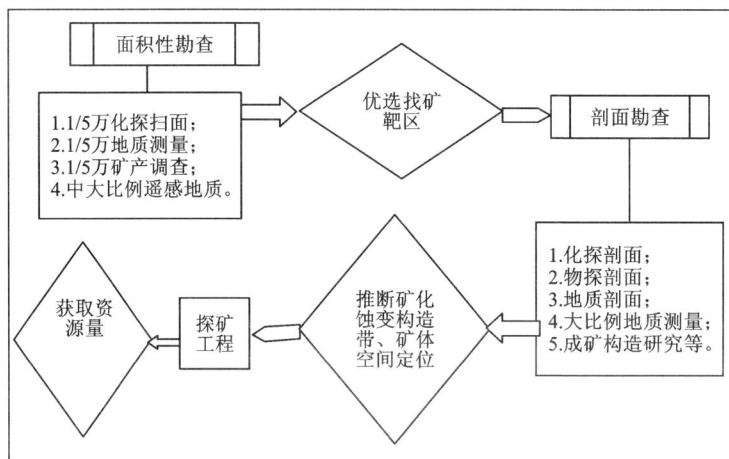

图 7 - 22　矿床勘查一般程序

7.7.2 技术方法的基本要求

(1)所选择技术方法具有广泛、稳定的有效性;

(2)所选技术方法成熟并在矿床勘查中已得到普遍应用;

(3)所选技术方法经济实用,实用条件简单。

7.7.3 勘查技术组合

(1)地表二维平面圈定矿化区、矿(化)体技术组合

a.1/2.5 万~1/20 万地质矿产调查、化探扫面、物探扫面、遥感解译与蚀变信息提取,结合成矿构造与构造地球化学综合分析,在 GIS 平台上对成矿信息要素进行融合分析是重要手段,能较好地圈定矿化区和主要控矿构造带,优选找矿靶区。

b.1/2 千~1/1 万岩石地球化学、土壤地球化学测量配合同比较尺地质填图,矿化区内能较好反映含矿断裂构造与层间构造的分布,$(50 \sim 100) m \times (10 \sim 20) m$ 网度,Sb – Hg – Mo – As 组合异常能较好圈定浅部近地表的锑矿化蚀变带、矿体,Sb 异常浓集中心多为矿化露头,对应较好,土壤吸附相态汞、吸附烃(甲烷、丙烷、乙烯)异常结合构造地球化学研究可较准确圈定构造蚀变体,野外快速分析(XRF)Sb 可快速经济地确定浅表 Sb 异常范围。

(2)剖面确定矿(化)体深度定位的技术组合

a.点距 10 ~ 20 m 化探 Sb – Hg – Mo – As 组合异常峰值区能较好指示矿体、矿化体的产出位置,其值随矿体埋深增大同步减小,结合土壤剖面吸附相态汞、吸附烃(甲烷、丙烷、乙烯)和电吸附 Sb 可较好反映深部矿化体剖面二维分布。

b.锑矿化带在物探断面上表现为沿含矿构造(断层及旁侧层间构造带)硅化蚀变分布的相对高阻部位,视电阻率在 $1600 \sim 3000 \ \Omega \cdot m$,MT 与 CSAMT 电磁测深法能够解释断层的产状及延伸,能够划分电阻率界面,区分矿体与围岩的电阻率差异,对受地层岩石电阻率、硅化蚀变及断层控制的具有一定埋深的独山锑矿深部勘查来说,本次选用的 CSAMT、MT、SIP 三种组合物探方法,是有效、能够解决相关科学问题的一套物探组合勘查方法。

c.锑矿化分布区点距 50 ~ 100 m 物探 CSAMT 剖面可有效用于不同类型锑矿的深部勘查,其中其矿致异常的响应特征各异:半坡断裂型陡倾斜脉状锑矿异常响应特征为断层破碎带内电阻率横向上两边低阻区域夹持的高阻区域、纵向上浅部为高低阻接触区域及电阻率凹陷区域,巴年整合型缓倾斜条带状、透镜状锑矿异常响应特征为独山组宋家桥地层和巴年断层破碎带内的高电阻率团块异常中的串珠状相对低阻区域,维寨(蕊然沟)混合型锑矿牛碉断裂破碎带内的高低阻突变区域、透镜状的电阻率异常团块和高低阻电性分界面层状中高阻异常带。利用

SIP 对电阻率异常区进行激电解剖，圈定中高阻、低极化、低时间常数、低频率相关系数("一高三低")的含矿区域。

（3）深部找矿探测技术

a. 由于 CSAMT 对 1500 m 深度的浅部构造及电性结构能有效查明；MT 在矿区易受人文及其他电磁干扰形成浅部盲区，主要是探测 1500 m 深度以下大尺度的电性结构和构造及判定断层在深部的延伸情况，并与 CSAMT 测量成果形成相互补充和印证。

b. 成矿规律及控矿因素研究是物化探异常解译重要指导。

第 8 章 成矿预测

8.1 找矿信息集成

8.1.1 地质信息

综合矿床地质地球化学研究表明，本区锑矿床属于与岩浆热液有关的充填型低温热液矿床。主要控矿因素包括地层岩性、沉积旋迴和构造等。

（1）区域构造运动和构造环境

工作区位于近南北向的丹寨—三都深大断裂带和麻江—都匀深大断裂带之间，主要经历了前志留纪的基底褶皱（"江南古陆"）形成期、泥盆—三叠纪稳定地台沉积期和印支—燕山运动期等重要的地质构造事件，中泥盆世以前的多期次构造运动形成了本区的构造格局，而燕山运动期为本区构造定型期和锑矿主要成矿期，强烈发育的构造运动既导致早期构造再次活动，同时也带来深部的成矿热液，并在有利成矿部位富集成矿。

（2）地层岩性和褶皱构造

矿田内脉状锑矿体多赋存于巨厚的脆性石英砂岩中（如丹林组），适宜的岩性组合是脆性石英砂岩中间孔隙度低的薄层状砂质泥岩、页岩、泥质砂岩，形成"储、盖"的结构。层状－似层状锑矿体常产于硅质碎屑岩与碳酸盐岩接触界面的层间破碎带或剥离空间，辉锑矿多产在孔隙度较大的硅质碎屑岩中。

地层岩性控矿性表现为一是锑矿主要赋存于碎屑岩中，成矿对硅酸岩类围岩存在偏在性；二是砂岩石英砂岩等能干性强的硬脆性岩石，在构造作用下能够产生大规模的断裂和裂隙等空间，充填脉状矿体，如半坡锑矿床；在砂岩与碳酸盐岩能干性差异明显的岩石互层，应力集中时，往往沿能干性差的软弱面发生层间滑动，形成构造破碎带和层间剥离构造，为成矿物质提供了良好的运移通道和聚集空间，形成了层状、似层状整合型锑矿床及其明显的多层成矿特点，如巴年锑矿床。

（3）断裂构造标志

如前所述，断裂构造是本区锑矿最为重要的成控矿因素，前人研究成果认为：北东向的独山和烂土断裂等一级断裂为区内主要的导矿断裂，北西向、北西西向和北东东向断裂等二级构造为区内控制矿床(点)分布的配矿构造,主要的控矿和赋矿断裂为北北西向和北东东向这一组"X"共轭剪切断裂,而直接控制矿体产状、形态和规模的则是更低级次的断裂,尤其是不同方向和不同级别的断裂交汇部位、断裂构造产状变化处、层间剥离构造和层间破碎带等。

根据前述对断裂解译成果的探讨和分析认为,在前志留纪形成的基底断裂且在后期经历多期次继承发展和强烈改造的北北东向(北北西向和近南北向)断裂体系为区内最为主要的导矿和赋矿断裂,近东西向断裂应是与基底断裂同期形成的共轭断裂,但其规模较小且后期的多期次活动不明显,主要在燕山期再次发生构造改造活动。因此,上述断裂属于本区锑矿成矿有利"古断裂",早期的近南北向断裂主要在燕山期发生强烈构造改造作用,在构造应力集中部位和软硬岩层相间或交替部位构造变形并形成次一级的北北东向和北北西向这两组共轭断裂。而在"古断裂"旁侧发育的北东向和北西向次级小断裂及其派生的裂隙产生的层间剥离构造和层间破碎带等虚脱空间,则是锑富集成矿的主要容矿构造。而且,这些"古断裂"构造对区内次级背斜和富厚矿源层的形成具有重要的控制作用。

因此,在北北东向(北北西向和近南北向)断裂体系和近东西向断裂交汇部位、及其与后期北东向和北西向断裂交汇部位,往往也是"古断裂"产状变化地段,是本区锑矿成矿的重要找矿标志。该部位或其周边次级断裂和层间破碎带等发育地段则是直接的找矿标志。

8.1.2 物探信息

基于前人研究工作和对研究区岩性分布的分析,通过选择合适的地球物理方法,可以有效探明该区的构造及矿产分布。由于地球物理反演问题存在多解性,实际工作中通常将多种地球物理勘探方法进行组合,旨在通过多参数组合模型来研究地下结构,增加资料解释的可靠性和准确性。

(1)找矿标志:

物性特征:根据岩矿石标本测量结果,围岩的砂岩、锑矿石属于中低阻(2000 $\Omega \cdot m$ 左右)、灰岩属于高阻(>5000 $\Omega \cdot m$)、硅化蚀变属于中高阻(4000 $\Omega \cdot m$ 左右),而锑矿石一般被其硅化蚀变带包裹,电阻率较高,且相对于围岩来说有一定的极化率。

地球物理异常特征:从物探电阻率反演剖面图上可以看出,在其电阻率剖面上位于高阻中的低阻(横向)、低阻中的高阻(纵向)区域,且位于主要含矿断层(半坡断层)和其他断层的夹持区域,为物探重要异常位置,推断该区域可能为成矿有利位置。通过对电阻率异常区域进行激电解剖,认为在电阻率异常区域,有中高阻、低极化、低时间常数、低频率相关系数("一高三低")的区域很可能为含矿区域。

（2）勘查模型：

独山组地层中的白云岩为高阻，灰岩夹砂岩为次高阻，帮寨组砂页岩为低阻，丹林地层砂岩夹灰岩为中低阻，翁项群地层页岩为低阻，断层破碎带为低阻，硅化蚀变带为相对高阻，对半坡式、巴年式、维寨式锑矿床的特点进行地球物理信息提取并建立地球物理找矿模型如图 8-1 所示。

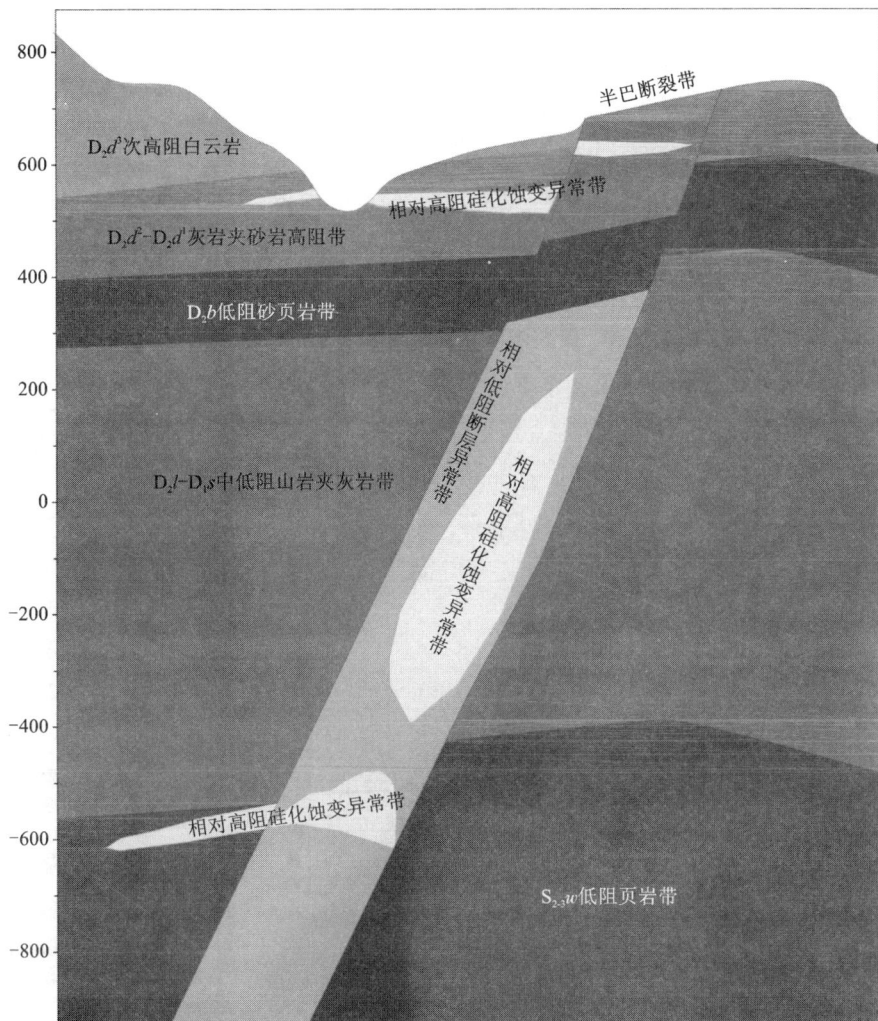

图 8-1　独山锑矿田地球物理找矿模型

通过总结独山锑矿田半坡、巴年、维寨三个矿点的矿体产出地层与构造的关系可知：

图 8-1 上部 400 m 以上为巴年式锑矿地球物理找矿模型，巴年锑矿多产出与宋家桥地层及断层破碎带边缘，主要受宋家桥地层控制，该地层中的石英砂岩、中厚层灰岩、泥灰岩等岩石为高阻电性特征，其矿致异常地球物理信息总结为宋家桥地层和巴年断层破碎带内的高电阻率团块异常中的串珠状相对低阻。

图 8-1 中部标高 -400 m 至标高 300 m 为半坡式锑矿地球物理找矿模型，半坡锑矿多产出于丹林群地层与半坡断裂破碎带控制的区域，丹林群地层多含白色厚层中粒石英砂岩夹页岩，为中低阻电性特征；其矿致异常地球物理信息总结为断层破碎带内电阻率在横向上两边低阻区域夹持的高阻区域、纵向上浅部为高低阻接触区域及电阻率凹陷区域且激电资料为"一高三低"特征。

图 8-1 标高 -400 m 往深部为维寨式锑矿地球物理找矿模型，维寨蕊然沟锑矿多产出于翁项群地层及牛峒断裂破碎带内，翁项群地层主要为砂质页岩夹薄层状或透镜状灰岩，为低阻电性特征；其矿致异常地球物理信息总结为牛峒断裂破碎带内的高低阻突变区域、透镜状的电阻率异常团块和高低阻电性分界面即地层分界面的层状中高阻异常带。

（3）预测原则

组合物探方法在金属矿勘查中具有重要的作用，它能够成功地探查与矿床在空间上有紧密联系的控矿地质情况，从而有利于缩小找矿靶区，提高打钻成功率，对于找盲矿、隐伏矿效果尤为明显。但是对于本区要基于以下原则：①物探异常必须处于含矿地层；②物探异常必须位于含矿断层破碎带或含矿断层与断层的夹持区域；③物探异常必须同时有电阻率异常和激电异常，即'一高三低'特征。

A. 半坡式锑矿预测原则

通过物性标本测定的锑矿石电阻率平均值为 2000 Ω·m、极化率为 1.64%，硅化蚀变体电阻率平均值为 4500 Ω·m，属于中高阻、低极化率的电性特征。结合地质资料及已有钻孔资料把矿体投在物探可控源大地电磁测深剖面上可知，浅部（标高 >600 m）矿体所在位置的电阻率变化范围为 1800 ~ 5000 Ω·m，与实际相符；深部（< 600 m）电阻率变化范围为 400 ~ 2000 Ω·m，电阻率相对偏低，这是由于电磁法在横向上存在电阻率界面时产生的层状效应所致，相对于与围岩整体上还是中高电阻率反映。频谱激电测深资料为"一高三低"的激电特征，即高电阻率、低极化率、低时间常数、低频率相关系数（图 8-2）。

结合矿体的实际空间位置可知，锑矿体产出于半坡断裂和其分子断裂夹持区域的破碎带内，找矿靶区预测的原则：①电阻率剖面上与半坡断层交切的高电阻隆起异常；②激电资料为高特征。另外，根据频谱激电测深资料显示在丹林组地层与翁项群地层的层间滑动面及断层夹持区域内，激电异常、电阻率异常沿层间滑动面延伸，说明深部找矿空间大。

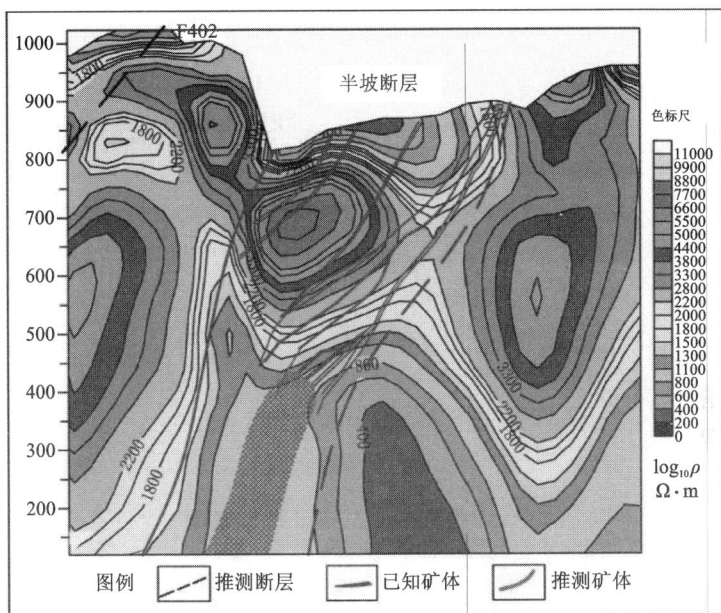

图 8 - 2 半坡式锑矿物探找矿模型

B. 巴年式锑矿预测原则

前已述及,锑矿石及其硅化蚀变带的地球物理特征为中高电阻率。根据已有地质资料及钻孔资料把矿体投在巴年物探可控源大地电磁测深剖面上可知,矿体在物探剖面上的电阻率为 2000 ~ 5000 Ω·m,整体上矿体多产出于中高电阻率团块异常中的串珠状相对低阻(3000 Ω·m)(图 8 - 3)。

结合矿体的实际空间位置可知,锑矿体多产出于标高 500 m 以浅的宋家桥地层、巴年断层及分支断层的夹持区域。找矿靶区预测的原则:①断层夹持区域的破碎带内;②主要含矿区域为宋家桥地层内的串珠状高电阻率异常。

目前巴年锑矿仅发现浅部宋家桥段锑矿,CSAMT 测深反映其深部围岩(包括舒家坪组、丹林群)硅化蚀变强烈,说明巴年地区深部和外围有很大的找矿前景。

C. 维寨式锑矿预测原则

据岩矿石标本物性测量数据,锑矿石及其硅化蚀变带的地球物理特征为中高电阻率。根据已有地质资料及钻孔资料把矿体投在维寨物探可控源大地电磁测深剖面上可知,矿体在物探剖面上的电阻率为 2000 Ω·m,相对于围岩为中高电阻率,整体上矿体多产出于高低电阻率分界面及牛硐断裂破碎带内的高低阻突变区域(图 8 - 4)。

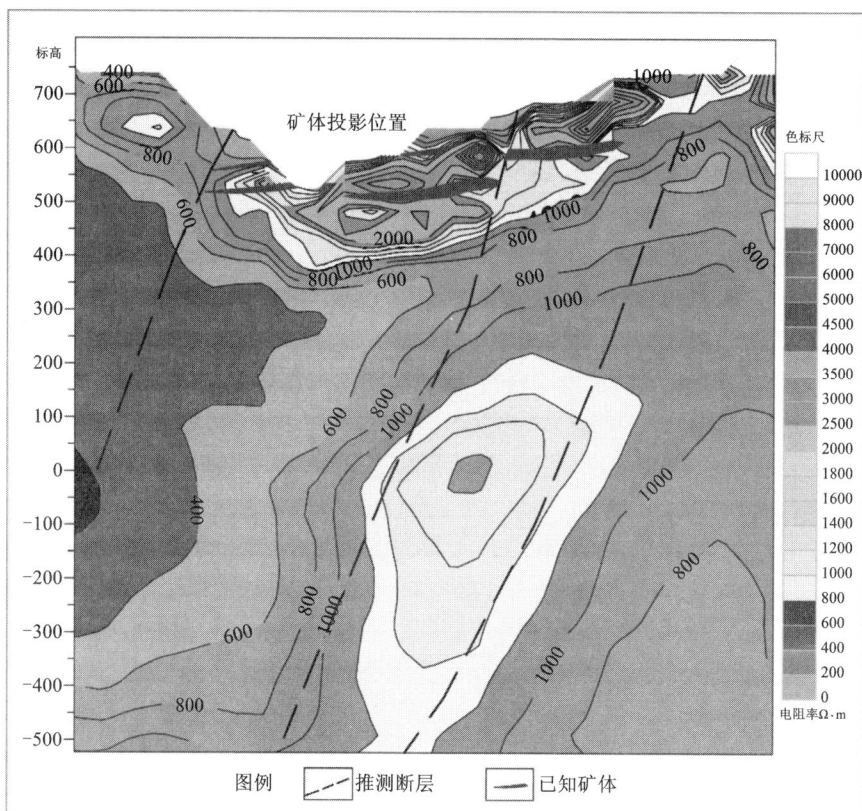

图8-3 巴年式锑矿物探成矿模型(引自《独山箱状背斜锑矿整装物探勘查报告》,2014)

根据收集资料显示,矿体赋存于丹林群(D_1dn)及翁项群($S_{1-2}wn$)石英砂岩、砂岩、黏土质砂岩地层中,受断层以及断层的层间挤压破碎带控制。找矿靶区预测的原则:①牛硐断裂破碎带内的高低阻突变区域、透镜状的电阻率异常团块;②高低阻电性分界面即地层分界面的层状中高阻异常带。

从可控源大地电磁测深资料可以看出纵向上存在明显的电性界面,而大地电磁测深资料显示牛硐断裂往深部延伸大;故维寨锑矿床主要受地层岩性及构造控制,往深部可能还有很大的找矿空间。

8.1.3 化探信息

研究区在大地构造位置上位于贵州省最高级别的构造单元边界——扬子陆块与华南褶皱带的接壤地带、区域性的地球化学(铅同位素)急变带通过研究区、并与太行山—武陵地重力梯度带吻合、具大规模的低温元素地球化学块体。在半坡

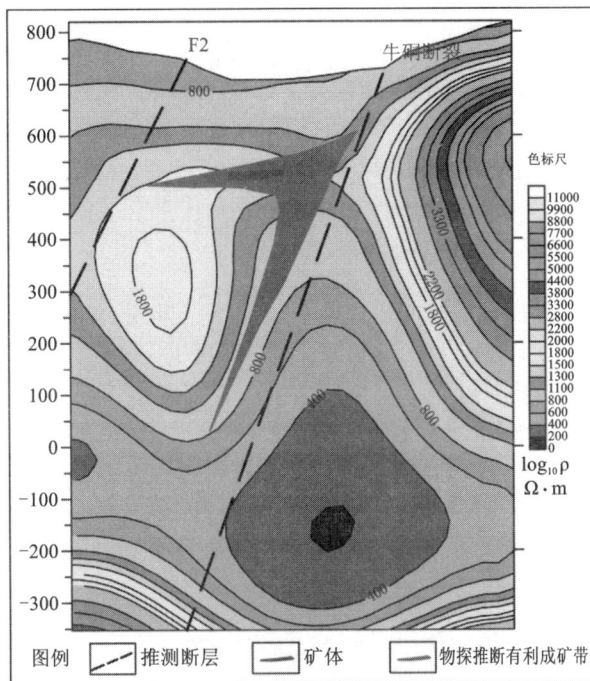

图 8 - 4　维寨式锑矿物探找矿模型

矿床上方水系沉积物及土壤组合异常 Sb - Hg - As - Mo 套合程度高、连续性好，有显著的浓集中心，其中 Sb 异常长 2500 m、宽 400 ~ 1000 m，异常值 (20 ~ 300) $\times 10^{-6}$，具明显的大型矿床异常特征。在平面上 Sb 的原生晕异常呈圆状分布于半坡—巴年为中心的半巴断裂上；Hg - As 异常形态、范围与 Sb 异常基本吻合；在剖面上 Sb - Hg 在半巴断裂上半坡最高。可见，半坡是 Sb - Hg - As 等成矿元素的浓集中心，具有优越的成矿前景 (图 8 - 4)。

　　根据前人找矿勘查工作中岩石化探剖面统计，矿区地层中 Sb 及 Hg、As 较高，反映了矿田成矿元素扩散晕的特点，可作为化探找矿的指示元素。同时该区原生晕异常明显地显示出受断裂控制，在原生晕异常发育区，往往是断裂交汇部位。原生晕异常中 Sb 晕分布范围最大，且具有明显的浓度分带，浓集中心与矿体边界基本一致。剖面原生晕 Sb 及主要伴生元素异常，在半巴断裂倾斜延深方向未封闭，浓集中心有明显的延深趋势，为矿体晕的显示，推测有新的锑矿 (化) 体存在。热释汞测量显示汞异常均沿含矿断裂呈条带展布，具典型的气晕特征和构造成矿特点，浓集中心区往往是锑矿化富集部位；氯化态、硫化态汞异常与 Sb、Mo 的原生晕异常一致，在断裂的倾斜延深方向浓集趋势明显且未封闭。

同时本次工作收集前人资料，进行独山锑矿田断裂构造地球化学及有机地球化学研究，认为本区具有如下异常特征：

①独山锑矿田地质化探综合平面简图上，Sb、Hg 元素组合异常分布特征有所差异：银坡分裂及以南，异常以 Hg 元素为主，局部叠加 Sb 异常，呈面状分布；河沟断裂及以北，异常以 Sb 元素为主，叠加 Hg 元素异常，异常均沿矿田内主要断裂走向呈带状、串珠状分布，原生晕地化异常主要发育于断裂破碎带及其旁侧，且上盘晕较下盘晕发育，面积较大的高值异常区，均在断裂交汇部位，并有矿床或矿(化)点产出。

②将各断裂中元素异常衬度、富集系数按顺序排列，可列出各断裂构造中元素的异常强度、富集系数由大至小的变化序列：半坡→牛硐→烂土→银坡→河沟→马尾沟→独山断裂，此即为矿田寻找锑矿的有利断裂序列。

③已知矿体剖面 L116 线上做了热释汞、吸附烃、电吸附特征显示热释汞、甲烷、丙烷、乙烯吸附烃以及土壤电吸附 Sb 有反映深部矿体的趋向。

8.1.4 遥感信息

(1) 与锑矿成矿有关的遥感地质标志

A. 解译的下泥盆统舒家坪组 - 中泥盆统地层分布区，尤其是次级背斜和解译的软硬岩层相间或交替出现的地段。这些区域为主要含矿层下泥盆统丹林组和中泥盆统独山组保留较好且厚度较大的地区，该区域中次级背斜和软硬岩层相间或交替出现的地段为锑矿成矿的有利构造和岩性组合条件。这类有利成矿岩性组合的地层和岩段(下泥盆统丹林组和舒家坪组组合、中泥盆统独山组各岩段组合)具有较好的遥感影像标志，以石英砂岩和碳酸盐岩为主的坚硬脆性岩石类地层在影像上色调相对较浅，植被覆盖相对较稀疏，影纹粗糙且多呈凸起的爪垄状块状色块，多表现为较陡的中高山和沟谷地貌，树枝状水系发育；而以泥质岩和细碎屑岩为主的地层岩段多为色调相对较深，植被覆盖较密，影纹较平滑呈小凸起的麻点状和块状色块，地貌上多为较低缓的丘陵和稀疏的沟谷，水系不太发育。这类有利成矿岩性组合分布区与单纯的以碳酸盐岩为主的地层(上泥盆统—石炭系地层)、以石英砂岩为主的地层(下泥盆统丹林组)、以泥页岩为主的地层(中下志留统翁项群和下泥盆统舒家坪组)影像有较明显的色调、影纹和地貌水系差异，据此可大致予以圈定其分布区，为一较好的遥感找矿预测标志。

B. 早期形成且多期活动的北北东向(北北西向和近南北向)、近东西向断裂与晚期北东向、北西向断裂交汇部位，北北东向(北北西向和近南北向)断裂体系中构造产状变化地段，即北北东向断裂和北北西向断裂产状变化部位。在早期断裂影响带内两组以上断裂集中发育区或次级小断裂和裂隙发育地段往往是有较大规模锑矿的有利成矿地段。

C.在次级背斜核部或两翼晚期北东向和北西向断裂发育区域,不同方向次级断裂或裂隙发育地段。

D.在多组方向早期"古断裂"与晚期断裂交汇地段,以泥页岩和含泥质细碎屑岩类等软弱岩类在影像上具有条带状密集弯曲影纹等反映塑性构造变形的影像特征,而以石英砂岩等坚硬岩石类在影像上具有明显的断层崖和沟谷等反映压扭拉张性断层和次级断裂等影像特征。据此,可圈定这些不同期次不同方向断裂交汇集中发育地段,为本区最为有利成矿区段的影像标志(见图 8 - 5、图 8 - 6)。

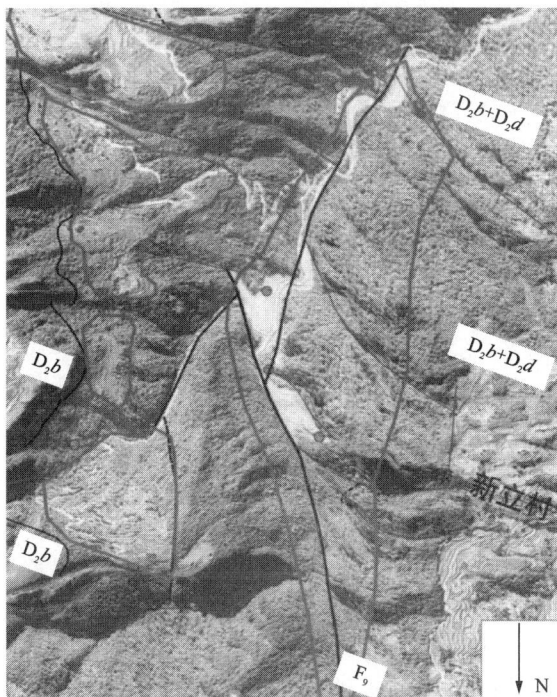

图 8 - 5　半坡矿区下泥盆统舒家坪组出露区软硬岩层遥感影像标志示意图

线圈:软弱岩层构造变形区,深色线:早期形成且多期次活动的"古断裂",浅色线:后期发育的
次级断裂和裂隙,$D_2b + D_2d$:中泥盆统未分的帮寨组和独山组,D_2d 帮寨组,F_9:半坡断裂

(2)与矿化有关的蚀变遥感异常信息:

A:分布在早期形成的"古断裂"及其旁侧的次级断裂部位或两组(以上)断裂交汇部位的铁染和羟基蚀变遥感异常;

B:下泥盆统丹林组、中泥盆统龙洞水组和独山组宋家桥段地层中沿断裂或裂隙分布的星散状、条带状铁染和羟基蚀变遥感异常;

C:铁染异常、羟基异常套和程度较好且与化探异常对应关系较好的地段。

图 8 − 6　蕊然沟矿区下泥盆统丹林组出露区有利成矿区段遥感影像标志示意图

线圈：软弱岩层构造变形区，深色线：早期形成且多期次活动的"古断裂"，浅色线：后期发育的次级断裂和裂隙，$S_{1-2}wx$：下 – 中志留统翁项群，F_4 – 牛硐断裂

结合解译断裂的特征和前人研究成果的分析，认为北东向烂土断裂带（F_2）和南北两端北北东向断裂为 3 个构造期均有活动的深大断裂，属区域上多期次活动的主要导矿和控矿断裂，属矿田一级控矿断裂，独山断裂属于燕山期之前或早期发育的二级断裂；工作区中部的北北东（近南北向）方东村 – 巴年东断裂（F_6）因有继承性活动致其线性影像显得特别粗强，且连续性好，应属于在早期基底断裂基础上发育的多期次活动断裂，为矿田内有利的二级导矿和控矿构造；北北东向的龙山村东（F_{10}）断裂、近东西向的牛硐（F_4）断裂和大草山断裂（F_5）规模大且具较好连续性线性影像，属于具有多期次构造活动的断裂。其中，沿牛硐（F_4）断裂旁侧有蕊然沟和维寨锑矿产出，龙山村东（F_{10}）断裂西侧为半坡矿床，其向南延伸段旁侧有甲拜和贝达锑矿产出，明显为区内有利的导矿和控矿断裂；北北西向半坡断裂（F_9）属燕山期之前受改造变形的北北东（近南北向）向断裂，或为该方向断裂同期或期后的共轭断裂。在该断裂与北北东向断裂交汇部位有半坡锑矿产出，为区内的三级赋矿和控矿断裂；北西向（前人称为北西西向）河沟断裂（F_{10}）、银坡断裂（F_8）、拉林断裂（F_{12}）和紫林山断裂（F_7）为规模较大的二级断裂，多切割或错断早期的北北东向、近南北向和近东西向断裂，为晚期发育的断裂。

工作区内的北东向和北西向次级小断裂或裂隙也较发育，为燕山期发育的主断裂派生的次级断裂构造，其与多期次活动的北北东（近南北向）向断裂和近东西向断裂交汇部位，为锑矿有利的容矿构造。

8.2 找矿标志

找矿就是要抓住找矿最根本因素，即找矿标志(信息)，就是指那些矿(床)体存在的地层、构造、成分、结构，作用以及环境的各种标志(地质差异和地质异常)及组合，它们标志着矿(床)体的存在，构成找矿的主要内容，前人研究成果表明，本区锑矿床主要成因为沉积改造型低温矿床，锑矿成矿受区域构造运动、岩相古地理沉积环境、构造和地层及其岩性组合等因素控制，其中构造是最主要的成控矿条件。锑矿体呈脉状、透镜状和似层状产出，均产于独山鼻状凸起(亦称箱状背斜)构造中南部独山地垒中，主要含矿地层为下泥盆统丹林组和中泥盆统独山组，有利的成矿岩性组合为软硬相间或交替互层的岩石类，且矿体规模和矿石品位与含矿层厚度相关。锑矿产出与燕山期之前且多期次活动的古断裂构造密切相关，而低级次的派生构造，如断层或层间破碎带、断裂交汇处等剥离和虚脱空间是矿体有利的赋存部位。本次结合前人成果，对该区锑矿成矿的主要找矿标志进行了总结分析：

(1)地层岩性标志：在矿田内，各锑矿床(点)的分布有一定的层位，在其分布层位中，矿化与岩性或岩性组合有着密切的关系，主要产于中下泥盆统：下泥盆统丹林组碎屑岩；中泥盆统下部龙洞水组碳酸盐岩与帮寨组碎屑岩接触面上；中泥盆统上部独山组宋家桥段地层碳酸盐岩或碳酸盐岩与碎屑岩的界面层位。个别产于下中志留统翁项群地层碎屑岩夹少量碳酸盐岩。综合研究认为本区志留－泥盆系地层中碎屑岩可能作为一种间接找矿标志。

(2)断裂构造标志：研究区锑矿床最直接、最重要的找矿标志就是不同方向的断裂破碎带，其产出状态严格受断裂构造控制。在这些断裂破碎带中，Ⅰ级区域断裂为导矿构造，为成矿流体运移提供良好通道，控制着矿田的分布；Ⅱ级断裂为配矿构造，控制矿田内矿床(点)的空间分布；Ⅲ级断裂为容矿构造，直接控制了矿体的分布、形态、规模、产状等。具体而言北北西组多期活动的从压扭性－张扭性转化的复性断裂组(由若干条近于平行侧幕排列断层组成)及其交汇处以及层间破碎带，都是锑成矿的有利就位构造，特别是构造角砾岩发育的断裂破碎带更是锑矿赋存的有利空间；而且断裂的产状和碎屑带宽窄控制着矿体产状和矿化富集的特点。

(3)围岩蚀变标志：断裂破碎带内及其旁侧出现的围岩蚀变常是区内锑矿床存在的直接标志。本区高品位脉型锑矿床常见近矿围岩蚀变有硅化、碳酸盐化、黄铁矿化和褐铁矿化等。对发现的外围蚀变类型进行追索可能会找到中心蚀变岩石类型甚至矿体，或发现外围蚀变类型是否可能向下找到盲矿体等。一般蚀变范围比矿体范围大得多，更易被发现。

（4）矿化体（或矿体）的风化露头：出露于地表的矿化体（或矿体）风化后黄铁矿等硫化物变成褐铁矿等氧化物，致使矿化岩石多呈铁黑色，当地俗称"火烧皮"，颜色比较明显，易被发现。

（5）地球物理标志：区内矿体主要赋存于断层及其旁侧的影响带内，断层相对围岩具有低阻及相对高阻特征、锑矿体相对围岩有高阻高极化特征。具体而言巴年锑矿其矿致异常地球物理信息为宋家桥地层和巴年断层破碎带内的高电阻率团块异常中的串珠状相对低阻；半坡锑矿其矿致异常地球物理信息为断层破碎带内电阻率在横向上两边低阻区域夹持的高阻区域、纵向上浅部为高低阻接触区域及电阻率凹陷区域且激电资料为"一高三低"特征；维寨蕊然沟锑矿矿致异常地球物理信息为牛硐断裂破碎带内的高低阻突变区域、透镜状的电阻率异常团块和高低阻电性分界面即地层分界面的层状中高阻异常带。

（6）遥感找矿标志：遥感影像表现为线、斑、环、块、条形等图案，区内通过解译发现本区构造以线性构造为主，可见少量的环性构造。区内矿体主要赋存于断层及其旁侧的影响带内，因此影像中的线性构造或网格状构造可以一定程度上指示区内断层的分布情况，对于本区找矿具有间接指示意义。

总之，这些异常和标志，反映了成矿元素与构造运动及矿（化）体三位一体的关系及构造与成晕成矿的统一性。

8.3　找矿模式

随着矿山的持续开采，资源量逐渐减少，急需寻找新的接替资源，矿床的深部（李旭芬，2010；宋明春等，2010；郭春影等，2012）及外围（郎兴海等，2012；司荣军等，2005）地区就成为最有利的突破区，而深部及外围找矿均需要找矿模型为指导，本书以成矿模式为基础，综合分析本区地质、遥感、地球化学和地球物理特征，结合找矿实践，建立了本区综合找矿模式（表8-1）。

表8-1　独山锑矿田综合找矿模式表

	信息分类	成矿要素	要素分类
地质	成矿时代	燕山期	必要
	控矿构造	北北西组多期活动的从压扭性-张扭性转化的复性断裂组及其交汇处，以及层间破碎带，都是锑成矿的有利就位构造，特别是构造角砾岩发育的断裂破碎带更是锑矿赋存的有利空间	必要
	矿化蚀变	硅化、碳酸盐化、黄铁矿化和褐铁矿化	重要
	赋矿层位	志留—泥盆系地层中碎屑岩	必要

续表 8 − 1

	信息分类	成矿要素	要素分类
地球物理特征	重力找矿标志	锑矿分布在负重力异常的过渡带上，重力等值线梯度方向的弯曲指示断裂存在，在弯曲的缓倾侧有利于成矿物质富集	重要
	电磁法找矿标志	区内矿体主要赋存于断层及其旁侧的影响带内，断层相对围岩具有低阻及相对高阻特征、锑矿体相对围岩有高阻高极化特征	重要
地球化学特征	Sb 元素	研究区地处具大规模的低温元素地球化学块体，具有优越的成矿地球化学背景。在半坡矿床上方水系沉积物及土壤组合异常 Sb − Hg − As − Mo 套合程度高、连续性好，有显著的浓集中心，具明显的大型矿床异常特征	必要
	指示元素	As、Sb、Hg、Mo	次要
遥感特征	影响解译特征	环形构造的边部，特别是多重环状构造交汇或环线交汇部位；线状构造的转折部位，在缓倾侧利于聚集成矿物质；线状构造的交汇处或发生错动处亦是成矿有利区	重要

8.4　成矿远景区的确定与找矿靶区优选

8.4.1　成矿远景区的确定

（1）成矿远景区类别划分、分类原则与分类标准

①类别划分：成矿远景区是反映某一成矿区带（矿田）中特定空间内的矿产资源潜力大小的区域。按成矿条件的优劣、资源潜力的大小、成矿信息的浓集程度划为 A、B、C 三级。

②分类原则

A 类远景区：成矿条件十分有利，预测依据充分，资源潜力大或较大，资源可开发利用。

B 类远景区：成矿条件有利，有预测依据，有一定的资源潜力，是可考虑安排勘查的工作。

C 类远景区：据成矿条件，有可能发现矿产资源，是可考虑探索的地区。

③分类标准

A 类远景区：①区域地球物理、地球化学、遥感成果和地质分析说明成矿地质背景十分有利；②控矿因素组合较全，时空上配置好；③有大型锑矿床存在；④地球物理、地球化学异常显著、特征突出、套合性好，为矿致异常，近矿围岩蚀变强，异常已验证见矿。

B 类远景区：①区域地球物理、地球化学、遥感成果和地质分析说明成矿地质背景有利；②存在多种有利的控矿因素；③有中型锑矿床存在；④地球物理、地球化学异常明显，为望异常，近矿围岩蚀变明显。

C 类远景区：①现有区域地球物理、地球化学、遥感成果和地质分析难以说明成矿地质背景有利；②存在少数几种有利的控矿因素；③有锑矿（化）点存在；④有地球物理、地球化学异常零星分布，发育围岩蚀变。

（2）成矿远景区的确定

在以往工作成果的基础上，结合本次地物化遥综合研究后确定了银洞—大其山（A 级）、贝达—巴年—高寨地区（B 级）、蕊然沟—大寨（B 级）、唐表—独勒地区为找矿远景区（图 8 - 7）。各找矿靶区有利成矿地质条件列表情况见表 8 - 2。

图 8 - 7　独山锑矿田找矿远景区及靶区示意图

表 8 - 2　独山锑矿田成矿远景区综合表

远景区		银洞—大其山	贝达—巴年—高寨地区	蕊然沟—大寨	唐表—独勒地区
级别		A	B	B	C
面积(km²)		25.6	27.8	20	7.3
成矿因素及找矿标志	地层	泥盆系下统丹林组、中统独山组	泥盆系中统独山组宋家桥段、丹林组	志留系下统翁项群	泥盆系中统独山组宋家桥段
	岩性	石英砂岩、泥岩、砂岩	石英砂岩、灰岩	粉砂质泥岩、石英砂岩	石英砂岩
	构造	半巴断裂组(F₁)发育	半巴年断裂、甲拜断裂、层间破碎带发育	牛硐断裂、分支断裂、层间构造	银坡断裂、唐表断裂与独勒断裂层间破碎带
	蚀变	硅化, 少量方解石化、黄铁矿化	硅化、方解石化、黄铁矿化。贝达见炭化	硅化、重晶石化、黄铁矿化	方解石化、白云石化、硅化、黄铁矿化、炭化
	矿化强度	锑大型	锑中型, 汞、砷、金、铅锌矿化	锑中型	矿(化)点
	地球化学异常	水系沉积物、土壤、岩石地球化学异常发育。Sb - Hg - As - Mo 异常套合好, 强度高规模较大中心突出	水系沉积物、土壤、岩石地球化学异常发育。有 Hg - Sb - As - Pb - Zn 异常分布, 强度较高规模较大	水系沉积物、土壤、岩石地球化学异常发育。有 Sb - As 异常分布, 强度较高规模较大	有 Sb 水系沉积地球化学异常分布
	大地音频电磁测深异常	中高阻异常体连续分布, 集中突出, 中高阻异常体在该段隆起, 向南西深部延伸	分布有两条中高阻异常带, 呈串珠状分布, 在烂土与半巴断裂、河沟与半巴、甲拜断裂交汇处异常膨大	剖面有大地音频电磁测深中高组异常响应矿体	
	遥感	零星烃基异常, 散点状铁染异常	面状羟基异常、斑点状铁染异常	零星烃基异常, 散点铁染异常	羟基遥感异常
预测成矿类型		半坡 - 维寨式	巴年 - 半坡式	维寨式	巴年 - 半坡式

8.4.2　找矿靶区的优选

找矿靶区优选是在找矿远景区已圈定的前提下，根据相对的成矿可能性大小，结合区位、开采技术条件和市场供需关系，进一步圈定可供安排勘查的工作区域。

（1）找矿靶区的优选原则、方法与准则

①优选的原则

本次采用综合评判原则。即优选过程中综合各影响因素进行对比，具体包括成矿有利地质条件，已知的各种矿化信息的可靠程度，可能具有的矿床规模以及经济价值、社会需求程度、自然经济地理条件、预期的经济回报等。

②优选的方法

本次找矿靶区优选的方法采用综合信息法、经验类比法结合在一起使用。

综合信息法：将地质、遥感、地球物理、地球化学等多源地学信息经进一步的优化、加工处理后，转化为相互关联的间接信息，对靶区的优劣性做出评判。

经验类比法：这种优选在很大程度上是以已有的找矿经验为基础的，人的主观认识在整个优选过程中起着重要的作用。

③优选的准则

在综合分析地球物理异常、地球化学异常和遥感的基础上，结合成矿地质条件、控矿因素及找矿标志，将本区矿体预测准则归纳如下：

控矿构造。共轭的半巴和牛硐断裂是主要控矿构造，锑矿床主要就位于发辫状构造或断裂发育地段，矿体充填于走滑 – 张扭性转化的复性断裂带及其旁侧层间构造带和次级构造中。

特殊岩性组合。石英砂岩夹薄层状砂质泥岩、页岩、泥质砂岩层或者碎屑岩与碳酸盐岩相互交替，是本区有利的成矿岩性组合；

Hg、Sb、As 的地球化学浓集中心附近；土壤地球化学剖面热释汞、甲烷、丙烷、乙烯等吸附烃和土壤电吸附 Sb 异常以及构造地球化学（Sb、Hg、Mo、As、Zn、Cr、Ba）异常；

CSAMT、MT 反演图上高阻中相对低阻、低阻中高阻特征带，频谱激电测深的高极化率带（图 8 – 8）。

具体而言半坡式锑矿预测原则为电阻率剖面上与半坡断层交切的高电阻隆起异常且激电资料为"一高三低"特征；巴年式锑矿预测原则为宋家桥地层和巴年断层破碎带内的串珠状高电阻率异常；维寨式锑矿预测原则为牛硐断裂破碎带内的高低阻突变区域、透镜状的电阻率异常团块和高低阻电性分界面即地层分界面的层状中高阻异常带。

（2）找矿靶区的优选

在已圈定找矿远景区内，优选了半坡锑矿床深部及南西侧、巴年—王屯、甲拜—贝达和维寨锑矿床深边部四个找矿靶区，其依据为：

①半坡找矿靶区：找矿靶区位于银洞—大其山远景区南部，面积 3.06 km²，预测靶区主要在半坡锑矿南西深边部，该区标高 500 m 以上锑矿已勘探达大型规模。

A. 下泥盆统丹林组（D_1dn）、舒家坪组（D_1s）地层是目前的含矿层位，下伏有下寒武统翁项群区域含矿地层，丹林组和翁项群的石英砂岩、泥岩砂岩为最重要的赋矿围岩。

B. 靶区位于半巴断裂与牛硐断裂河沟断裂交汇处北侧，以 NNW 向 12 条断裂组成的半坡断裂带（F_1）为主，平面上构成了向北收敛的发辫状构造，剖面上构成了向西倾逐次下滑的阶梯状构造，向深部延伸断裂带逐渐变宽，经 WZK118 – 1 孔探索，在标高 200 m 到 150 m 段见硅化蚀变体，至标高 165 m 为锑矿，说明矿化蚀变带继续往深部延伸。

C. 勘探线钻孔原生晕断面 Sb 原生晕具浓度分带，剖面 Sb 及主要伴生元素异常，在断层倾斜延伸方向未封闭，浓集中心有明显的延伸趋势，土壤剖面测量有指示深部隐伏矿意义的吸附相态汞、吸附烃（甲烷、丙烷、乙烯）和电吸附 Sb 深穿透地球化学异常与物探深部异常吻合。

D. 可控源音频大地测深 300 m、0 m、–500 m 等深切片显示，L112～L118 线正好为半坡锑矿床的分布范围，浅部物探中高阻异常与半坡矿体套合较好，沿半坡断层及两侧出现向南西倾斜至 123 线深部的陡倾斜高阻异常带，异常体从浅部至深部沿半坡断层有逐渐变大的趋势，预测该异常体倾向延伸长度达 1300 m，为有望异常带。通过对 L116 剖面的有望异常作频谱激电测深资料显示，该高阻异常体具有矿体物性特征的高电阻率、高极化率、高时间常数、高频率相关系数的"四高"激电特征，频谱激电测深"一高三低"区域跨越丹林组与翁项群地层。因此推测在半坡锑矿继续往深部延伸、且可能存在维寨式的矿体，同时物探及化探研究说明半坡靶区具有很大的找矿空间与找矿前景，半坡地区深部找矿潜力很大，因此该靶区可作为本次工作的优选靶区之一。

②巴年—王屯找矿靶区：找矿靶区位于贝达—巴年—高寨地区找矿远景区南端，找矿靶区面积 2.70 km²，预测靶区在勘查的巴年锑矿深边部，该区浅部 200 m 深度锑矿勘查已到中型规模。

A. 中泥盆统宋家桥段灰岩夹砂岩是目前的含矿层位，下伏有利成矿地层为下泥盆统丹林组、舒家坪组和下寒武统翁项群的石英砂岩和砂岩。

B. 靶区位于烂土断裂与半巴断裂交汇处北西侧，以 NNW 向多条断裂组成的半巴断裂带，平面上构成了不完整的发辫状构造，剖面上构成了向西倾逐次下滑

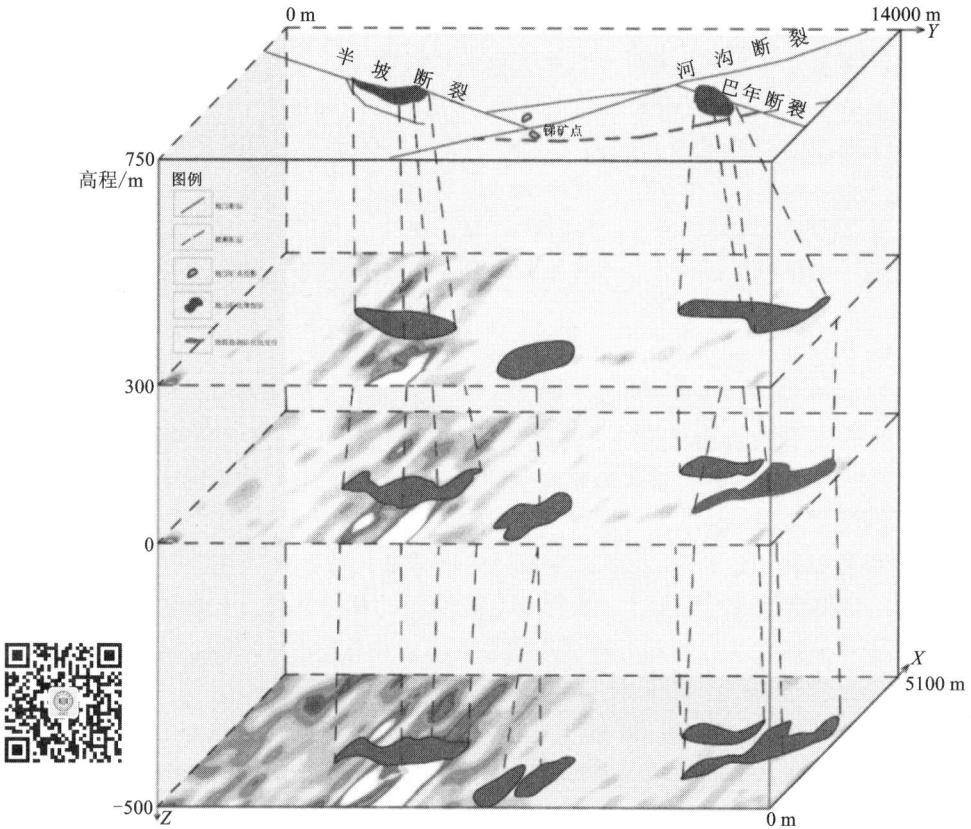

图 8 - 8　贵州独山锑矿田成矿规律和找矿靶区优选 CSAMT 测深物探异常与成矿预测示意图

的阶梯状构造,锑矿产于断裂系之间的层间构造内。

C. 本区岩石地球化学低缓 Sb 异常反映了矿床的矿化范围,勘探线钻孔岩石地球化学晕断面 Sb、As 内带裹紧矿体,中带圈出了矿化范围。土壤地球化学有中 – 强 Sb、As 异常和 Hg 异常,各元素异常中心分离,南北受 F_{204} 和 F_{211} 挟持,东西受 F_{207} 和 F_{209} 断裂控制,主成矿元素 Sb 异常强度高,梯度变化明显,有多个浓集中心,浓集中心对应矿体的富集地段,该异常为矿致前缘晕。

D. 物探 Ⅱ、Ⅲ号异常圈闭对应巴年 1 号锑矿体,Ⅳ号异常圈闭对应王屯锑矿点,巴年 2 号锑矿体在高阻异常圈闭的边缘,说明中高阻圈闭异常中心与矿点位置套合较好,故 Ⅰ—Ⅳ号高阻异常在 300 m 标高上为矿致异常且中高阻圈闭边缘仍存在有锑矿的可能。而从标高 300 m、0 m、– 500 m 电阻率等深切片结合系列分面图可知,标高 500 m 以上的高电阻率团块异常中的串珠状相对低阻是浅表已知矿体的反映,标高 – 400 ~ 300 m 中高阻异常与半巴断裂带吻合较好,且处于下泥盆统丹林组、舒家坪组地层中，与半坡式锑矿找矿模式相符，具备半坡式锑矿的成矿条件。 -400 m 标高往深部靠近半巴断裂翁项群砂质页岩中低阻地层内出现层状中高阻异常带，与维寨式锑矿找矿模式特征吻合。综上所述，该靶区成矿地质条件好，浅部有进一步扩大巴年式锑矿的前景，深部具备寻找半坡式和维寨式锑矿的条件，故优选巴年作为找矿靶区。

③甲拜—贝达找矿靶区：找矿靶区位于贝达—巴年—高寨地区找矿远景区北部，找矿靶区面积 1.32 km²，有贝达和甲拜锑（汞、铅锌、硫铁）等矿点，老硐矿石中 Au 的含量达（145～1185）×10^{-9}。

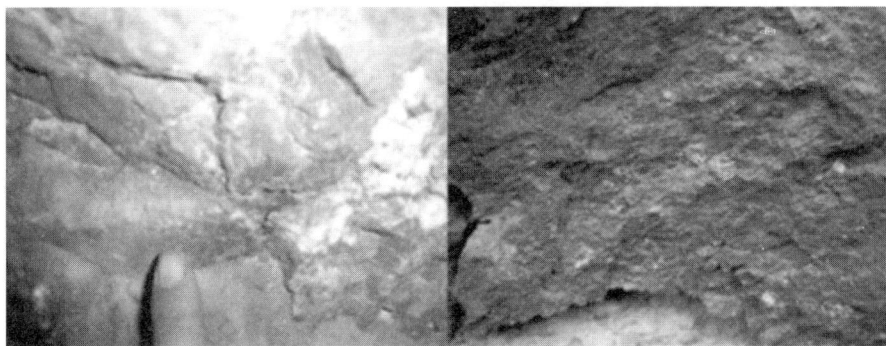

图 8-9　贝达地区矿点野外照片（左：汞矿化；右：铅锌矿化）

A. 中泥盆统下部龙洞水组碳酸盐岩与邦寨组碎屑岩接触面是其目前含矿部位，下伏有利成矿地层为下泥盆统丹林组、舒家坪组和下寒武统翁项群的石英砂岩和砂岩。

B. 靶区位于河沟断裂、甲拜断裂与半巴断裂交汇处，贝达以 NNW 向多条断裂组成断裂带，平面上构成了不完整的发辫状构造，剖面上构成了向西倾逐次下滑的阶梯状构造，矿体产于断裂与旁侧的层间构造内。

C. 化探异常圈定 12 个异常、其中 1 号异常有贝达矿点分布，Sb 异常平均值高达 721.9×10^{-6}，Sb、As 和 Hg 异常套合好峰值高但范围小，该异常可能为矿致前缘晕。

D. 物探中高阻串珠状异常组成一陡倾高阻异常带，其中 I—III 号中高阻异常与矿点，中高阻异常中心与矿点位置套合较好，I—III 号为矿致异常，这几个异常往深部延伸达 1000 多米，故推测下部围岩（包括舒家坪组 D_1s、丹林群 D_1dn）硅化蚀变强烈、有较大的成矿空间，深部具备寻找半坡式和维寨式锑矿的条件，故优选贝达作为找矿靶区。

④维寨找矿靶区：维寨找矿靶区主要在蕊然沟—大寨找矿远景区北东部，面

积 2.05 km²，有维寨中型锑矿和大荣山等矿化点。

A. 下志留统翁项群顶部石英砂岩、砂岩是目前含矿层位。

B. 区域主控矿断裂—牛硐断裂横贯找矿靶区，牛硐断裂与之相交的次级断裂、旁侧层间构造控制矿体产出。

C. 勘探线钻孔岩石地球化学断面 Sb 内带裹紧矿体沿牛硐断裂带分布，异常带与矿化蚀变带范围吻合，向深部继续延伸。土壤地球化学有中 - 强 Sb、As 异常和 Hg 异常，各元素异常中心分离，南北受 F_{204} 和 F_{211} 挟持，土壤地球化学测量圈定了 3 个锑异常 4 个浓集中心，异常呈带状、扁豆状、椭圆状追踪牛硐断层及其旁侧断裂展布，浓集中心显著，浓度分带清晰，其中 Ⅰ - Sb、Ⅳ - Sb 浓集中心已有锑矿体产出，深部钻探见矿，为矿致异常，Ⅱ - Sb、Ⅲ - Sb 浓集中心牛硐控矿断裂分布，为有望异常。

D. 从可控源大地电磁测深剖面可以看出，剖面北侧物探 F_2、F_3 及翁项群的相对中高阻异常与维寨式锑矿找矿模式相似，基本具备维寨式锑矿找矿特征。维寨矿床深边部、外围均存在成矿远景的可能，具备进一步勘查的价值，故优选为找矿靶区。

8.4.3 资源潜力预测

主要利用物探异常三维成矿预测模型(图 8 - 8)成果进行预测，重点对半坡、巴年、贝达和维寨四个找矿靶区资源量潜力进行预测。

(1)预测指标

含矿体(异常体)含矿系数：根据《贵州省独山半坡锑矿区补充勘探报告》和《贵州省独山县半坡锑矿接替资源勘查报告》，半坡矿区的体含矿系数为 5×10^4 t 锑金属/0.6 km³，即 8.3×10^4 t/km³。

预测区的体含矿系数，按照已知大型矿床采用半坡矿区体含矿系数的 0.6、中型矿床采用半坡矿区体含矿系数的 0.4、小型或矿点采用半坡矿区的体含矿系数 0.2 的原则进行锑资源潜力预测。

含矿体(异常体)倾向延伸长度：以半坡锑矿为例，其地表最高见矿标高约 970 m，最低见矿标高 165 m，见矿垂深 805 m，倾向延伸长度达 1300 m。

(2)异常体预测资源量潜力计算公式

预测总资源量潜力：异常体长度×矿体厚度×体含矿系数

预测保有资源量潜力：潜在总资源量 - 已开采资源储量

预测待勘查资源量潜力：潜在总资源量 - 已勘查资源量

(3)预测资源量结果

各异常体(找矿靶区)预测资源量(锑金属量万 t)

半坡：预测倾向延伸长度 1300 m。预估异常体倾向延伸面积 3.77 km²，矿体厚度按 1 m 计算。潜在锑金属量 3.77 km^2 × 1 m × 8.3 t/km^3 × 0.6 ≈ 19 万 t。

巴年：预测倾向延伸长度 1300 m。预估异常体倾向延伸面积 2.47 km^2，矿体厚度按 1 m 计算。潜在锑金属量 2.47 km^2 × 1 m × 8.3 t/km × 0.4 ≈ 8 万 t。

贝达：预测倾向延伸长度 800 m。预估异常体倾向延伸面积 1.32 km^2，矿体厚度按最低可采厚度 0.8 m 计算。潜在锑金属量 1.32 km^2 × 0.8 m × 8.3 t/km × 0.2 ≈ 2 万 t。

维寨：由于维寨未做系统的物探测量，现探明的资源储量约 5 万 t，鉴于尚有矿致、有望土壤地球化学异常面积较现矿区面积大，预测该区将有约 5 万 t 的资源潜力（共约 10 万 t）。

预测矿田锑总资源量：19 + 8 + 2 + 5 = 34 万 t。

参考文献

［1］ Brown P E. FLINCOR: A microcomputer program for the reduction and investigation of fluid inclusion data［J］. American Mineralogist, 1989, 74: 1390 – 1393.

［2］ Hoefs J. Stable Isotope Geochemistry［M］. Berlin: Springer Verlag. 4th cd. 1997.

［3］ Schidlowski M. Beginning of terrestrial life problems of earlyrecord and implications for extraterrestrial scenarios［J］. Instruments, Methods, and Missions for Astrobiology, SPIE 3441, 1998: 149 – 157.

［4］ Seal R R Ⅱ. Sulfur isotope geochemistry of sulfide minerals［J］. Reviews in Mineralogy and Geochemistry. 2006, 61: 633 – 677.

［5］ Taylor, Charles. Philosophy and the Human Sciences: Foucault on freedom and truth［J］. 1985, (6): 152 – 184.

［6］ W. C. Butterman, J. F. C'arlin, Jr. Mineral Commodity Profiles Antimony［R］. Reston: US Department OI The Interior, US U eological Survey, 2004: 4 – 5.

［7］ Zheng Y F, Hoefs J. Carbon and oxygen isotopic covariations in hydrothermal calcites［J］. Mineralium Deposita, 1993, 28: 79 – 89.

［8］ Zheng Y F. Carbon – oxygen isotopic covariation in hydrothermal calcite during degassing of CO_2 ［J］. Mineralium Deposita, 1990, 25: 246 – 250.

［9］ 鲍振襄, 鲍珏敏. 渣滓溪锑矿带地质特征及成矿条件探讨［J］. 湖南地质, 1991, 10(1): 25 – 32.

［10］ 鲍振襄, 万容江, 鲍珏敏. 湘西钨锑金矿床成矿系列及其稳定同位素研究［J］. 北京地质, 1999, 11(1): 11 – 17.

［11］ 鲍振襄. 湖南龙王江锑砷金矿田地质特征及控矿因素［J］. 黄金地质, 1996, 2(4): 21 – 27.

［12］ 鲍振襄. 湖南西部层控锑矿床［J］. 矿床地质, 1989, 8(4): 49 – 60.

［13］ 别瑞敏. 独山半坡锑矿田断裂构造成矿动力学特征初步研究［D］. 广西: 桂林理工大学; 桂林工学院, 1994.

［14］ 蔡明海, 梁婷, 吴德成. 广西大厂锡多金属矿田亢马矿床地质特征及成矿时代［J］. 地质学报, 2005(02): 262 – 268.

［15］ 陈代演. 滇东黔西主要层控锑汞矿床稳定同位素研究［J］. 贵州地质, 1991, 8(3): 227 – 240.

［16］ 陈代演. 云南富源老厂层控锑矿床的地球化学特征［J］. 贵州工学院学报, 1990, 19(2): 18 – 27.

［17］ 崔银亮, 金世昌. 独山巴年锑矿床成矿物质来源研究［J］. 西南矿产地质, 1993, 7(1):

21 – 26.

[18] 崔银亮. 贵州独山巴年锑矿床地质特征及成矿地质条件研究[D]. 昆明：昆明工学院，1992：1 – 112.

[19] 崔银亮. 贵州独山锑矿床成矿物质来源研究[J]. 有色金属矿产与勘查，1995，4(4)：193 – 199.

[20] 邓红，黄智龙，肖宪国，丁伟. 贵州半坡锑矿床方解石稀土元素地球化学研究[J]. 矿物学报，2014，34(02)：208 – 216.

[21] 邓坚，胡云中. 黔东南区域地层成矿元素富集演化与成矿[J]. 矿床地质，2002(s1)：105 – 108.

[22] 刁理品，汪忠贵，吴帮继，谢晓勇. 贵州独山锑矿集区多元示矿信息分析与找矿靶区优选[J]. 中国地质，2017，44(04)：793 – 809.

[23] 刁理品，王小高. 贵州东南部锑矿构造控矿分析[J]. 湖南有色金属，2009，25(04)：8 – 11.

[24] 丁建华，杨毅恒，邓凡. 中国锑矿资源潜力及成矿预测[J]. 中国地质，2013，40(03)：846 – 858.

[25] 俸月星，陈民扬，徐文昕. 独山锑矿稳定同位素地球化学研究[J]. 矿产与地质，1993，7(2)：119 – 126.

[26] 高奉林，叶少贞. 驼背山锑矿床地质特征及成矿机理浅析[J]. 化工矿产地质，2006，28(3)：133 – 139.

[27] 格西. 黔西南晴隆大厂锑矿床辉锑矿流体包裹体研究[D]. 贵阳：中国科学院地球化学研究所，2011：1 – 68.

[28] 顾雪祥，刘建明，Schulz O，Vavtar F，郑明华. 湖南沃溪钨 – 锑 – 金建造矿床同生成因的微量元素和硫同位素证据[J]. 地质科学，2004，39(3)：415，424 – 439.

[29] 顾雪祥，刘建明，Oskar Schulz，Franz Vavtar，郑明华. 江南造山带雪峰隆起区元古宙浊积岩沉积构造背景的地球化学制约[J]. 地球化学，2003(05)：406 – 426.

[30] 贵州省有色地质勘查局五十年成果编委会. 贵州省有色金属、黑色金属矿产资源[M]. 北京：冶金工业出版社. 2009：323 – 460.

[31] 贵州省地质调查院. 贵州省区域地质志[M]. 北京：地质出版社. 2017：1 – 366.

[32] 郭春影，张文钊，葛良胜，卿敏，高帮飞，王长明，夏锐. 胶东西北部金矿床深部资源潜力与找矿方向[J]. 地质与勘探，2012. 48(1)：58 – 67.

[33] 韩润生，邹海俊，胡彬，胡熠哲，薛传东. 云南毛坪铅锌(银、锗)矿床流体包裹体特征及成矿流体来源[J]. 岩石学报，2007，23(9)：2109 – 2118.

[34] 韩伟. 紫云—罗甸—南丹裂陷带的构造演化及地质意义[D]. 西安：西北大学，2010.

[35] 杭家华. 独山锑矿田成矿控制条件与找矿靶区[J]. 西南矿产地质，1992，6(2)：16 – 24.

[36] 何海洲，叶绪孙. 广西大厂矿田矿质来源研究[J]. 西南矿产地质，1996，10(3)：2 – 8.

[37] 金中国，戴塔根，江红，陈兴龙. 贵州省独山半坡锑矿地球化学特征及深部找矿预测[J]. 地质与勘探，2004，40(6)：24 – 27.

[38] 金中国，戴塔根. 贵州独山半坡锑矿田地质地球化学特征及成矿模式[J]. 物探与化探，

2007, (02): 129 - 132.

[39] 郎兴海, 唐菊兴, 李志军, 董树义, 丁枫, 王子正, 张丽, 黄勇. 西藏谢通门县雄村铜金矿区及其外围的找矿前景地球化学评价[J]. 地质与勘探, 2012, 48(1): 12 - 23.

[40] 黎彤. 化学元素的地球丰度[J]. 地球化学, 1976, (3): 167 - 174.

[41] 李昌明, 李伟. 有机烃在大厂铜坑锡矿中的应用[J]. 矿物学报, 2015, (s1).

[42] 李龙, 郑永飞, 周建波. 中国大陆地壳铅同位素演化的动力学模型[J]. 岩石学报, 2001, 17(1): 61 - 68.

[43] 李旭芬. 2010. 山东三甲金矿床控矿构造特征及深部预测[J]. 地质与勘探, 46(3): 392 - 399.

[44] 李学刚, 杨坤光, 胡祥云, 等. 黔东凯里 - 三都断裂结构及形成演化[J]. 成都理工大学学报(自然科学版), 2012, 39(01): 18 - 26.

[45] 李赟, 金中国, 林贵生. 热释汞方法在独山锑矿区的找矿试验效果研究[J]. 遵义师范学院学报, 2007, 9(3): 59 - 61.

[46] 李增达, 张福良, 胡永达, 张阳. 锑矿开发利用现状及发展趋势[J]. 中国矿业, 2014, 23(04): 11 - 15.

[47] 廖善友, 胡涛. 贵州晴隆大厂锑矿床控矿条件及成矿机制[J]. 贵州地质, 1990, 7(3): 229 - 236.

[48] 刘家军, 何明勤, 李志明, 等. 云南白秧坪银铜多金属矿集区碳氧同位素组成及其意义[J]. 矿床地质, 2004, 23(1): 1 - 10.

[49] 刘建明, 顾雪祥, 刘家军, 郑明华. 华南巨型锑矿带的特征及其制约因素[J]. 地球物理学报, 1998, 41(增刊): 206 - 215.

[50] 刘文均. 华南几个锑矿床的成因探讨[J]. 成都地质学院学报, 1992, 19(2): 10 - 19.

[51] 罗先熔, 王桂琴, 杜建波, 胡云沪. 锑矿地电化学异常特征、成晕机制及找矿预测[J]. 地质与勘探, 2002, 38(2): 59 - 62.

[52] 罗献林. 湖南前寒武系锑矿床的成矿地质特征[J]. 桂林冶金地质学院学报, 1994, 14(4): 335 - 349.

[53] 罗艳碧, 黄智龙, 肖宪国, 丁伟. 贵州独山锑矿田成矿元素含量及其地质意义[J]. 矿物学报, 2014, 34(02): 247 - 253.

[54] 聂爱国. 论贵州独山半坡锑矿床构造动力成矿[J]. 地质地球化学, 1999, (01): 91 - 94.

[55] 潘金权, 孙俊, 沈维佳, 陈召拾, 伍登浩. 黔南独山锑矿田找矿突破思路及找矿模型[J]. 地质科技情报, 2017, 36(05): 181 - 186.

[56] 潘金权, 伍登浩. 黔南独山与黔西南晴隆锑矿田成矿流体与物质来源对比研究[J]. 地质科技情报, 2017, 36(04): 123 - 132.

[57] 彭建堂. 锑的大规模成矿与超常富集机制(博士后研究工作报告)[R]. 贵阳: 中国科学院地球化学研究所. 2000.

[58] 钱建平, 杨国清, 李少游. 贵州独山锑矿田地质地球化学特征和构造动力热液成矿[J]. 地质地球化学, 2000, (02): 56 - 60.

[59] 沈能平, 苏文超, 符亚洲, 徐春霞, 阳杰华, 蔡佳丽. 贵州独山巴年锑矿床硫、铅同位素

特征及其对成矿物质来源的指示[J].矿物学报,2013,33(03):271-277.

[60] 沈能平,苏文超,符亚洲,等.贵州独山巴年锑矿床硫、铅同位素特征及其对成矿物质来源的指示[J].矿物学报,2013,33(3):271-277.

[61] 司荣军,杨升岐,臧学农,高鹏,周登诗,谭德军.鲁西铜石金矿田外围找矿的困境与对策[J].地质找矿论丛,2005.20(4):254-257.

[62] 宋明春,崔书学,周明岭,姜洪利,袁文花,魏绪峰,吕古贤.山东省焦家矿区深部超大型金矿床及其对"焦家式"金矿的启示[J].地质学报,2010.84(9):1349-1358.

[63] 陶琰,高振敏,金景福,曾令交.湘中锡矿山式锑矿成矿物质来源探讨[J].地质地球化学,2001,29(1):14-20.

[64] 万天丰.中国大地构造学纲要[M].北京:地质出版社,2004,1-387.

[65] 王加昇.西南低温成矿域成矿作用、时代与动力学研究[D].贵阳:中国科学院地球化学研究所,2012:1-116.

[66] 王林江.云南木利锑矿床的成因[J].桂林冶金地质学院学报,1994,14(4):350-354.

[67] 王学焜,金世昌.贵州独山锑矿地质[M].昆明:云南科技出版社,1994,72-82.

[68] 王学焜,金世昌.贵州独山锑矿地质[M].昆明:云南科技出版社,1994:1-155.

[69] 王学焜.贵州独山改造型锑矿床地球化学特征[J].地质论评,1995,41(1):61-73.

[70] 王雅丽,金世昌.贵州独山半坡与巴年锑矿包裹体地球化学特征对比[J].有色金属,2010,62(3):123-128.

[71] 王永磊,陈毓川,王登红,徐珏,陈郑辉,梁婷.中国锑矿主要矿集区及其资源潜力探讨[J].中国地质,2013,40(05):1366-1378.

[72] 王永磊,徐珏,张长青,王成辉,陈郑辉,黄凡.中国锑矿成矿规律概要[J].地质学报,2014,88(12):2208-2215.

[73] 王约.独山抬升与"巴年式"锑矿成矿作用探讨[J].贵州地质.1997.2:153-159.

[74] 肖启明,曾笃仁,金富秋.中国锑矿床时空分布规律及找矿方向[J].地质与勘探,1992,28(12):9-14.

[75] 肖宪.贵州半坡锑矿床年代学、地球化学及成因[D].昆明:昆明理工大学,2014:1-138.

[76] 熊赫.贵州独山锑矿形成机理初步探讨[J].贵州地质,1985,(03):205-213.

[77] 徐政语,姚根顺,郭庆新,陈子炓,董庸,王鹏万,马立桥.黔南坳陷构造变形特征及其成因解析[J].大地构造与成矿学,2010,34(01):20-31.

[78] 薛洪富,陈兴龙,杨正坤,郑明泓.贵州独山锑矿田半巴断裂走滑构造体系控矿特征[J].矿产与地质,2019,33(01):1-9.

[79] 鄢明才,迟清华.1997.中国东部地壳与岩石的化学组成[M].北京:科学出版社:1-292.

[80] 杨春林.广西马雄锑矿床地质特征及矿化富集规律[J].地质与勘探,1993,29(10):16-21.

[81] 姚振凯,朱蓉斌.湖南符竹溪金矿床多因复成模式及其找矿意义[J].大地构造与成矿学,1993,17(3):199-209.

［82］叶绪孙，严云秀，何海洲.广西大厂超大型锡矿成矿条件与历史演化团［J］.地球化学，
1999，28(3)：213－221.

［83］叶造军.贵州大厂锑矿流体包裹体与稳定同位素［J］.地质地球化学，1996，24(5)：
18－20.

［84］袁万春，李院生，张国平，龙洪波.滇黔桂地区汞锑金砷等低温矿床组合碳、氢、氧、硫
同位素地球化学［J］.矿物学报，1997，17(4)：422－426.

［85］张国林，谷湘平.中国主要类型锑矿床硫同位素组成及地球化学特征［J］.矿产与地质，
1999，13(3)：172－178.

［86］张江江.黔南坳陷构造演化研究［D］.山东：中国石油大学(华东)，2010.

［87］赵振华，涂光炽 等中国超大型矿床Ⅱ［M］.北京：科学出版社，2003：1－631.

［88］郑明泓，陈兴龙，金中国，董光贵，谢桦，刘玲.贵州维寨锑矿床辉锑矿物学研究及其
地质意义［J］.矿产勘查，2018，9(04)：549－553.

［89］郑明泓，陈兴龙，杨正坤，薛洪富.贵州独山锑矿田构造控矿作用分析［J］.矿产与地质，
2019，33(01)：63－69.

［90］郑永飞，陈江峰.稳定同位素地球化学［M］.北京：科学出版社，2000.

［91］仲麒维.贵州半坡泥盆系碎屑岩型锑矿地质特征与成矿模式探讨［J］.矿产勘查，2012，3
(01)：23－28.

［92］周家喜，黄智龙，周国富，等.黔西北天桥铅锌矿床热液方解石C、O同位素和REE地球
化学［J］.大地构造与成矿学，2012，36(1)：93－101.

［93］朱炳泉，李献华，戴橦谟，陈毓蔚，范嗣昆，桂训唐，王慧芬.地球科学中同位素体系理
论与应用——兼论中国大陆壳幔演化［M］.北京：科学出版社，1998，1－330.

［94］朱炳泉.地球化学省与地球化学急变带［M］.北京：科学出版社，2001，1－118.